格致
人文

陈恒 主编

15

［加拿大］
罗布·博迪斯
Rob Boddice

著

张井梅

译

情感的历史

The History of Emotions

格致出版社　上海人民出版社

总　序

　　人类精神经验越是丰富,越是熟练地掌握精神表达模式,人类的创造力就越强大,思想就越深邃,受惠的群体也会越来越大,因此,学习人文既是个体发展所必需,也是人类整体发展的重要组成部分。人文教导我们如何理解传统,如何在当下有效地言说。

　　古老且智慧的中国曾经创造了辉煌绚烂的文化,先秦诸子百家异彩纷呈的思想学说,基本奠定了此后中国文化发展的脉络,并且衍生为内在的精神价值,在漫长的历史时期规约着这片土地上亿万斯民的心灵世界。

　　自明清之际以来,中国就注意到域外文化的丰富与多彩。徐光启、利玛窦翻译欧几里得《几何原本》,对那个时代的中国而言,是开启对世界认知的里程碑式事件,徐光启可谓真正意义上睁眼看世界的第一人。晚清的落后,更使得先进知识分子苦苦思索、探求"如何救中国"的问题。从魏源、林则徐、徐继畬以降,开明士大夫以各种方式了解天下万国的历史,做出中国正经历"数千年未有之大变局"的判断,这种大变局使传统的中国天下观念发生了变化,从此理解中国离不开世界,看待世界更要有中国的视角。

时至今日,中国致力于经济现代化的努力和全球趋于一体化并肩而行。尽管历史的情境迥异于往昔,但中国寻求精神补益和国家富强的基调鸣响依旧。在此种情形下,一方面是世界各国思想文化彼此交织,相互影响;另一方面是中国仍然渴盼汲取外来文化之精华,以图将之融入我们深邃的传统,为我们的文化智慧添加新的因子,进而萌发生长为深蕴人文气息、批判却宽容、自由与创造的思维方式。唯如此,中国的学术文化才会不断提升,中国的精神品格才会历久弥新,中国的现代化才有最为坚实长久的支撑。

此等情形,实际上是中国知识界百余年来一以贯之的超越梦想的潜在表达——"不忘本来、吸收外来、面向未来",即吸纳外来文化之精粹,实现自我之超越,进而达至民强而国富的梦想。在构建自身文化时,我们需要保持清醒的态度,了解西方文化和文明的逻辑,以积极心态汲取域外优秀文化,以期"激活"中国自身文化发展,既不要妄自菲薄,也不要目空一切。每个民族、每个国家、每种文明都有自己理解历史、解释世界的方法,都有其内在的目标追求,都有其内在的合理性,我们需要的是学会鉴赏、识别,剔除其不合理的部分,吸收其精华。一如《礼记·大学》所言:"欲诚其意者,先致其知;致知在格物。物格而后知至,知至而后意诚。"格致出版社倾力推出"格致人文",其宗旨亦在于此。

我们期待能以"格致人文"作为一个小小的平台,加入到当下中国方兴未艾的学术体系、学科体系、话语体系建设潮流中,为我们时代的知识积累和文化精神建设添砖加瓦。热切地期盼能够得到学术界同仁的关注和支持,让我们联手组构为共同体,以一种从容的心态,不图急切的事功,不事抽象的宏论,更不奢望一夜之间即能塑造出什么全新的美好物事。我们只需埋首做自己应做的事,尽自己应尽的责,相信必有和风化雨之日。

陈 恒

中文版推荐序　情感史:历史研究的新天地

　　近日,我去看了舞剧电影《永不消逝的电波》,它所闪现的情感,"长河无声奔去,唯爱与信念永存",给我留下了不可泯灭的印象,正如文学评论家毛时安说它流露出来的爱,"是最上海的,也是最中国的"。[1]有道是,"越是民族的,就越是世界的",我以为这爱,也是最世界的。这部电影应邀作为第26届上海国际电影节的开幕片,为出席观摩的各国电影家们所青睐。假以时日,我想这共通共鸣的人世间情感,将在历史长河中永不消逝,成为一种融合各个文明和文化的共同记忆。以上愚见,不知时安兄以为然否?

一、回望西方史学史

　　七年前。2017年,吾生张井梅赠我新出的译著:弗雷德·斯皮尔的《大历史与人类的未来》[2]。"细读这部'大历史'著作,我们会发现'世界主义情

1

怀'始终贯穿其中,通过历史书写寄托了对'世界公民'意识觉醒的向往!"(此书"译后记"语)译者一语破的,怀抱世界主义情怀,直抒胸臆。

一晃七年过去了。2024 年春,她又受同一家出版社的重托,译就罗布·博迪斯的《情感的历史》。一打开书,就见扑面而来的"情感转向",作者信手拈来:"在过去十年里,涌现出数量惊人的书籍、文章和研究中心,专门探讨历史中的情感问题。"

域外信息西传来,不由令一个专业世界史、教研西方史学史多年的我,激起了盎然书趣。通览之后,在学习消化本书的同时,亦想助力广大读者,对情感史作一点"科普"(肤浅的介绍),便于阅读。

回望史学史,以西方而言,在博迪斯看来,情感史与书写史学一样古老,这可以追溯到古希腊史学的"黄金时代"。他直言,修昔底德的传世之作《伯罗奔尼撒战争史》是第一部情感史著作,并以伯里克利在雅典阵亡将士举行葬礼的演说为例证,说明"情感"在历史进程中的作用。这真是一个大胆的立论,之后,也许还有零星的个别例证,但都可以归为"情感史的史前史"。

一般来说,西方史学的正宗是"消灭自我"和"无色彩",即所谓的"如实直书",追求的是"客观性",直至 19 世纪被称为"客观主义史学祖师"的兰克,已集大成矣。自 19 世纪末以来,新史学兴起,反叛以兰克为代表的传统史学,虽遇阻力,但一路呼风唤雨,凯歌行进。20 世纪 70 年代以来,西方新史学涌动着新的史学潮流,呐喊着"转向",微观史学因反省当时的史学弊端而生,新文化史因打着"文化转向"("语言学转向")而长,后现代主义思潮冲击着历史学的堤岸,在"还有什么不是文化史"的年代里,一切皆被文化史掩盖着。有趣的是,催生情感史苗壮成长的,不正是新文化史的雨露滋润吗?

1985 年,美国历史学家彼得·斯特恩斯(Peter Stearns)和卡罗尔·斯特恩斯(Carol Stearns)夫妇在《美国历史评论》上提出了"情感学"(Emotionology),可谓是当代情感史研究的拓荒者,这自然是情感史的"启蒙时代",但它作为一个新的史学流派,还是要到了 21 世纪之后。行至 2010 年,25 年过去了,由美国情感史先驱者芭芭拉·罗森宛恩(Barbara Rosenwein)作出了"情感史的问题与方法将属于整个历史学"的预言。五年后,2015年,在我国济南召开的第22届国际历史科学大会上得到了验证,情感史被列为大会四大主题之一,至此,情感史登入大雅之堂,终于成为当今西方史学的一个新流派,为国际史学界所认可,这年或许是情感史研究作为一门学术体系奠基的年份。正是在这样一个时代与学术氛围下,加拿大青年史家罗布·博迪斯的新著《情感的历史》应运而生。借此,我为这个情感史中译本荐词如兹:

　　在历史研究的"情感转向"引领下,本书汲取与评估了前辈的情感史研究成果,以跨学科的视角,从多个方面考察了情感在历史写作或历史体验中的启示,强调了情感史的意义和重要地位,是一本情感史研究的入门读物,也是深耕者的必备参考书。

　　当下,情感史在我国学界也悄然兴起,当代的"何炳松们"(如华裔美籍史家王晴佳等),也不时带来域外(主要是欧美)情感史研究的最新动态,比如王晴佳的新著《什么是情感史?》。又,他与光启书局合作,主编"光启·情感史"书系,目前已引进翻译的域外情感史著作就有《情感学习:儿童文学如何教我们感受情绪》《疼痛的故事》《羞耻:规训的情感》等。另有关于情感史的译作和论文不时发表,在此不赘。关于情感史,研究者自有高见,我只能略作"科普"几点如下:

　　(1)情感史是当代新史学的新生代。西方新史学之"新",在于在不断的传承中,有超出前人之处,这就谓之"新",比如一度风行的新社会史、新文化史,各以其突破旧知,从而焕然一新。情感史之"新",是为历史研究开一新途,开辟了历史研究的新天地,在感性与理性的接壤中耕耘,让情感驻留在历史进程中,洒于天地之间,成为永恒的、有温度的历史印记。这就是情感史的宗旨。

　　(2)情感史与当代国际史学的文脉既相承又有创新。20世纪以来,西方新史学的文脉及流向总的是跨学科和多样性。是时,新史学伸出双手,一手与自然科学牵手,另一手与社会科学相挽,交汇沟通,互补反馈,业绩非凡。今日的情感史更甚,它与妇女史、家庭史、儿童史、医疗史等连接,与心理学、社会学、文化学等结盟,从中可一览当代新史学的别样风景。

(3) 历史研究中新流派的形成不可能是一蹴而就的。综览西方史学史之史,史学新流派的形成,需要经历长时间的考验,范例是法国的年鉴学派。它1929 年由吕西安·费弗尔(Lucien Febvre)和马克·布洛赫(Marc Bloch)创立,经第二代"布罗代尔时代"的辉煌,到第三代的群雄纷起,至今已近百年,呈现出了研究领域与主题不断开拓的新局面,其各个代际均有经典作品问世。

二、翻译:一次思维和心灵的对话

梁启超曾言:"今日中国欲为自强,第一策,当以译书为第一义。"先贤之见铮矣,我们复旦大学的老校长陈望道先生首译《共产党宣言》所产生的巨大影响是为显例。由此,我想倘缺少翻译,世界也许永远会在黑暗中徘徊,遑论"大同"。吾生井梅,乃一教书匠,除本职工作外,还积极投身于译书,为学界知名的陈恒主编的"格致人文读本"与"格致人文"出力,先后已有二本,期盼她继续译书,为中国的世界史研究添砖加瓦。

我深知,译书是一桩艰苦的劳作,译史者要知史,成功的译者要有中外文基础,我以为中文更甚,当然更要有刻苦勤奋、锲而不舍的学术精神。对此,井梅自有切身的体验,对于译书自有新见,在译就《大历史与人类的未来》一书后,深有体会地感叹:"翻译是一次思维和心灵的对话,这个过程远未终结。"这是来之不易的金句啊。

是的,译者在翻译《大历史与人类的未来》一书时的辛劳,面对大历史观从宇宙形成之初直至面向地球和人类生命的未来,感悟到译事与情感(情绪)的连绵,于是就发出了这样的感言。从情感史的视角而论,译事不只是自我静默伏案的文字转换,也与译者的情感等非理性的因素相关联。译者在翻译的过程中的自我感受与原著意韵,无不启迪译者在润物细无声的感染下,做一次超越时空的思维和心灵的对话,这不正是情感史研究所应关注的吗?

略举一例佐证之,说的是西欧文艺复兴时代广为流行的一首诗,诗曰:"青春多美丽,时序若飞驰。前程未可量,奋发而为之。"记得我在课堂上讲到意大利文艺复兴时,总要背诵这首诗,以此形容那个朝气蓬勃与奋发向上的时代,那个风华正茂与人才辈出的时代。其实对照原版,原文表达的意思与中译相异。这首由洛伦佐·德美第奇(Lorenzo de'Medici)所作的诗很一般,按其本意是感叹时光飞逝,劝导人们及时行乐。这当然是对中世纪的神学和禁欲主义的叛离,在当时是很有进步意义的。佚名译的中文版,它具有鼓舞人心、奋发向上的意韵,倒像是首"励志诗",在前两年,趁着电视连续剧《觉醒的年代》热播的时机,也热了一阵子。我想这诗中译时,也许译者与译时的时代氛围和情感相牵系,不是吗?

如此说来,翻译的语言文字转化,决不是"硬邦邦的理性的东西",文字也具有"历史的温度",与情感因素有着紧密的联系。现代中国译家之翻译,比如朱生豪之于莎士比亚,傅雷之于巴尔扎克,草婴之于托尔斯泰等等,他们的译事不仅是"信达雅"技艺的显示,也有情感的作用,正如俄国作家托尔斯泰所说:"艺术不是技艺,它是艺术家体验了感情的传达。"翻译家如是,译者井梅亦然。

三、历史学家应当如何肩负时代赋予的重任?

本节子题也是上文说及的"译后记"译者之语。如今看来,译者之问,具有振聋发聩的现实意义,小序借此说开去。

情感的历史

近日读到陈恒教授一篇醒目的宏文:《人文学者的使命与追求》[3]。此题与"译问"的意韵相同,他在文中指出:"家国情怀与世界主义并不冲突,我们的历史研究更需要有世界精神的家国情怀,既不排斥外来一切优秀文化,也善于把一切优秀外来文化与当代中国的历史学研究相结合。"说得好! 此言也与井梅"译后记"的"世界主义情怀"不谋而合,进而引发了笔者的遐想。由此,就我专注的史学史,略说一二。

首先想到的是,63 年前,耿淡如师在传世名篇《什么是史学史?》中声言:"需要建设一个新的史学史体系。"大音希声,如今再读,在时下"为构建人类命运共同体贡献中国智慧"不断的呼唤中,在从"史学大国"走向"史学强国"的呐喊声中,耿氏之言具有发人深思和强烈的现实意义。

这就说到了耿师在文中提出的"世界史学通史"。师之言,期望与现实相伴,任务与使命并肩;师之重托,直接落实到我身上,于是"生生不息",耿氏第二代传人联袂第三代弟子,奋勇前行,终以十余年之劳,换来六卷本《西方史学通史》之硕果,为构建中国特色的西方史学史学科体系、学术体系与话语体系,为"自主的知识生产"的主旨出力,也为后来者编纂"世界史学通史"贡献了打着耿师印记的复旦版。

在当下,彰显与倡导"世界史学",有助于中国史学走向世界,但不只是口号式的宣言,而要拿出让国外同行为之瞠目结舌的学术精品力作,正如41 年前白寿彝先生所说的"真要拿出东西来"之嘱托。可喜的是,白氏传人不负众望,在师言之后的 28 年及 37 年,拿出了"自主的知识生产"精品:瞿林东主编的三卷本《中国古代历史理论》(2011 年)、瞿林东主编的七卷本《中国古代史学批评史》(2020 年),两部巨著问世后好评如潮。在我看来,中国学者以这些"拳头产品"回应了西方学界认为"中国古代没有历史理论"的谬说,"瞿林东们"的杰出学术成果,当在国外学者编纂的"世界史学史"或"全球史学史"中,占有自己应有的地位。

我们总要前行,新时代,这是一个砥砺奋进的时代,是中国历史学家,尤其是中国的史学史家大有作为的时代。现实的情况告诉我们,历史机遇稍纵即逝,时代氛围弥足珍贵,机不可失,时不我待,我们应奋力肩负起时代赋予的重任;惟听驼铃声声,中国史学再出发,我们一往无前,求索无疆,去开辟历史研究的新天地。每每在这样的时刻,我耳畔总响起先师耿淡如先生在20世纪60年代初的声音:"我们应不畏艰难,不辞劳苦,在这个领域内做些垦荒者的工作,我之所以提出本问题,不是妄图解答而是希望大家来研究、讨论并共同解决这个问题。比如垦荒,斩除芦荡,干涸沼泽,而后播种谷物;于是一片金色的草原呈现于我们的眼前。"

行文至此,我再次想起了那篇极简而又令人悠思的"译后记",其旨概言之,即"情怀、对话、重任"六个字,正是:"译者乃史神,文苑添芳芬。胸怀鸿鹄志,史坛留印痕。"

是为序。

张广智

写于甲辰夏日复旦书馨公寓

【注释】

[1] 毛时安:《舞剧电影〈永不消逝的电波〉:最上海,也最中国》,载《新民晚报·新民艺评》,2024年6月2日。

[2] [荷]弗雷德·斯皮尔:《大历史与人类的未来》,张井梅、王利红译,格致出版社2017年版。

[3] 陈恒:《人文学者的使命与追求》,载《文汇报·文汇学人》,2024年6月21日。

致 谢

　　本书是我多年来接触不同情感史研究方法的产物。当这一领域蓬勃发 viii
展时，我有幸身处其中一个重要的研究中心，见证许多核心思想的形成或改
变。在柏林，我是柏林自由大学情感语言研究中心和马克斯·普朗克人类
发展研究所情感史研究中心的成员。没有这五年的交谈、聆听、阅读和写
作，我不可能完成这本著作。

　　在这些机构中，要感谢的人实在太多。但我要特别感谢扬·普兰佩尔
(Jan Plamper，现任职于伦敦大学金史密斯学院)和乌特·弗雷弗特(Ute
Frevert)，在学科形成的严峻考验中，他们比其他任何人更有助于推动辩论。
由于我和柏林的关系，我能够与世界各地的情感史学者建立联系。这本书
的灵感源于伦敦玛丽女王大学情感史研究中心的罗德里·海沃德(Rhodri
Hayward)，他显然认为我可以把它写好，不会搞砸。我希望它能够不负所
望！同一机构的托马斯·迪克森(Thomas Dixon)，一直是我固定的通信者
和倾听者。在柏林见到哈维尔·莫斯科索(Javier Moscoso)之后，他盛情邀

请我前往马德里,并以极大的热情参与我的工作。我确信,没有比他更热情好客的主人,也确信在他的研究生团队(其中一些人已经成为我的朋友)的努力下,情感史和经验史的未来一片光明。澳大利亚研究理事会情感史高级研究中心墨尔本分部,非常热情友好地接待了我,倾听我对未来发展方向的想法,并与我讨论他们的教学策略和未来计划。特别感谢又一位出色的主人查尔斯·齐卡(Charles Zika),以及斯蒂芬妮·特里格(Stephanie Trigg),我与他们一起度过了令人难忘的时光。正如我不断联系世界各地的情感史学者一样,他们也不断地联系我。必须感谢伦敦大学伯克贝克学院乔安娜·伯克(Joanna Bourke)、哥本哈根大学凯伦·瓦尔加尔达(Karen Vallgårda)、坦佩雷大学维莱·基维马基(Ville Kivimäki)和麦吉尔大学乔治·威兹(George Weisz)的盛情邀请与通力协作。马修·米尔纳(Matthew Milner)使我的思维更加敏捷。还要特别感谢苏珊·马特(Susan Matt)、彼得·斯特恩斯(Peter Stearns)和威廉·雷迪(William Reddy)的一路扶持。在这个领域,没有比他们更好的灵感支撑了。

第一章部分内容,改编自苏珊·马特主编的《情感的文化史》(*A Cultural History of the Emotions*,London:Bloomsbury,forthcoming)中的"医学和科学的理解"。第三章部分内容改编自"情感转向:情感的历史化",该文刊载于 C. 蒂莱亚加和 J. 拜福德(C. Tileagă and J. Byford)主编的《心理学与历史学:跨学科的探索》(*Psychology and History:Interdisciplinary Explorations*,Cambridge:Cambridge University Press,2014)。第六章的部分内容,比如"神经史学",不可避免与同时期出版的 P. 伯克(P. Burke)和 M. 塔姆(M. Tamm)主编的《历史新方法辩论》(*Debating New Approaches in History*,London:Bloomsbury,forthcoming)中的相关内容重合。

当然,我也要感谢那些支持我进行研究和写作的个人与机构。本书的大部分工作是在德国科学基金会的资助下完成的。家人和朋友坚定不移地支持我做我认为必须做的事情。托尼·莫里斯(Tony Morris)始终激励

致　谢

着我前行。我的妻子斯蒂芬妮·奥尔森(Stephanie Olsen)，一如既往地影响着我的每一句言辞。作为一名情感史研究人员，她堪称情感史与儿童史交叉研究的顶尖学者，我再也找不到比她更好的倾听者、争论者和情感调节者了。

目　录

目　录

导　言

　　世界各地的历史系似乎已经开始"情感转向"。[1]在过去十年里,涌现出 1
数量惊人的书籍、文章和研究中心,专门探讨历史中的情感问题。[2]目前,历
史学家已经提出了许多理论和方法论工具,用以探讨什么是情感,以及历史
学家应该如何处理情感。在开辟情感史生存空间的过程中,情感史学家与
其他学科,尤其与人类学和神经科学进行合作,有时是借鉴这些学科,但有
时也是滥用这些学科。

　　这一过程的核心是一系列激进的主张。本书旨在描述这些主张,并在 2
许多方面为其辩护:(1)情感随着时间的推移而变化,也就是说,情感与其他
任何事物一样,都是历史研究的对象;(2)情感不仅仅是历史环境的产物,在
事件发生后表现出来,而且是事件发生的积极动因,极大丰富了历史学的因
果理论;(3)情感是人类历史的中心,被认为是一个具有生物文化特征的独
立存在体,以一种世界普遍存在物的形象位于世界之中;(4)情感是道德历
史的中心,因为任何关于人类美德、道德或伦理的论述,都越来越不可能缺
少对其历史情感背景的分析。因此,总体而言,情感史就是将情感置于历史
学实践的中心。情感不能作为历史分析的另一个(边缘)类别而被忽视,不
能被视为次于身份、种族、阶级、性别、全球主义和政治等重要主题。情感史

加深了我们对所有这些问题的理解。

近来,情感史著作层出不穷,初学者很难知道从何入手。2012 年,扬·普兰佩尔写道,"情感史就像一艘正在起飞的火箭",我怀疑甚至连他自己都没有意识到,情感史会在这么短的时间内达到如此高度。[3]他对情感史的"介绍",必然不是集中于历史学家对情感所做的研究,而是人类学家和心理学家如何研究情感,以及这一领域在 21 世纪面向历史学家开放的方式。现在,五年过去了,数百部情感史作品问世;许多人都在积极实践这门新学科,但很少有人有机会了解这个领域目前的整体状况。

3 对于情感史中的关键问题,有很多普遍性的评价,但是参照点却越来越宽泛,并且对于"究竟什么是情感史?"的研究仍然是零散无序、缺乏体系性的。[4]因此,过去几年里的许多成果,以及整个史学界的众多会议和研讨会,都认为有必要提出理论和方法的基本问题,突破传统思维的束缚,开拓概念创新的新思路。本书的目的是减少这种不必要的劳动,为该领域提供一个前进和发展的起点。在这个过程中,它一定程度上解决了迄今为止只有通过广泛的书目研究才能回答的问题。如何研究情感史?它的内部争论、挑战和困境是什么?它的主要理论和假设是什么?简而言之,应该先阅读什么?我希望本书不仅能成为情感史初学者的首选读本,也能成为想要了解情感史对他们有何帮助的各类历史学家的首选读本。更重要的是,我希望本书能够超越历史学科,以一种充实而有意义的方式,被心理学家、神经科学家、人类学家和哲学家接受和认可。

多年以来,情感研究都是按照学科划分的。[5]如果说哲学著作中的情感与心理学著作中的情感有所不同,这并不是一个不公正的描述,尽管它们可能有一些共同的基本原则。[6]这些都是语义学问题,也是基本的目的不一致的问题。长期以来,历史学一直是跨学科的桥梁,它乐于借鉴其他各种领域的见解和方法,以此达成自己的目的。然而,跨学科流动的方向确实只倾向于向内发展。历史学很少将其理念映射到那些它自由借鉴的学科中。这一方面是因为历史学家自己认为没有必要做出这样的贡献,另一方面,也是因为其他学科从未真正认为,历史学对其自身的学术和研究具有实质性的价值。就情感而言,许多历史学家开始提出有力的论据,认为情况已不再如此。我们理解情感是什么(和曾经是什么)、情感如何起作用以及情感所代表的意义,不能与其他学科割裂开来,因为在其他学科中,情感被认为是另一种东西,以其他方式发挥作用,意味着不同的含义。

情感史学家深信,我们的研究成果绝非凭空想象,而是建立在有关情感体验、情感表达和情感实践的有力证据基础之上,因此,我们似乎有必要找到一种方法,让其他学科也参与进来。事实上,对过去情感体验的历史评价,可以直接挑战当代其他学科的学术研究,因为其他学科会狭隘地、超越历史地对情感进行定义。令人欣慰的是,近年来,一些神经科学家和人类学家之间有了和睦相处的可能,而历史学正是这方面的桥梁。[7]目前很少有人认识到这种合作的重要性,但本书通过对建构主义、历史主义、遗传学和神经科学方法的潜在和谐的阐述,无论是在研究背景方面,还是对我们理解什么让我们流泪、什么让我们胆怯或充满爱意、什么让我们心跳加速等方面,都预示着一个令人兴奋的未来。

本书的编排方式体现了情感史研究的多样性。它既是对该领域的回顾,也是对其各种方法和理论的评价。尽管本书是以不同时期和世界各地的情感史为范本,但是一部宏大的叙述,或者说一部真正的情感史,将留待另一本著作面世。[8]阅读本书没有特别的说明。它的设计初衷是作为该领域的入门读物,因此最好从头开始阅读。第一章从宏观角度出发,探讨了情感史项目提出之前情感在历史写作中的地位。此外,该章还考察了情感历史主义在其他领域的存在情况,并且追溯了情感为何直到最近才被历史学家关注的原因。在这一点上,我们简要回顾了研究情感史的一些主要创新者,但深入分析将贯穿全书。反过来,这又需要对试图将精神分析方法应用于历史实践的失败的心理史学运动,以及与心理科学的关系进行分析。

由此引出对社会神经科学的介绍性评价，以及在此背景下情感史的可能性。

第二章探讨情感语言悠久而重要的历史，以及情感语言对情感类型概念的启示，更重要的是，情感语言对情感的历史体验的启示。这里最重要的一点是，对历史背景下语言的敏感性，必须与对历史实践中使用的当代语言的敏感性相匹配。我们从事的是"情感"的历史。对于我们的工作而言，这是不是一个令人满意的标签？它揭示了什么，又掩盖了什么？总之，本章认为将"情感"作为我们研究的主要范畴，其风险大于潜在的回报；反之，对语言和概念的可变性保持开放的态度，并不会使比较变得不可能，也不会使分析变得多余，而是会使两者都得到丰富。

第三章论述情感史一些最重要的理论和方法创新，这些创新用于研究过去情感的社会动态，将情感体制、情感共同体和情感风格（或情感学）放在一起，以比较和对比它们的优缺点。概括地说，它们分别是威廉·雷迪、芭芭拉·罗森宛恩（Barbara Rosenwein）和彼得·斯特恩斯的研究成果。本章对每种方法的影响进行了评估，并就如何弥补每种方法的不足，以及如何将它们各自的优势结合起来以达到共同目的提出了建议。

历史学家倾向于以群体为单位分析人类，即使研究的重点是传记。情感史可以通过揭示个体生物学史的可能性，从而对这种偏好提出挑战。我很快就会谈到这一点。第四章试图通过探索情感体验动态发生的方式，拓展社会分析的可能性。所有领域的情感研究，都是关于情感体验如何成为社会互动和权力动态的一部分。[9]该章将探讨情感规范的表达、执行和强化的方式，并研究当情感不符合预期规范时会发生什么。

这里有很多关于表达和情感实践的内容，因此与第五章有多处重叠。然而，在这一章中，我们将更多地关注个体在不同情境下所经历（或曾经经历）的情感体验。这不仅充实了动态情感关系的画面，而且再次强调生物个体作为可变生物文化实体的历史可能性。它将情感史与生物学史、身体史,以及一些关于共情的重要跨学科见解结合在一起。

对于身体和生物学的关注,自然会引发对感官的思考。一般来说,感官史与情感史各自独立发展,而且有自己既定的发展谱系。尽管如此,我们还是有充分的理由将二者放在一起,特别是当我们考虑到"感觉"和"感性"与其他情感概念交织在一起时。感官史与情感史的共同愿望是打破普遍化的歧义,探索过去感官的无限多样性。第六章作为对这一领域的介绍和评价,提出了未来进行富有成效的合作的建议,展示了丰富的经验史学。对历史性的身体/心灵的强调,要求我们更全面地评估神经史学的可能性,以及情感史学家必须掌握神经科学知识的程度。这里只省略了一种感官——道德感,我将在最后一章对其进行论述。

尽管我们已经讨论了社会和文化情感,但我们还没有讨论社会情感互动的空间和场所,或者作为情感意义生成过程一部分的物品和物质文化。第七章讨论了这些情感世界、情感规范如何体现在建筑和社会空间的布局中,以及与物品的文化关联对于生物文化大脑中刻录情感线路或记录情感经历至关重要的方式。这就完成了对情感身体、情感大脑和情感社会的描绘。

现在只剩下一个关键方面:道德。最后一章强调了情感史的重要性,将其归入一个类别,赋予其更重要的地位。通过展示情感与道德之间的历史联系,我不是试图把两个不同的类别强加在一起,而是要表达一种戏剧性的动态关系,这种关系在人类历史上以多种不同的形式持续存在着。这并不是要断言情感与道德之间普遍的关系,而是要强调情感的可变性和历史性,可以为现有的道德历史叙事提供新的解释和补充。这是人类社会价值构成的关键所在,也使得情感史的意义超越了其本身。它有可能在经验层面揭示历史学家一直在探寻的东西:作为人类的意义是什么。

7

【注释】

[1] 追踪谁在教授情感史并非易事，但我发现下列大学都为本科生开设了情感史项目：约克大学、伦敦哲学学院、罗格斯大学、杜克大学、加利福尼亚大学伯克利分校、乔治敦大学、纽芬兰纪念大学、多伦多大学、香港中文大学和坎佩雷大学；为研究生开设情感史项目的有伦敦大学金史密斯学院、柏林马克斯·普朗克人类发展研究所、芝加哥纽贝里、洛约拉大学、渥太华卡尔顿大学、莱斯布里奇大学和墨尔本大学。

[2] 主要的研究中心有伦敦玛丽女王大学情感史研究中心、柏林马克斯·普朗克人类发展研究所情感史研究中心、澳大利亚研究院情感史高级研究中心（澳大利亚各地）、西班牙科学研究高级研究院人类和社会科学研究中心"历史与经验哲学研究"。艾克斯-马赛大学和魁北克大学蒙特利尔分校共同开展的"中世纪情感"（EMMA）项目，记录了该领域的许多发展史。第一本严格意义上专注于情感的历史期刊《情感：历史、文化和社会》刚刚推出，汇集了来自世界各地该领域专家的编辑意见。

[3] J. Plamper, *Geschichte und Gefühl：Grundlagen der Emotionsgeschichte*（Munich：Siedler, 2012）. 仅在七年前，彼得·伯克还对是否能够撰写一部情感的历史表示怀疑。可以说，从那以后，很多学者都给出了肯定的答案，但这使得目前这一领域的入门变得尤为困难。它以异乎寻常的速度发展，很难找到一个合适的切入点。按照一般标准，伯克的作品可能被认为是"最近的"研究成果，但是它很快就被超越了。参见 P. Burke, "Is There a Cultural History of the Emotions?", in P. Gouk and H. Hills（eds）, *Representing Emotions：New Connections in the Histories of Art，Music and Medicine*（Aldershot：Ashgate, 2005）, 35—48。

[4] 最近的调查包括 B. Rosenwein, "Problems and Methods in the History of Emotions", *Passions in Context*, 1（2010）：1—32；S. Matt, "Current Emotion Research in History：Or Doing History from the Inside Out", *Emotion Review*, 3（2011）：117—124；R. Boddice, "The Affective Turn：Historicizing the Emotions", in C. Tileagǎ and J. Byford（eds）, *Psychology and History：Interdisciplinary Explorations*（Cambridge：Cambridge University Press, 2014）；J. Plamper, *The History of Emotions：An Introduction*（Oxford：Oxford University Press, 2015）。

[5] 参见普兰佩尔的精辟总结，比如他在著作《人类的情感：认识与历史》中，对情感的人类学认知与心理学认知之间的差异进行了阐述。

[6] 哲学文献不胜枚举，但读者最好还是研究一下 M.S. 布拉迪的《情感洞察力：情感体验的认识论作用》（M.S. Brady, *Emotional Insight：The Epistemic Role of Emotional Experience*, Oxford：Oxford University Press, 2013），看看哲学方法与其他人文学科有多么截然不同。另参见 M. Nussbaum, *Upheavals of Thought：The Intelligence of Emotions*（Cambridge：Cambridge University Press, 2001）。

[7] 例如参见 J. Carter Wood, "The Limits of Culture? Society, Evolutionary Psychology and the History of Violence", *Cultural and Social History*, 4（2007）：95—114, 以及芭芭拉·罗森宛恩的批判性回应，"The Uses of Biology：A Response to J. Carter Wood's 'The Limits of Culture'", *Cultural and Social History*, 4（2007）：553—558。另参见 W. Reddy, "Saying Something New：Practice Theory and Cognitive Neuroscience", *Arcadia*, 44（2009）：8—23。

[8] 另一本计划出版的书是罗布·博迪斯的《感觉的历史》（*A History of Feelings*, London：Reaktion, 即将出版）。

[9] 例如参见意义深远的跨学科作品集（但不包括历史学），C. von Scheve and M. Salmela（eds）, *Collective Emotions*（Oxford：Oxford University Press, 2014）。

第一章　历史学家和情感

感知过去

历史学家的研究范围是随着时间的推移而发生变化的。我们寻找原因和影响,解释变化如何发生,以及为什么会发生。我们很少探究"现在是什么"。我们关注的是"过去",或者事物是如何形成的。了解过去社会、过去文化和过去政治的复杂性,可以让我们理解事情为什么会这样发生。这一观点不仅适用于各类事件,无论其解释多么宽泛,也适用于一般经验。历史学家的使命是对"过去"进行研究:我们不禁产生疑惑,过去的感觉是怎样的? 身份、自我、人际关系、组织关系、文化的生产和接受,以及与环境、生态系统和城市的关系,所有这些问题都属于历史分析的范畴。其中隐含的假设是,过去诸如此类的关系及其形成,与我们现在发现的有所不同。这并不是说过去可以解释现在:随着时间的推移,距离现在越是久远,这样的解释就越困难。更重要的是,对过去人类经验结构的分析,可能有助于我们打破对当前的自然认知。

历史挑战了我们对自己所知事物的看法。历史将人们普遍认为的常识和常理转变为情境知识和情境意识。被视为"正常"或"自然"的东西,只有在特定情况下才是正常或自然的。历史打破了这种分类。这是历史学的政治优势所在。它让那些宣称"事情就是这样"的人承担责任。它让我们能够追问"为什么?"和"多久?"。它允许我们提出事物存在的其他方式。

9　　现在正式进入情感史,迎接这项挑战。一般来说,除了一些明显的例外,历史学家都避免将人类本身历史化。[1]人类一直是不断变化的历史场景中的行动者,我们只需分析这些场景和其中的剧情即可。这与前面提到的拒绝"现在是什么"的倾向相悖。如果说历史学家倾向于拒绝超越历史的普遍性,那么直到最近,他们还倾向于假定人类自历史开始以来就是一个生物学上的恒定因素。当然,身体史已经表明,历史性地理解生理、疾病、残疾和性别的方式,对历史文化有着深远的影响。[2]此外,长期以来,在一些关于时间、地点和文化的历史和哲学著作中,作为生物学上人的边界,因政治或社会排斥而变得模糊不清。[3]奴隶制的历史[4]、大屠杀的历史[5]、妇女的历史[6]这些备受关注的领域,突出了人们如何划分边界,以便为特定群体(通

10　常是白人男性)保留这一类别。然而,这些叙事的意义在于含蓄地指出,这些边界是为了政治目的而被错误地划分的。人终究是人。这类故事让我们想起我们自己的政治,也让我们反思如今的边界可能是(错误地)划分的。

　　简而言之,人类总是根据自己的认知来做事,在历史记录中留下深刻的社会、文化和政治痕迹。尽管所有的认识论都留下了自己的印记,无论是高深的还是普通的,但是人们仍然认为,除了思维方式的偏差之外,人类的身体和思想就意图和目的而言,几千年来没有什么变化。尽管人们关注变化,但所有政治背后的生物学人类作为一个稳定的历史范畴,显然被固定了下来。即便我们对这种固定性提出质疑,也并不意味着要推翻前面提到的那些指出当权者在历史上造成不公正的书籍和文章。相反,我们有机会从正反两方面进一步探索关于排斥的历史经验。情感史为具有跨学科倾向的历史学家提供了这样一个新的尝试。

本项目的核心是理解人类，包括人类的身体/心灵，是在世界中被创造，并在世界中创造意义的。这不应该被解读为一种激进的声明，将情感史与社会建构主义的拥护者完全统一起来。相反，人类学和神经科学这两个曾经相去甚远的学科正在迅速融合。一方面，人类学认为文化语境无疑会规定、限制和影响体验；另一方面，神经科学认为人类是神经上可塑的、可编程的硬件。神经科学家和人类学家都在为我们的研究指明生物文化的方向，而不是先天/后天的二元对立（下文会有更多论述）。对人类"先天"的研究，不存在文化自由或价值中立的语境，也不存在没有生物学框架的"后天"，即人类。我将在第六章详细阐述这一点，但自始至终都必须牢记这一前提。

古代的先行者

其他学科的情感研究，早于历史学科中情感研究的发展，大多数情况 11
下，这些不同领域的研究不仅没有重叠，而且显然也没有机会重叠。在某些方面，这种情况是令人惊讶的，因为在19世纪的一个关键时刻，曾有一个明显的和解机会，但各学科却没有抓住。这是情感史两次失败开端中的第一次。不过，在谈及历史学这门学科之前，我们不妨回顾早期的一些历史著作，它们显然为情感分析找到了一席之地，尽管后来的历史学家要么没有注意到它们，要么假装它们并不重要。

还有什么比从历史学之父修昔底德（Thucydides，约公元前460—约公元前400年）说起更好的吗？人们对修昔底德的方法（通常称之为"修昔底德方法"）做了很多研究，但史学界对修昔底德的研究，主要集中在他所谓的客观性、对语境中证据的权衡，以及对偏见和可靠性的核查。在《伯罗奔尼撒战争史》中，修昔底德讨论历史学方法的段落确实引人入胜，值得反复研

9

读。[7]但是长期以来,我一直怀疑修昔底德所展现的历史,是否与19世纪20年代以来历史学家们关于真理和/或客观性的争论真正有关。恰恰相反,这部作品的情节设计得非常巧妙,故事的中心是人(通常是男人)在特定环境下,如何被严格限定的表达方式所驱使,或者在表达方式崩溃时如何行事。在此,我冒昧地说,修昔底德撰写了第一部情感史著作。我们不妨重新温习一下。

修昔底德关于战争的叙述核心,是解释什么驱使人们去做他们所做的事。书中有关于责任和勇气的论述,事实上,我们可以将雅典人成功与失败的起伏,与他们在多大程度上坚持了美德或失去了美德联系起来。修昔底德将美德与激情联系在一起绝非独树一帜。例如,勇气的美德是不顾恐惧地战斗,而不是在没有恐惧的情况下战斗。[8]有美德的复仇是有控制、有目的的愤怒的结果,而不是缺乏控制。恐惧和愤怒是战争中始终存在的特征。当这些激情战胜雅典人的美德时,故事就变得生动起来。

这方面的例子不胜枚举,但一个例子就足以说明,情感的历史与书写历史的概念本身一样古老。在伯里克利为雅典逝去的将士举行的葬礼上,他赞扬雅典人的勇气和责任感。赞扬的核心是对民众情感状态的评价。雅典人睦邻友好,努力避免伤害"人们的感情"。他们遵纪守法,无论是成文的法典还是不成文的习俗,因为违法是"公认的耻辱"。[9]在辛勤工作之后,雅典人享受着"精神"的"娱乐","烦恼"则被城邦的美德和"高尚的品位"驱散。[10]"对美的爱"是一种克制的爱,而不是泛滥的爱。这让他们保持男子气质。此外,贫穷并不可耻,但那些不努力摆脱贫穷的人则是可耻的。总之,雅典人以"普遍的美好的情感"使自己与他人区别开来,这让他们的"友谊更加可靠"。事实上,根据伯里克利的演讲,雅典人的利他主义是"独一无二的"。[11]在城邦面临威胁时,这些表现汇聚成非凡的勇气。雅典人没有考虑成功或失败的机会,他们将其交给"不确定的希望之手",并以"荣耀而非恐惧的巅峰"达到"他们生命的巅峰"。[12]驱动他们的是一种与"低于一定标

12

准"有关的羞耻感,以及雅典自由价值的观念。伯里克利总结道:"幸福取决于自由,自由取决于勇气。"[13] 因此,恐惧、勇气和幸福是成功城邦的基本标志。

　　就其本身而言,我们可能会将其视为政治辞令。历史上充斥着煽动或煽情、夸大或吹嘘的演说。我们甚至会认为这是理想化或是浪漫主义的言论。但是,修昔底德直接通过紧随伯里克利演说的关于瘟疫肆虐城市的叙述,证明了伯里克利观点的实质性真理。当城邦陷入混乱时,人们指责的恰恰是伯里克利所列举的所有品质的失败。这段叙述嘲笑了伯里克利对雅典人的勇气和睦邻关系的深刻洞察,表明雅典人和其他人一样,也会被激情所征服。在最糟糕的情况下,雅典人未能克服最糟糕的激情,最终陷入绝境。雅典出现了一种"前所未有的无法无天""自我放纵"和享乐主义。修昔底德写道:"至于所谓的荣誉,没有人愿意遵守它的法则。"他指出,荣誉与享乐和即时满足混为一谈,人们担心明天就会死去。同样的恐惧使人们对司法体系无动于衷,大量的死亡和荒芜动摇了他们对神灵的信仰:"对神和法律的敬畏没有起到任何约束作用。"[14] 因此,激情以这样或那样的方式创造了历史。当激情受到控制,并被应用于美德思想和对城市的热爱时,就会带来成功和荣誉。当激情肆虐、良知丧失时,就会带来耻辱、羞辱和死亡。环境决定了情感的实际含义。

　　直到最近几年,我们在分析修昔底德等人的著作中的历史因果关系时,才能够在一定程度上将情感的规定、控制和破裂,视为直接影响和决定事件的因素。修昔底德关于人性的概念非常深奥,但是历史学家往往以最简单的方式加以理解,他们根据对希腊文本的某种解读,认为修昔底德为战争中和逆境中的人性普遍性,提供了一个合理且完全合适的概念。传统的观点认为,任何读者都可能在这个故事中找到自己,或者能够将自己置身其中,并观察到自己也会有同样的感受和行为。这里不适合长篇大论地讨论修昔底德的"人性"究竟是什么,但至少,当伯里克利告诉我们雅典人的激情是独

14 一无二的时候,我们可以相信他的话。[15]与斯巴达相比,雅典依靠的是"真正的勇气和忠诚"。斯巴达人要接受"最艰苦的勇气训练",而雅典人则不需要"国家引导的勇气",因为他们"自愿、从容地应对危险"。[16]人类学家可能会关注两个不同地方的政治文化和社会文化经验的差异,并指出情感的文化构建和可变性。历史学家可能会重新审视这些段落,并断定这里的情感体验其实并不容易被理解。这不是对人性的一般性描述,而是一个非常具体的描述。雅典人对激情的体验与斯巴达人不同,同样他们对激情的反应也有所不同。

现代先驱人物

在利奥波德·冯·兰克(1795—1886 年)之前,修昔底德可能是所有历史学家中最受关注的,利奥波德·冯·兰克从 19 世纪 20 年代开始,制定历史学科的学术和方法论原则。这一史学蓝图成为历史学科争论的焦点。历史是艺术还是科学?[17]历史是对档案中发现的内容的再创造还是发明?[18]在不考虑历史想象的情况下,如何才能做到客观,如实讲述事情的真相?[19]历史的主题是什么? 历史的模式又是什么?[20]伟人传记?[21]叙述时间的变迁、权力的起伏?[22]这些就是兰克观点最初引发的争论。

15 然而,与兰克同时代的另一位历史学家,他的历史实践方法和视野,显然没有给当代历史学留下多少遗产。儒勒·米什莱(Jules Michelet,1798—1874 年)是法国大革命时期的主要历史学家,直到法国国内发生的事件摧毁了他对国家的构想,他才失去了这一地位。他认为,社会和政治动荡的重大变革并不是关于那些举足轻重的个人,或者关于细枝末节的因果关系,而是关于人类自身的运动、人类的精神及其博爱的表达(或对博爱表达的抑制)。[23]

第一章 历史学家和情感

海登·怀特在1973年出版的开创性史学著作《元历史》中,给予米什莱应有的评价。怀特饶有兴趣地证明,所有的历史叙事,无论其框架如何,都是根据有限的情节设定和模式构建的。米什莱属于浪漫主义者。在怀特的视野中,对米什莱以及其他历史学家的分析,旨在证明历史在多大程度上真正反映历史学家的情况,以及这些历史学家创作作品的背景。这一论点深远影响,到20世纪90年代已经动摇了历史学实践的核心。如果(用怀特的另一句话来说)历史"既是被发现的,又是被发明的",如果它揭示的唯一真相只是历史学家的真相,而不是过去本身的真相,那么继续历史实践的理由何在?[24]这里的挑战最终使历史学家受益,因为这让他们成为更加自省的作家和研究者,更加直面他们的假设和情节设计;但这也让他们越来越重视经验主义的价值,重视这样一个事实,尽管他们的重建可能存在局限性,但仍有一些确凿的事实是可以被证实的。[25]正如在法庭案件中,法官可以收集证据,无论证据多么片面或分散,都能够得出谁对谁做了什么以及出于何种原因的合理结论,历史学家也可以诉诸档案记录。历史真相的意义和影响有待商榷,但我们一般都已从后现代危机中走了出来,相信我们不会套用克利福德·格尔茨(Clifford Geertz)的批评,无中生有地捏造深描。[26]

这场争论的副作用之一是,像米什莱这样具有明显浪漫主义情节的人,不一定会被重新列入值得效仿的历史学家之列。我建议简短回顾一下这位现代史学之父,看看我们是否能够从中找到对当代实践有用的见解。简而言之,至少直到最近,米什莱在情感史方面有哪些我们不知道的认知?我建议我们在寻找答案时,不必对米什莱的作品进行详尽的研读,只需研究其中被怀特称为"以隐喻方式解释的历史,以浪漫方式描绘的历史"的内容即可。[27]

这里的关键在于,怀特将米什莱描述为一个情节设计者,是否公正地反映了米什莱本人对法国大革命时期人们的品性、思想和感受的看法。怀特把米什莱描绘成一个二元论者,他对历史力量的理解仅限于邪恶与美德、

16

"暴政或正义、仇恨与爱,偶尔会有两者交汇的时刻"。[28]但这或许也是对历史行动者的感受和相应行动的合理评价。怀特认为,米什莱的《法国大革命史》(1847—1853 年)是"在 1847—1853 年法国各党派人士的激情中"出版的,它描绘了大革命第一年的"法国精神",即"对博爱的'自然'冲动,战胜了长期反对博爱的'人为'力量"。怀特对米什莱的叙述进行了猛烈的抨击,他只分析了米什莱对博爱品质的解读,却没有反思这是否准确地描绘了人们(当然是对一方而言)对博爱胜利的真实感受。米什莱将这一时期的渴望,描述为从"对自由的模糊热爱"到"对祖国的统一"的转变。纯粹的博爱打破了所有障碍,奇迹般地"回归自然"。[29]在怀特看来,这些都是隐喻。然而,米什莱向我们讲述的是处于革命热情和解放时刻的人们的内心世界,当时"平等"(égalité)和"博爱"(fraternité)是每个人口中和心中的关键词,我们或许可以从他那里学到一些东西:

> 人们这时才发现彼此的存在,意识到他们是一样的,惊讶于自己竟然如此长久地对彼此一无所知,为数百年来无谓的敌意感到遗憾,并以彼此心心相印的迎接和拥抱来消除这种敌意。[30]

"纯粹的团结之爱"消除了一切社会的、地理的、时间的和空间的障碍:"这就是爱的力量。"[31]怀特引用了米什莱所有这些段落。除了简短地提到米什莱是用"一种既是他自己的声音,也是当时相信革命的人们的声音"说话之外,分析主要集中于米什莱本人和他的历史学目的。[32]然而,我们不应该轻易忽视这样一种怀疑,即米什莱已经洞察了革命人民的声音,以及他们的情绪和情感。在这里,我们可以在最精确的背景下看到爱的历史。米什莱深入爱的体验中,并将其作为一种前所未有的体验加以传达。含蓄地说,考虑到在米什莱的一生中法国发生的事件,这种体验即使尚未丧失,也面临着丧失的危险。这就是情感史的本质所在。从方法论上讲,米什莱不必像我们所希望的那样,说明他是如何构建这一分析的,但他的历史并非纯粹的历史想象。他通过自己的学习和研究，对当时的感受有所了解。

从米什莱为《论人民》(*The People*，1846 年)所作的序言(这是对埃德 18
加·基内(Edgar Quinet)的一篇长篇献词)中，我们可以清楚地看到人类体
验的重要性，以及这种体验感受的重要性。米什莱回忆自己在 1814 年的悲
惨生活：

> 我清楚地记得，在那种极度的苦难中，在眼前的匮乏、对未来的恐
> 惧、公敌就在城门口(1814 年!)，以及我自己的敌人每天都在嘲笑我的
> 时候，有一天，一个星期四的早晨，我坐在那里沉思，周围没有火(雪下
> 得很深)，不知道晚上是否能找到面包充饥，觉得自己已经走到了绝境。
> 我的内心涌现出一种纯粹的斯多葛主义情感，但没有掺杂任何宗教的
> 希望。我用冻僵的手敲打着我的橡木桌子(我一直保存着它)，感受到
> 了一种对青春和美好前景的强烈的喜悦冲动。告诉我，朋友，我现在还
> 有什么可害怕的呢？我，一个已经在自己和阅读中经历过无数次死亡
> 的人，该害怕什么？我又应该渴望什么呢？[33]

这种情境下对历史情感复杂性的坦率回顾，其本身既是一种精彩丰富的历
史资料，也是一种突出这些因素重要性的历史编纂风格。情感既是历史环
境的结果，又是历史环境变化的原因。情感绝非只是短暂的非理性行为，而
是革命和反革命的经历和进程的核心。

心理历史主义

19 世纪中叶，比较心理学这一专业学科的出现，为情感史带来了第一缕曙
光。奇怪的是，历史的动力来自心理学家本身。亚历山大·贝恩(Alexander
Bain，1818—1903 年)的巨著《情感与意志》(*The Emotions and the Will*)，与

查尔斯·达尔文的《物种起源》(*The Origin of Species*)于 1859 年同时出版。[34]贝恩的一个核心论点是,"所谓的感觉这一事实或属性,完全不同于任何物质的任何物理属性"。[35]如果贝恩仅仅停留在这一点上,那么他的事业就会被达尔文主义的转向和即将到来的唯物主义至高无上的地位彻底摧毁。但是,贝恩仔细阐述了身体与心灵的关系,在这种关系中,情感促使人们采取行动,并且"它(感觉)与物质组织之间存在着依赖关系"。[36]

贝恩实际上为笛卡尔的观点赋予了新的内涵:"伴随和支持心理事实的物理事实,并不制造或构成该事实,而是通过神经交流与大脑有更直接关联的一系列身体器官的活动。"[37]贝恩不同于笛卡尔,他的心理学语言更加精练,对生理功能的理解更加透彻,最重要的是,他不需要解释灵魂。人的身体和心灵处于世界之中,也属于世界,因此会受到世界的影响。

贝恩发现了一种"脑电波",部分由"情感流"构成。这种波浪可以通过"教育的力量"进行重构。实际上,贝恩试图解释不同人类社会中情感表达的文化差异,以及人类与其他动物之间的明显差距。在所谓的"原始"状态下,惊讶的人会"张大嘴巴""发出尖锐的叫声""怒目瞪视"和"挥舞双臂",但"文明"的人则有语言能力"对当时的感觉进行必要的宣泄"。表现力被限制、修饰、人为地表现出来。最重要的是,贝恩发现这种外在行为的变化会反馈到意识状态,改变"由此产生的精神状态的本质"。因此,贝恩这样描述一种情感动态:这是一个情感状态和表达方式相互影响、相互改变的过程。"原始人"的惊讶与"文明人"的惊讶不仅表现形式不同,而且体验也不同。[38]这为贝恩提供了一条线索,即生理学可能是理解心理学的重要关键,威廉·冯特(Wilhelm Wundt,1832—1920 年)对此也有同感。[39]

贝恩认为,各种情感和"精神基调"的变化,也同样有不同的体现。我们所缺乏的是一门"追踪情感波动的物理输出"的发达科学。不过,只要能描述情感扩散的物理影响(和效果),就能让我们更加深入地了解这种情感。身体是"情感的自然语言",它向任何有能力理解这种语言的观察者展示"意识的特征"。[40]理解的基本工具可能是由大自然提供的，但文明引起的情感变化，让人们必须学习解读情感表达的模式。由此，贝恩解释了历史对于理解情感随着时间变化的重要性，他称之为"建构过程"。[41]这个观点一度大放异彩，然后消失了一个世纪之久。

　　贝恩的建构概念，使他成为"科学的"心理学家群体中的先驱之一，他们认为联想是该学科的关键标志。情感与理智的结合，让我们能够理解所感受到的情感与通常能激发这种情感的物体之间的关系："因此，我们将休息的乐趣与安乐椅、沙发或床联系在一起，将骑马的乐趣与马和马车联系在一起。"[42]这种物质客体化有助于解释，情感体验在不同地点和不同时间的明显差异。情感意义与个体周围的事物息息相关。情感迹象是产生它们的地方。这是历史学家最近才重新发现的一种见解（见第七章）。为了对他人的情感产生共鸣，我们首先必须"获得情感的迹象"，必须"学习"情感的表象以及"描述情感的名称"。[43]这一过程的核心，是培养对不赞成或赞成的情感表达的理解。对贝恩来说，没有绝对的道德，只有特定的情感环境，在这种环境中，对与错在被合理化或理智化之前，就已经作为社会情感动态的一部分被体验到了。因此，贝恩赞同亚当·斯密（Adam Smith，1723—1790 21年）和大卫·休谟（David Hume，1711—1776 年）关于文明和同情的作用的著作，也赞同达尔文关于同一主题的论述。[44]道德"感"先于道德理性。

　　贝恩的心理学和达尔文的进化论，都将科学指向对情感和道德的历史理解和解释。在一段时间内，这些观点大受欢迎。19 世纪的最后 25 年也许是科学家作为业余通才或绅士博学家的最后时刻。新的情感认知模式似乎变得可能且必要，但转瞬即逝，很快就被遗忘了。关于情感对理解人类状况的重要性，最清晰、最深刻的概括性论述之一，可能来自最著名的博学激进主义者乔治·亨利·刘易斯（George Henry Lewes，1817—1878 年），他是小说家乔治·艾略特（George Eliot，1819—1880）的生活伴侣。

　　刘易斯通常被称为哲学家或评论家，但他对科学，尤其是生物学、生理学和心理学有着深入的研究。他是达尔文的忠实读者,也是一位实验主义者,在向广大读者传播和翻译科学知识方面颇具影响力。在将哲学——"符号逻辑"——根植于"情感逻辑"中,刘易斯认为真正的哲学必须考虑情感对行为和知识的调节作用。[45]道德感是本能的,但也是历史的,它与自我欲望竞争,并通过有意识的判断进行过滤。情感和理智在是非感受中相互影响。亚当·斯密已经暗示了很多内容,但这次的推动力是认真对待情感科学,以便更好地理解情感的本质及其社会化的程度。刘易斯富有启发性的观点是,世界上的大脑和身体受到在社会和文化的熔炉中形成的道德本能的驱使。

　　不同寻常的是,在科学界普遍受到以遗传和后天习得为主题的进化论影响的时代,刘易斯却把社会建构作为文明社会进化方式的关键。简而言之,任何试图定义和探索情感的新身心科学都离不开历史:"因为心理学是通过社会学来解释的,而经验的发展主要是通过社会影响来获得的,所以我们必须始终考虑历史。"刘易斯明白,虽然在文明史中人类种类的自然演化过程尚未充分完成,但在"道德情感的质量和观念的范围"方面,确实存在着显著的差异。与同时代的许多人不同,他深信优秀的生理学家会认识到,"野蛮人和文明人,无论是希腊人、印度人、古德意志人还是现代欧洲人","器官和功能"都是相同的,但"思想和情感"却明显不同。他断言,"一个有教养的英国人的大脑……与伯里克利时代的希腊人的大脑相比,不会有任何明显的差异",并指出,人类生理结构的连续性并不意味着情感或道德倾向的连续性。这些变化是由社会影响造成的,它有效地定义和界定了人类的情感和道德指南,从生理角度来看,人类在不同时期内都是一样的。

　　刘易斯提出了一个激进的学术议题,而这一议题直到现在,才在"神经史学"(见第六章)这一人文学科与生物学的奇妙融合中被重新提及:"虽然感知功能的规律必须在生理学中研究,但感知能力的规律,特别是道德和智力能力的规律,必须在历史学中研究。科学的真正逻辑只有在科学史中才能显现出来。"[46]亚历山大·贝恩对此表示赞同,他尖锐地指出,历史学家的任务是解释"已消失的情感模式"。实际上,为了理解过去的奇特经历,或陌生地方的奇特经历,这些学者必须尽可能地从自己的经验中构建新的情感。[47]

当威廉·詹姆斯(William James,1842—1910 年)的贡献颠覆心理学,并将生理学推向情感研究的前沿时,历史因素被保留了下来,即使只是暂时的。詹姆斯的《心理学原理》(*Principles of Psychology*)于 1890 年首次面世,与此同时,生理学专家的实验热情也在迅速高涨。实验室在欧洲各地纷纷建立,在美国的影响力也达到了新的重要水平。詹姆斯断言"情感的普遍原因无疑源于生理学",这实际上是为生理学实验发出了号召。心理学的这一分支至少可以归入其中。詹姆斯为生理学家提供了更多的研究依据。他最著名的情感宣言是推翻了他所认为的核心假设:

> 对于这些较粗略的情感,我们的自然思维方式是,对某些事实的心理感知,会激发一种被称为情绪的心理情感,而这种心理状态会引发身体表达。与此相反,我的理论是,"身体的变化是在感知到令人兴奋的事实后直接产生的,而我们对这些变化的感觉就是情感"。常识告诉我们,我们失去了财富,会感到惋惜而哭泣;我们遇到了熊,会感到害怕而奔跑;我们受到了对手的侮辱,会感到愤怒而动手。这里要为之辩护的假说认为,这种顺序是不正确的,一种心理状态并不是由另一心理状态直接引起的,身体变化必须首先介于两者之间,更合理的说法是,我们因为哭泣而感到惋惜,因为动手而愤怒,因为颤抖而害怕,而不是说我们哭泣、动手或颤抖,是因为我们感到惋惜、愤怒或恐惧,视情况而定。如果没有身体状态作为感知的后盾,感知在形式上将是纯粹的认知,苍白无力,毫无色彩,缺乏情感温度。这种情况下,我们可能会看到这只熊,判断最好的方式是逃跑,接受侮辱,并认为动手是正确的,但实

际上我们不应该感到害怕或愤怒。[48]

24　在这种结构中,身体表达不是内在情感的标志,而是情感本身。不可能存在"纯粹无实体的情感"。詹姆斯仔细审视了自己,发现"无论他有什么样的情绪、情感和激情",它们都是"由那些我们通常称之为表达或结果的身体变化构成和组成的"。

这意味着深远的影响。一方面,情感可以成为科学确定性的主题,因为如果情感是身体上的,那么它们显然也是可以测量的。血压、体温以及一系列内脏和腺体分泌物,都可以使用实验室的机械进行测量。1902 年,伦敦生理学家欧内斯特·斯塔林(Ernest Starling)发现了第一种激素分泌素,随后很快从理论上阐述了激素的功能。[49]这就是情感。另一方面,情感研究的可能性似乎无穷无尽。詹姆斯本人指出,将情感定义为由物品引起的反射性行为,并立即感受到的结果,其逻辑后果是:"我们立即明白了为什么可能存在的不同情感的数量没有限制,为什么不同个体的情感可能会无限制地变化……因为在反射行为中没有任何神圣的或永恒固定的东西。"[50]

在某些方面,这种分析性的见解使詹姆斯回到了贝恩的建构主义。尽管有生理机制,詹姆斯还是知道习俗对本能的影响,因此他采取一种极端的相对主义立场,同时为情感和身体赋予历史意义:"任何一种情感分类,只要能起到某种作用,都被视为与其他分类一样真实和'自然';而诸如'愤怒或恐惧的"真实"或"典型"表现是什么?'这样的问题根本没有客观意义。相反,我们现在的问题是,任何特定的愤怒或恐惧的'表达'是如何产生的?"詹姆斯与早期心理学家和进化论者一样,也断言这是需要历史学家回答的问题,"尽管答案可能很难找到"。[51]

25　　詹姆斯的这部分理论在生理学家中没有引起任何反响,他们转而更强调具体化。如果情感可以在身体中被发现并记录下来,那么科学就能揭示出情感的真正本质。于是情感理论就此诞生(见第五章)。例如,实验可以客观地把恐惧分离出来,并建立衡量恐惧的通用标准。在发现所有情感种类的基础之前,我们将努力简化情感,而不是无穷无尽地夸大它的可能性。

实验发现,实验动物的情感对其他目的的生理学研究结果产生了不利影响,这为寻找情感的生理常数提供了实验动力。血液质量、内脏分泌物、对伤害和疾病的反应,以及动物的一般行为,都是生理学研究的主题,目的是找到可靠的、可重复的标准或生理规范。情感的不稳定影响,促使人们努力消除或控制实验动物的情感,同时也需要分离出情感的具体内容。

正如奥特尼尔·德洛尔(Otniel Dror)出色地证明的那样,19 世纪末 20 世纪初,人们试图部分地通过研究动物情感本身的内在本质,培养一批情感中立的"标准"实验动物。[52]激动的情感状态与其说是精神上的或非物质的,不如说是生理上的。例如,肾上腺素的分泌、血糖的升高、血压的上升或下降,这些都不是情感的表现,而是情感本身。因此,考虑到控制、通用标准和实验重复的需要,就有可能构想出情感功能的进化常数。詹姆斯的历史性告诫湮没在机器的嘈杂声中,这些机器记录着实验动物内脏释放出来的情感。用泰奥迪勒·里博(Théodule Ribot,1839—1916 年)的话来说,情感"深陷个人内心深处;它们植根于需求和本能,也就是说,植根于运动",他承认受到詹姆斯和贝恩等人的影响。[53]因此,在情感被历史主义心理学家从普遍的生物学中解脱出来的同时,根据"情感"作为外在表现的字面含义,它被牢牢地建立在生理学的基础之上了。

20 世纪 30 年代失败的原动力

早期的心理学著作充满了历史主义色彩,但历史学家并没有注意到这一点,甚至根本没有注意到。此外,心理相对主义的概念也在短时间内从心理学学科中消失了。吕西安·费弗尔(Lucien Febvre,1878—1956 年)在 20 世纪 30 年代接触的,正是这门清一色的心理学,它充满了新的话语体系,并以此将其定义为一门科学。但费弗尔从历史学家的角度来看,认为这一点毫无用处。[54]费弗尔对心理本质主义深恶痛绝,因为它与过去(大概也与未来)毫无关系,只针对当下特定群体(白人)的心性(mentalités)。费弗尔认为,情感不仅在社会环境中产生,而且在社会环境中形成和制度化。根据费弗尔对心理学回忆录和论文的评价,当20世纪30年代末的心理学家谈论情感、决策和推理时,他们只代表了20世纪30年代的情感、决策和推理。费弗尔认为,无论是同时代的心理学,还是先辈的心理学,都不适合心理学分析的全球应用。心性与空间、地点和时间的特殊性交织在一起,无法纳入一个总体的方案。因此,历史学家无法充分利用心理学理论理解过去。如果要有一部情感史,就必须从历史的角度重建过去的情感,而不是我们现在所理解的情感。[55]

这一观点是正确的,尽管它足以确保在费弗尔时代不会有实质性的情感史,至少在法国不会有。费弗尔本人备受批评,因为他将年鉴学派对心性或精神的重视放在研究"精神禀赋"上,这限制了身体和心灵的历史,而这正是年鉴学派所承诺的开放性。正如阿兰·科尔班(Alain Corbin)很久以前就指出的那样,费弗尔对情感的兴趣主要集中于研究理性行为的兴起,这是一种与情感行为截然不同的现象。[56]其中不乏一些开端,比如乔治·勒费弗尔(George Lefebvre)的《1789年大恐慌》(La Grande Peur de 1789,1932年),它试图揭开新兴的群体心理学理论的神秘面纱,这种理论认为情感的大规模调动是非理性的,因此不具备政治功能。恐惧表现为社会结构和阶级对立的动态结果,尤其是饥饿的刺激。在这里,情感与身体感觉和社会状况联系在一起,从而使社会政治运动具有意义。恐惧本身并没有被历史化,但它的出现和影响的特殊性却被历史化了。[57]与此同时,费弗尔的年鉴学派战友马克·布洛赫(1886—1944年)提出了一个著名的观点,即"历史的主题"是"人类意识",其中的"相互关系、困惑和传染"是"历史现实本身"。彼得·盖伊(Peter Gay,1923—2015年)赞扬了布洛赫对"内心隐秘需求"的历史可能性的认识，以及布洛赫在《国王神迹》(Les rois thaumaturges)中关于精神风貌史的研究，但他批评历史学界过于"紧张"，未能遵循布洛赫的逻辑结论。[58]

与此同时，在德国，另一位学者，诺贝特·埃利亚斯(Norbert Elias, 1897—1990 年)也在尝试社会心理历史主义，他的方式肯定会让费弗尔感到高兴。诺贝特·埃利亚斯于 1939 年用德文出版了他的奠基之作《文明的进程》(Über den Prozess der Zivilisation)。该书后来被更多人称为《文明化进程》(The Civilizing Process)，在史学传统中占据了突出和重要的地位，尤其对情感史学家而言。然而，这部著作的成名，很大程度上要归功于它的英文版翻译(直到 1982 年才翻译成英文)，以及埃利亚斯在莱斯特大学的同事埃里克·邓宁(Eric Dunning)的支持。直到 20 世纪 90 年代，才出现价格适中的单行本。因此，阅读埃利亚斯作品的环境发生了巨大变化，其中一些讽刺意味的内容也随之消失。

《文明的进程》的中心论点是，国家工具对暴力的垄断，导致整个社会对情感的控制越来越严格。这种控制可以通过礼仪的形式和工具来衡量，尤其在宫廷行为中，控制自己的情感和行为，越来越被视为在权力震慑下生存(主要是象征性的，但有时是字面意义上的)所必需的条件。但是，即使该书包含了一些希望被摒弃的元素，诸如强调民族国家的崛起是成为文明的基本标准、明显的弗洛伊德式外衣、情感与理智的截然划分，以及把中世纪肆无忌惮的情感描绘得像孩子一样，但这并不一定意味着整部作品都应该被抛弃。[59]埃利亚斯关于"社会发生"与"心理发生"之间动态关系的观念，实际上符合一个有说服力的生物文化情感变化模型。我们不妨保留他的论证结构。社会情境"造就"了人类大脑，而人类大脑也(集体)"造就"了社会情境。用埃利亚斯的话说："人是一种极具可塑性和可变性的存在。"[60]埃利亚斯已经确信，在人的一生中，表情都会刻画在脸上，就像学习阅读、书写、推理和控制情感一样，会实质性地改变大脑的结构。我们可以否定埃利亚

28

29

斯的中心论点,但仍然可以利用情感规范是由权威的个人或机构制定的概念,以及这些规范直接影响"情感体制"下的生活体验这一事实,有人会认为我们都生活在这样的情感体制中。埃利亚斯对情感史学家来说是如此具有争议性(我们必须回到这一点),但这一事实恰恰表明了他的影响力之大。

到 1991 年,当科尔班试图重振感官史时,精神学派已经过时了。[61]科尔班常常被情感史学家忽视,但他为感官史提供了重要的推动力,而且从一开始他就将感官史研究的可能性与情感史联系在一起。尽管他对费弗尔和精神研究持保留意见,但费弗尔仍然是他的灵感来源。因此,20 世纪 30 年代这一失败的项目留下了一笔持久且富有挑战性的遗产。

科尔班提出了如下问题,这些问题至今对我们仍有启发意义:

> 是否有可能通过分析感官的层次,以及在特定历史时刻和特定社会中建立的感官之间的平衡,回溯性地发现过去的人们在世界上存在的本质?是否有可能发现这些层次的影响,从而确定主导这种感官关系组织的目的?能否设想对这一研究进行历时性分析,通过持久性的观察,发现明显的断裂或细微的差异?将情感系统的变化,与在感官的层次和平衡中运作的系统联系起来是否有帮助?要回答这些问题,就必须接受感性历史的存在和有效性,因为这意味着,要在某一特定时刻发现文化中体验到的和无法体验到的结构。[62]

心理史学

文化的特殊性最终扼杀了心理史学,但心理史学的一位主要支持者始
30 终认为,对心理史学的谋杀是不公正的。从总体上看,心理史学是历史学与精神分析学、弗洛伊德梦的社会解析,以及传记向社会史扩展的短暂且不合

时宜的融合。[63]不言而喻,它的核心是对死者的精神分析(彼得·盖伊认为
这是一个可行的项目),专注于历史行动者童年时期的情感驱动力和焦虑,
正如他或她的成年行为所证明的那样。因此,心理史学主要研究传记领域,
但更加野心勃勃。尤其是盖伊,看到了对过去社会进行精神分析的潜力,他
不仅阐述了这一理论原则,而且大量实践了这一原则。

　　我怀疑彼得·盖伊的《历史学家的弗洛伊德》(*Freud for Historians*),在
历史专业的本科生课堂上已经不再被阅读了,但是,盖伊对心理史学的论述
超越弗洛伊德的程度令人惊讶。事实上,盖伊热衷于证明,柏拉图式的古老
格言"个人是文化的缩影,文化是个人的无限放大",可以作为历史分析的一
部分,通过复杂而细微的方式实现。[64]以下面这段话为例,如果去掉弗洛伊
德式的语言,它很可能像是出自芭芭拉·罗森宛恩或彼得·斯特恩斯之手。
盖伊在一定程度上引用了弗洛伊德的内容。这段话似乎描述了一种情感风
格或情感共同体:

　　　　在现代社会中,"每个人都是许多群体的一个组成部分,通过多种
　　　　认同方式与这些群体紧密相连,并根据各种不同的模型构建了自己的
　　　　理想形象"。他属于他的种族、阶级、宗教和国家,属于对他的心理形成
　　　　具有重要意义的稳定群体,也许它不如那些引人注目的转瞬即逝的群
　　　　体那么显眼。[65]

盖伊提出的理由是,心理史学并不依赖于,或者说不应该依赖于一种普遍的
人性模型,一旦文化被剔除,这种人性模型就总是显示出相同的焦虑、驱动
力和被压抑的性欲。虽然心理史学项目确实保留了这样一种观念,即社会
的功能是防止乱伦和谋杀等行为,但经验的特殊性是实质性的,而且重要的
是,它是可以改变的。[66]例如,盖伊引用了 E.P.汤普森(E.P. Thompson,
1924—1993 年)在《英国工人阶级的形成》(*The Making of the English
Working Class*,1963)中对阶级的定义:

　　"当一批人,从共同的经历中得出结论(不管这种经历是从前辈那里得来还是亲身体验),感到并明确说出他们之间有共同利益,他们的利益与其他人不同(而且常常对立)时,阶级就形成了。"阶级是大众在"与生俱来或非自愿进入"的"生产关系"中所经历的一种体验。我们可以补充说,像阶级一样,其他制度也将情感体现在规则、建筑和象征中。[67]

因此,情感和经验的语言,总是带有情感史学家现在关注的社会身份和规范的烙印。从这个意义上说,阶级成为一种可以感受到的身份。根据抽象的原则(或者不完全根据抽象的原则),一个人并不属于但必须感受到一种归属感。虽然对大多数人而言,心理史学的基本理论现在可能已经过时,但这种洞察力却被纳入了情感史的议题,尽管几乎没有得到过承认。此外,盖伊对更广泛的文化的观察仍然具有现实意义,这似乎标志着心理史学自身的理论偏离了严格的精神分析基础。事实上,盖伊深信"文化不是人类表面的外衣,而是其人性定义中不可或缺的一部分",这使得他的分析能够将文化变革置于人性研究的核心位置。[68]

　　尽管有这些说法,但与弗洛伊德的联系,或者说与精神分析的联系,仍然困扰着心理史学的批评者。当时,这在一定程度上是因为弗洛伊德与马克思之间缺乏密切的关系。在 20 世纪 70 年代和 80 年代的大部分时间里,马克思主义史学理论的主导地位,阻碍了心理史学进入主流社会。当马克思主义让位于文化、语言和后现代转向时,所有元叙事都受到了极端的审视和批评。正是在文化影响似乎对人性(包括情感)具有建设性的地方,所有关于人类意识和行为的解释理论似乎都失败了,因为文化形式、文化意义和实践的结构,似乎因此变得无穷无尽。此时,文化人类学对历史学的影响,使得任何关于普遍心理的概念都岌岌可危。更简单地说,对旧历史主义的坚持仍然是主要的症结所在。正如彼得·斯特恩斯和和卡罗尔·斯特恩斯早在 1988 年指出的那样,弗洛伊德的心理史学架构,尤其是它与"本质上静态的心理"的联系,使得它将过去描述为一个本质上从未改变的"人类现实的简单例证"。[69]尽管盖伊提出了抗议,但这是无法改变的事实。

令人惊讶的是,对心理史学的背离是如此彻底,以至于尽管盖伊的著作具有里程碑意义,林德尔·罗珀(Lyndal Roper)对巫术研究的贡献也令人信服,但心理史学对情感史出现的影响显然微乎其微。[70]我并不想强行将其联系起来,而只是想说明它作为先驱的意义,并鼓励人们重新审视它。盖伊的作品本身所包含的见解和分析,足以构成一部情感文化史,即使精神分析的时代已经过去,我们也不应忽视其全部内容。

神经转向

在 20 世纪生理学家的启发下,人们假定情感的体现是固定不变的,这就将情感置于人类不变的范畴。无论是爱、恐惧、憎恨还是希望,对于"我们"来说,无论"我们"是谁,在生物学上(也可能在经验上),这些情感的出现在过去与在现在都是一样的。情感在历史中发生,但没有自己的历史。除了一些注意事项,这仍然是许多心理学家、进化生物学家和神经生物学家的立场。[71]

对这一公理提出实质性的否定,仍然是情感史面临的主要挑战,但绝对有必要这样做。在某种程度上由情感本质主义定义的当下,历史的政治重要性取决于此。某些心理学家宣称,在所有人类中,情感是跨越时间和地点普遍存在的。有些人甚至认为,动物的情感与人类的情感本质上是相同的。这些永不改变的、可识别的情感,可以被预测、解释和衡量,并被用于多种政治用途。现在,社会幸福感是可以衡量的。[72]面部表情被"解读"为可能表明邪恶意图或欺骗行为的负面情绪的信号。[73]文化上的细微之处被简化为其情感基础,从而抹去了人类经验的多样性。所有这些通常都是用英语完成的，以白人的表达方式为基准，以英语语言为情感锚点。生计依赖于这种工作。政客们依赖于这种工作。政治意识形态依赖于这种工作。[74]

34　　情感史与不同类型的心理学家、神经科学家、人类学家、语言学家和哲学家合作，即使没有责任，也有机会打破这种粗糙的本质主义和情感还原主义的局面。尽管神经科学在情感史上的重要性将在后面更加详细地阐述，尤其是在第五章和第六章中，但现在我们可以说，我们忽视神经科学是危险的。我们并非必须成为神经科学家、胜任神经科学实验且掌握该学科的所有技术术语。然而，我们确实有责任了解神经科学及其各种研究议题的意义，而不仅仅是通过其主要的普及者进行了解。我们目前正在从必须抵制生物科学普遍化倾向的意识，转向和睦相处的意识。现在，神经科学对大脑功能和意义生成的生物文化解释更加开放。我们已经进入了大脑可塑的时代——大脑模式在世界上的塑造和形成，这对历史学家来说具有巨大的可能性。随着神经科学证实了经验的偶然性，历史修正主义的前景也变得显而易见。

资料和方法

能够将情感史解释清楚的资料，在数量或类型上没有限制，同样，方法论的范围（它将占据本书的大部分篇幅）也是多种多样的。尽管如此，我们或许可以确定迄今为止情感史学家使用的主要资料的类型，以及他们倾向于如何处理这些资料。最初的动力，可能来自修正现有叙事或挑战主流正统观念的需要。根据我自己在情感疼痛史方面的经验，这个过程就像回到以第一人称的视角叙述疼痛经历，将其视为如实陈述而非隐喻一样简单明了。因此，在悲痛中造成巨大"疼痛"的死亡，可以被视为对事实的字面陈述，其全部影响有待研究，而不是被理解（并很快被否定）为一种隐喻。[75] 我

35

对同情的研究也是如此，在研究中，我能够追踪到用法上的明确的语义和经验差异，追踪到达尔文《人类的由来》（*Descent of Man*）中一种新的、不熟悉的谱系。[76]

情感史为我们提供了重新阅读的机会。情感语言往往很容易被当作不言自明的类别、隐喻或意义透明的词语而被跳过。语言使用的语境分析，最能揭示情感语言的含义和相关体验。这就需要抛弃所有关于情感语言含义的先入为主的假设。当围绕情感语言重建世界时，这个词可能会开始变得陌生，甚至奇怪，因此它所处的环境和过去的情景会发生变化，并被赋予新的含义。C. 斯蒂芬·耶格（C. Stephen Jaeger）是情感史上的一位伟大先驱，他在谈及自己恢复"高贵的爱"（一种已经消失或基本消失的具有魅力和威严的公共之爱）的复杂性时说得很好："为了本研究的目的，我们不妨以人类学家的距离感假定，从古代到 19 世纪，所有关于高贵的爱的丰富文献都来自异域文化，研究时尽量不受其思想和社会实践的影响。"[77]过去是异国。我们为什么要期待它的情感与我们相同？

通过这种方式进行的证实和相互参照越多，画面就越完整。显然，这使现代主义者比中世纪主义者更具优势，尤其是在涉及日常用语方面。资料来源的范围非常广泛：个人文件（日记等）、演讲、非小说类书籍和文章，以及文学作品、报纸报道、通信、公司记录（会议记录等）、法庭记录和证词、立法、政治辩论等等。可能性是无穷无尽的，但明确界定的主题往往会暗示并限制什么样的资料会富有成效。 36

语言只是一个开始。情感语言不仅包括语言，还包括面部表情、手势、人际交往中的肢体语言和姿势。如果我们只关注语言，我们就无法谈论情感史。历史地分析素描、绘画和雕塑以及摄影，对于历史学家理解情感表达的社会和空间背景至关重要，当然，情感表达与情感体验交织在一起。20 世纪 70 年代和 80 年代的认知科学研究，使人文学者远离了这类研究，因为摄影尤其被用来论证情感表达具有普遍性。

查尔斯·达尔文曾做过一个实验,试图让人们通过面部明显的迹象来识别情感,保罗·埃克曼和华莱士·弗里森(Wallace Friesen)在此基础上发明了一种方法,似乎证明"基本"情感在面部的表现方式,在任何地方都大致相同(第五章将对此进行更详细的讨论)。他们的方法被许多不同学科的学者批评得一无是处,但他们的结论却产生了持久而重要的影响。[78]其中最重要的是,这种普遍性在受埃克曼影响的电影中被包装成实事求是的样子,比如福克斯广播公司的《别对我说谎》(Lie to Me,2009—2011年)和迪士尼的《头脑特工队》(Inside Out,2015年)。这些对基本情感模型的显著推广,带有一种绝妙的讽刺意味。它们的核心理念是,我们可以通过外部发生的事情来判断内部发生了什么,并为这一过程命名。然而,在《别对我说谎》中,所有通过无意识的微表情流露出来的基本情感的迹象,当然都是由才华横溢的演员有意识地表演出来的。我们不能简单地认为,演员经历了他们的面部表情所要表达的情感体验。至于《头脑特工队》,该片中的任何情感都是由电脑生成的。我们看到的根本不是情感表达,而是它们的程序化表现。如果它能起作用,也就是说,如果我们能在这些动画中识别出情感,那也是既通过暗示也通过我们对所发生事情的默认进行识别的。此外,如果它确实有效,并且我们确信我们看到的是计算机生成图像(CGI)中的真实情感,那么这就说明我们在区分真实性和虚假性方面的能力存在缺陷。

尽管如此,我们还是可以把这些电视媒体与能够说明什么是情感及其含义的历史资料放在一起。它们可以像其他任何东西一样被拆解和解码,同时被置于更广阔的背景中(正是这种情况让埃克曼的研究成果陷入争议和批评之中)。同样,在研究过去的视觉资料时,对表情、手势和姿势的描述,不能被解读为它们所传达的信息是显而易见的;相反,它们应该根据社会习俗和礼仪的描述、社会动态和权力关系的认知,以及肢体语言和举止的具体指导来解读。正因为如此,情感史学家发现谏书、礼仪书籍、行为准则、仪式表演的记录等都非常有用。将视觉和规范结合起来阅读,有助于我们

37

重建情感体验的世界。

这绝不是情感史资料来源可能性的极限。许多关于情感的知识,以及过去所有与情感相关的类别,来自科学和医学领域。科学和医学论文中充满了图表和插图,告诉我们很多关于过去人们认为的情感运作方式。如上所述,这直接关系到情感的体验方式,因为有关情感的观念会影响与情感相关的实践。这个观点既适用于亚里士多德的激情理论,也适用于盖伦的体液理论,同时还适用于 19 世纪的心理学和精神分析世界。更进一步地说,在医学领域,我们可以通过病人的陈述、医务人员的临床记录和报告,充实不同环境下情感体验的动态,并标示出随着时间的推移而发生的变化。[79]

最后,情感史还有一个重要的物质史组成部分。如果过去研究情感的最基本前提之一,是情感体验是在环境中建构起来的,那么,不仅是人,环境中的事物以及空间本身都变得非常重要。我们的感受往往与我们所感受到的事物密不可分,而这些有生命的和无生命的事物,从其产生和存在的文化网络中获得意义和重要性。我们可以把物品视为情感的激发者,但前提是我们要记住,一件物品不会在所有人身上激发出相同的情感。一项古老的技术,比如盒式磁带,会在 40 岁和 20 岁的人身上引起不同的情感反应。同样,一具尸体也会引起各种情感,从恐惧到悲伤,从厌恶到悔恨,这取决于环境和情境。衣服、珠宝、生活用品、武器、刑罚和酷刑工具等,都揭示了与它们互动的人的体验世界,前提是我们可以通过与其他资料的交叉阅读来重建这些世界。我们可以将这种分析,扩展到情感发生的物理空间和场所、建筑物的类型和功能,以及建筑本身。所有这些都暗示着一些情感风格或情感规范,而这些本质上并不在于具体的物品,而在于以某种方式摆放这些物品的基本原理,以及人们与它们之间的互动。我们将在第七章中进一步研究这类情感内容。

通过相互对照阅读资料,填补其间的空白,可以重建过去的情感体验。情感史学家必须掌握话语分析,对视觉和物质资料敏感,并了解地点、空间、

38

39　种族、阶级、宗教和性别的动态变化。正如阿兰·科尔班在 20 世纪 90 年代初指出的那样："历史学家需要知道,平庸往往是无声的,就像对一种新情感的感知,对它的认识还不是很清楚,或者说一种表达方式还没有完全制定出来。"[80]不过,对于我们的资料范围,我们可以比科尔班更加乐观,因为我们的资料确实远远超出了单纯的语言学范畴。在接下来的章节中,我们将介绍这些理论工具,以及情感史学家是如何应用这些工具的。但是,关于资料的最后内容必须留给神经科学。

　　对于情感史学家来说,有关人类大脑的知识越来越多地被证明是关键的资料来源。这并不是说我们可以凭借经验检验死者和逝者的大脑,而是说我们可以从活人身上推断过去的突触发展可能是怎样的,以便说明大脑在创造体验的同时,文化是如何刻画大脑的。我们还可以推测咖啡、巧克力、酒精和鸦片的精神作用,以及阅读和写作、新的运输方式和新媒体,直至互联网(包括互联网)等不太明显的精神作用,是如何改变人们的体验的。[81]现代神经科学让我们了解到,例如我们上网或乘坐过山车时,神经递质的产生和再摄取的情况。由此,我们可以推断出 15 世纪活字印刷术的发明,或 18 世纪廉价文学和印刷品的大规模发行所具有的新意义。

　　因此,我们不再求助于神经科学找出大脑的超越历史性和普遍性。相反,我们转向神经科学,通过文化和经验,以及我们所学的东西对我们所做事情的影响,了解世界上大脑发育的比例。人与人之间、人与物品和技术之间、人与空间和地点之间,所以这些都不断地输入大脑,帮助我们构成在这个世界上的身份和意义。这一点在童年时期尤为重要,因为在童年时期,游

40　戏和学习的对象、互动的方式和形式,对大脑发育有着巨大的影响。[82]有了这些最终的资料来源,我们就能更好地解释新技术、疾病肆虐、自然灾害等给人们的日常行为带来的巨大变化。对于情感史学家来说,疫苗的出现、廉价小说的普及、摄影技术的发明,甚至只是寄送圣诞贺卡习俗的出现,都可能对那些率先适应这些新习俗的人的情感范畴和世界观构成了潜在的重要影响。

【注释】

［1］明显的例外包括 J. Bourke，*What It Means to Be Human：Reflections from 1791 to the Present*（London：Virago，2011）；D. LaCapra，*History and Its Limits：Human，Animal，Violence*（Ithaca：Cornell，2009）；R. Radhakrishnan，*History，the Human，and the World Between*（Durham，NC：Duke University Press，2008）；R. Smith，*Being Human：Historical Knowledge and the Creation of Human Nature*（Manchester：Manchester University Press，2007）。

［2］J. Butler，*Bodies that Matter：On the Discursive Limits of Sex*（New York：Routledge，1993）；C. Gallagher and T. Laqueur(eds)，*The Making of the Modern Body：Sexuality and Society in the Nineteenth Century*（Berkeley：University of California Press，1987）；L. Long，*Rehabilitating Bodies：Health，History，and the American Civil War*（Philadelphia：University of Pennsylvania Press，2004）；B.M. Stafford，*Body Criticism：Imaging the Unseen in Enlightenment Art and Medicine*（Cambridge，MA：MIT Press，1991）；R. Cooter，"The Turn of the Body：History and the Politics of the Corporeal"，*ARBOR Ciencia，Pensamiento y Cultura*，743(2010)：393—405.

［3］G. Agamben，*Homo Sacer：Sovereign Power and Bare Life*（Palo Alto：Stanford University Press，1998）；Bourke，*What It Means*；R. Boddice，"The End of Anthropocentrism"，in R. Boddice(ed.)，*Anthropocentrism：Humans，Animals，Environments*（Leiden：Brill，2011），1—18.

［4］例如参见 D.B. Davis，*Inhuman Bondage：The Rise and Fall of Slavery in the New World*（Oxford：Oxford University Press，2006）。

［5］例如参见 D. McMillan，"Dehumanization and the Achievement of *Schindler's List*"，in V. Khiterer，R. Barrick and D. Misal(eds)，*The Holocaust：Memories and History*（Newcastle：Cambridge Scholars Publishing，2014）。

［6］例如参见 R. Boddice，"The Manly Mind? Revisiting the Victorian 'Sex in Brain' Debate"，*Gender and History*，23(2011)：321—340。

［7］Thucydides，*Peloponnesian War*，1：21—22. 直接引用雷克斯·华纳(Rex Warner)的译文（London：Penguin，1972）。

［8］另参见 Aristotle，*Nichomachean Ethics*，1115a6—1117b28。

［9］Thucydides，2：37.

［10］Thucydides，2：38.

［11］Thucydides，2：40.

［12］Thucydides，2：42.

［13］Thucydides，2：43.

［14］Thucydides，2：53.

［15］完整的总结，参见 M. Cogan，*The Human Thing：The Speeches and Principles of Thucydides' History*（Chicago：University of Chicago Press，1981）。

［16］Thucydides，2：39.

［17］对于这场辩论的双方，参见 J.B. Bury，"The Science of History"，and G.M. Trevelyan，"Clio, a Muse"，both in F. Stern(ed.)，*The Varieties of History*（New York：Vintage，1973）。

［18］H. White，"The Historical Text as Literary Artifact"，Clio，3(1974)：277—291。

［19］第一个典故是著名的兰克方法，*Histories of the Latinand Germanic Nations*，1494—1514（1824），摘录自 Stern，*Varieties*，55—58；第二个典故是 R.G.柯林武德，*The Idea of History*（Oxford：Oxford University Press，1946），232—249。

［20］最著名的模式问题是由海登·怀特在他的《元历史》（*Metahistory*，Baltimore：Johns Hopkins University Press，1973）中提出来的。

［21］方法来自 T. Carlyle，*On Heroes*，*Hero-Worship and The Heroic in History*（London：James Fraser，1841）。

［22］在这个标题下，人们可以想象民族国家和君主政体的尚未重建的历史，以及福柯对权力问题的研究方法。

［23］这里讨论的重要作品，包括米什莱 1846 年写作的《论人民》和 1847—1853 年写作的六卷本《法国大革命史》。

［24］White，"Historical text"：278.

［25］这是理查德·埃文斯（Richard Evans）著名的为历史"辩护"的基础，*In Defence of History*（London：Granta，1997）。

［26］Linda Connor，Comment on P. Shankman，"The Thick and the Thin：On the Interpretive Theoretical Program of Clifford Geertz"，*Current Anthropology*，25（1984）：261—280，at 271.参考的是 C. Geertz，"Thick Description：Toward an Interpretive Theory of Culture"，in C. Geertz，*The Interpretation of Cultures*（New York：Basic Books，1973），以及文集中的其他文章。

［27］White，*Metahistory*，149.

［28］White，*Metahistory*，150.

［29］White，*Metahistory*，151.

［30］White，*Metahistory*，151.

［31］White，*Metahistory*，151.

［32］White，*Metahistory*，152.

［33］引自 Stern，*Varieties*，114。

［34］A. Bain，*Emotions and the Will*（London：John W. Parker and Son，1859）。

［35］Bain，*Emotions*，3.

［36］Bain，*Emotions*，4.

［37］Bain，*Emotions*，5.

［38］Bain，*Emotions*，14—15.

［39］W. Wundt，*Lehrbuch der Physiologie des Menschen*（Enke：Erlangen，1865）.参见 C. Wassmann，"Physiological Optics，Cognition and Emotion：A Novel Look at the Early Work of Wilhelm Wundt"，*Journal of the History of Medicine and Allied Sciences*，64（2009）：213—249。对于更全面的讨论，包括沃斯曼（Wassmann）的重新评估，参见 S. de Freitas Araujo，*Wundt and the Philosophical Foundations of Psychology：A Reappraisal*（New York：Springer，2015）。

［40］Bain，*Emotions*，14—15，28.

［41］Bain，*Emotions*，220—221.

［42］A. Bain，*The Senses and the Intellect*，4th edn（London：Longmans，Green，and Co，1894），423—424.

［43］Bain，*Senses*，432.

［44］A. Smith，*The Theory of Moral Sentiments*（1759；London：Penguin，2009）；D. Hume，

A Treatise of Human Nature（1740；London：Penguin，1985）；C. Darwin，*The Descent of Man*，*and Selection in Relation to Sex*（1871；London：Penguin，2004）；参见 R. Bod-dice，*The Science of Sympathy*：*Morality*，*Evolution and Victorian Civilization*（Urbana-Champaign：University of Illinois Press，2016），26—42；另参见 D. M. Gross，*The Secret History of Emotion*：*From Aristotle's Rhetoric to Modern Brain Science*（Chicago：University of Chicago Press，2006），114—127，169—179。

[45] G. H. Lewes，*Problems of Life and Mind*，1st series，1（London：Trübner & Co.，1874），455.

[46] G. H. Lewes，*Problems of Life and Mind*，3rd series，1（London：Trübner & Co.，1879），153—154.

[47] Bain，*Senses*，619—622.

[48] W. James，*The Principles of Psychology*，vol. 2（1890；London：MacMillan，1910），449—450.丹麦内科医生卡尔·兰格（Carl Lange）独立地提出了同样的观点，主张情感的生理学基础。这就是著名的詹姆斯-兰格情感理论。参见 C. G. Lange，*Ueber Gemü-thsbewgungen*. *Eine Psycho-Physiologische Studie*（Leipzig：Theodor Thomas，1887）。

[49] E. H. Starling，"The Croonian Lectures. I. On the Chemical Correlation of the Functions of the Body"，*Lancet*，166（1905）：339—341.

[50] James，*Principles*，vol. 2，454.

[51] James，*Principles*，vol. 2，454.

[52] O. Dror，"The Affect of Experiment：The Turn to Emotions in Anglo-American Physiology，1900—1940"，*Isis*，90（1999）：205—237；O. Dror，"The Scientific Image of Emotion：Experience and Technologies of Inscription"，*Configurations*，7（1999）：355—401；O. Dror，"Cold War 'Super-pleasure'：Insatiability，Self-stimulation，and the Postwar Brain"，*Osiris*，31（2016）：227—249. 一些经典的研究，包括 A. Mosso，*Sulla paura*（1884），翻译为 *Fear*（London and New York：Longmans，Green，and Co.，1896）；W. B. Cannon，*Bodily Changes in Pain*，*Hunger*，*Fear and Rage*：*An Account of Recent Researches into the Function of Emotional Excitement*（New York and London：D. Appleton and Co.，1915）；T. A. Ribot，*La psychologie des sentiments*（Paris：Germer Baillière，1896）；C. S. Sherrington，"Experiments on the Value of Vascular and Visceral Factors for the Genesis of Emotion"，*Proceedings of the Royal Society of London*，66（1899—1900）：390—403。

[53] Ribot，*La psychologie*，ix（"情感……深入个人内心；它们根植于需求和本能，换言之，根植于运动"）。

[54] L. Febvre，"La sensibilité et l'histoire：Comment reconstituer la vie affective d'autrefois?"，*Annales d'histoire sociale*，3（Jan.—Jun.，1941）：5—20.

[55] L. Febvre，"Une vue d'ensemble：Histoire et psychologie"［1938］，*Combats pour l'Histoire*（1952；Paris：Armand Colin，1992），213.

[56] A. Corbin，*Time*，*Desire and Horror*：*Towards a History of the Senses*（Cambridge：Polity，1995）.

[57] 这一点后来被 J.德吕莫（J. Delumcau）继承，*Le peur en Occident*，*XIVe—XVIIIe siècles*（Paris：Fayard，1978）；J. Delumeau，*Sin and Fear*：*The Emergence of a Western Guilt Culture*，*13th—18th Centuries*（New York：St Martin's Press，1990）。

[58] M. Bloch，*The Historian's Craft*（New York：Vintage，1953），151；P. Gay，*Freud for*

Historians(Oxford：Oxford University Press，1985)，7，208—209.

[59] 这些批评主要来自芭芭拉·罗森宛恩。参见结语。约翰·赫伊津哈的早期作品《中世纪的秋天》(1919；Chicago：University of Chicago Press，1997)也遭到了类似的批评。

[60] N. Elias，*The Civilizing Process：Sociogenetic and Psychogenetic Investigations*(1939；Oxford：Blackwell，1994)，402.

[61] Corbin，*Time*，181.

[62] Corbin，*Time*，182.

[63] 有些人会说，心理史学死亡的说法被夸大了，但这在一定程度上是因为心理史学的目的从未统一过。它顽固地作为儿童史研究中很大程度上不可信的部分，一直以来饱受诟病，因为它将童年史视为一部进步史，在那里，过去时代的创伤可以归因于那些时代对儿童的关注相对缺乏(或彻头彻尾的残酷)。主流儿童史学家已经彻底颠覆了这一观点。我这里所说的心理史学是指以历史传记为中心的心理史学，以及主要由彼得·盖伊领导的对社会史有贡献的心理史学。

[64] Gay，*Freud for Historians*，148. 城市和个人的类比来自柏拉图，*Republic*，2：368c—369a。

[65] Gay，*Freud for Historians*，153.

[66] Gay，*Freud for Historians*，154.

[67] Gay，*Freud for Historians*，157.

[68] Gay，*Freud for Historians*，163.

[69] C.Z. Stearns and P.N. Stearns(eds)，*Emotion and Social Change：Toward a New Psychohistory*(New York：Holmes & Meier，1988)，3.

[70] 一些对心理史学做出重要贡献的作品如下：P. Gay，*The Bourgeois Experience：Victoria to Freud*，5 vols(Oxford：Oxford University Press，1984—1998)；L. Roper，*Oedipus and the Devil：Witchcraft，Religion and Sexuality in Early Modern Europe*(London：Routledge，1994)；E. Erikson，*Young Man Luther：A Study in Psychoanalysis and History*(New York：W.W. Norton，1958)；T. Crosby，*The Two Mr. Gladstones：A Study in Psychology and History*(New Haven：Yale University Press，1997)。

[71] 安东尼奥·达马西奥、约瑟夫·E. 勒杜(Joseph E. LeDoux)和保罗·埃克曼(Paul Ekman)是主要的普及者。

[72] 例如参见 E. Diener et al.，"Subjective Well-being：Three Decades of Progress"，*Psychological Bulletin*，125(1999)：276—302；社会幸福和社会幸福感，是由社会进步指数、生命评估指数和全球幸福指数等众多指数和指标衡量的，并被用于编制诸如联合国可持续发展解决方案网络发布的《全球幸福指数报告》等。参见 T. Hellman，"Happiness and the Social Progress Index"，*Social Progress Imperative*，www.social-progressimperative.org/happiness-and-the-social-progress-index-2/，访问日期：2016 年 12 月 12 日。一般来说，该领域属于"幸福经济学"的范畴。参见 L. Bruni and P.L. Porta(eds)，*Handbook on the Economics of Happiness*(Cheltenham：Edward Elgar，2008)。

[73] 例如参见，P. Ekman and M. O'Sullivan，"Who Can Catch a Liar?"，*American Psychologist*，46(1991)：913—920.

[74] 参见 D. Bok，*The Politics of Happiness：What Government Can Learn from the New Research on Well-Being*(Princeton：Princeton University Press，2011)；V. De Prycker，"Happiness on the Political Agenda：PROS and CONS"，*Journal of Happiness Studies*，11(2010)：585—603。

［75］R. Boddice(ed.)，*Pain and Emotion in Modern History*(Houndmills：Palgrave，2014)；R. Boddice，*Pain：A Very Short Education*(Oxford：Oxford University Press，2017).

［76］Boddice，*Science of Sympathy*.

［77］C.S. Jaeger，*Ennobling Love：In Search of a Lost Sensibility*(Philadelphia：University of Pennsylvania Press，1999)，5.

［78］起点是 P. Ekman and W. V. Friesen，"Constants across Cultures in the Face and Emotion"，*Journal of Personality and Social Psychology*，17(1971)：124—129. 相关批评，参见 R. Leys，"How Did Fear Become a Scientific Object and What Kind of Object Is It?"，*Representations*，110(2010)：66—104；R. Leys，"The Turn to Affect：A Critique"，*Critical Inquiry*，37(2010)：434—472；L. Feldman Barrett，"Are Emotions Natural Kinds?"，*Perspectives on Psychological Science*，1(2006)：28—58；L. Feldman Barrett，"Solving the Emotion Paradox：Categorization and the Experience of Emotion"，*Personality and Social Psychology Review*，10(2006)：20—46。关于费尔德曼·巴雷特(Feldman Barrett)反对埃克曼的通俗易懂的非专业的叙述，参见 S. Fischer，"About Face：Emotions and Facial Expressions May not Be Related"，Boston Magazine，July 2013，www.bostonmagazine. com/news/article/2013/06/25/emotions-facial-expressions-not-related/，访问日期：2016 年 12 月 12 日。

［79］例如参见 C. Mattingly and L.C. Garro(eds)，*Narrative and the Cultural Construction of Illness and Healing*(Berkeley：University of California Press，2000)；B.J. Good，*Medicine，Rationality and Experience：An Anthropological Perspective*(Cambridge：Cambridge University Press，1993)。

［80］Corbin，*Time*，190.

［81］参见 D.L. Smail，*On Deep History and the Brain*(Berkeley and Los Angeles：University of California Press，2008)，157—189。

［82］对于这个方向的历史研究回顾，参见 S. Olsen，"Learning How to Feel through Play：At the Intersection of the Histories of Play，Childhood and the Emotions"，*International Journal of Play*，5(2016)：323—328；从教育学的角度回顾游戏在当代的重要性，参见 D. Clark，"Play-based Learning within the Early Years：How Critical Is It Really?"，in G. Geng，P. Smith and P. Black(eds)，*The Challenge of Teaching：Through the Eyes of Pre-service Teachers*(New York：Springer，2017)，109—113；关于从发展心理学中获得的强化，参见 C. Pesce et al.，"Deliberate Play and Preparation Jointly Benefit Motor and Cognitive Development：Mediated and Moderated Effects"，*Frontiers in Psychology*，7(2016)：1—18。

第二章　语言和概念

主要范畴

　　关于某些概念及其命名的争论已经是老生常谈了，在这里重新讨论对我们没有任何好处。相反，我们必须区分历史行动者可以使用的语言和概念，以及我们自己的可能是有用的分析工具的语言和概念，即使我们的研究对象不知道这些语言和概念。例如，没人怀疑男性气质是一个有用的分析范畴，即使在没有这个词的历史时期也是如此。18 世纪晚期有关男性气质的争论，可以很容易地在男性气质研究中找到一席之地，因为历史学家不仅要试图了解行动者的想法，还要试图了解行动者不一定能看到的结构性因素。这种方法的一个重要部分是承认男性气质不是一个固定的范畴，而是一个流动的范畴。尽管如此，我们仍应该对"情感"（emotion）一词保持一定程度的谨慎。为什么呢？

　　一些情感史学家，包括妮可·尤斯塔斯（Nicole Eustace）和芭芭拉·罗森宛恩，毫不犹豫地将"情感"一词作为主要范畴。他们乐于让"情感"（emotions）、"激情"（passions）、"感觉"（feelings）、"喜爱"（affects）等在功能上成为同义词,在分析中不做真正的区分。[1]5 世纪的学者可能会使用 *perturba-tiones animi* 一词,18 世纪的教士可能会谈论灵魂的激情,但根据这些学者的说法,他们指的是"情感",我们可以将这些视为情感,而不必过于担心我们在翻译过程中会对分析造成什么影响。

罗森宛恩对这种概念的叠加驾轻就熟,体现在她所做的一些反向研究中,例如,她指出西塞罗(Cicero)"写过关于 *perturbationes* 的内容,这是他为情感选择的拉丁词语"。[2]这意味着,无论我们在这里如何填补,这一概念范畴在西塞罗的时代就已经存在,无论具体使用的词语是什么,他都用它来表示"情感"。另一方面,罗森宛恩坚持历史主义,这使她"不排除任何可能具有情感价值和可能是'情感'的事物……",同时她明确意识到这种潜在的无限情感的表达、评价和体验的变化方式,但她拒绝"回避交替使用感觉、情感甚至激情等词语",因为"所有这些词语构成了我们或多或少可以称之为'情感'一词的'半影地带'"。[3]换句话说,有一个"我们"的范畴可以理解"情感"的范畴,但无论是"我们"还是"情感",都不足以随着时间或地点的变化或差异,对批判性分析产生任何实质性的影响。然而,我们承认,在这些稳定的人类普遍性中,存在着巨大的变化空间,但这并不会改变整体框架。

尤斯塔斯对分类差异更为敏感,尽管她在其历史著作中并未实际运用这种差异。她所做的(这一点将在下文进行更深入的探讨),是解决情感体验中的显著差异,尽管这些差异程度不同,但都属于单一而稳定的情感标签范畴:爱、愤怒、同情、悲伤等。除此之外,罗森宛恩还是一位语言学大师,她仔细研究拉丁语、古法语和古英语,以发现情感语言及其相关体验在含义上的细微差别,有时甚至是巨大差异。令人费解的是,那些对历史语境中情感语言和概念的变化如此敏感的学者,却对现代性的语义丰富性不那么敏感。

扬·普兰佩尔也认为,"情感"成为谈论过去情感的主要范畴是至关重

42

43

要的,但普兰佩尔的观点更为深入,它要求我们解决最基本的方法论问题,即我们在研究历史时应该研究什么。在论证我们应该将"情感"作为一个元概念或元范畴时,普兰佩尔的观点很有道理。[4]一方面,他列举了使用当代标签标示历史范畴行不通或不应该行得通的诸多原因。这样的标签充满了概念和语义的包袱,即使我们可以假设当代用法本身是稳定的,但通常情况并非如此。普兰佩尔引用了一项研究,该研究指出,P. R. 克莱金纳和 A. M. 克莱金纳(P. R. Kleinginnaand A. M. Kleinginna)考察了"情感"在 1872—1980 年间的 92 个定义。在各学科之间关于情感性质的书面辩论中,人们经常会说,问题的核心在于对研究对象的定义不一致。[5]一旦引入该研究对象的其他词语,比如喜爱、激情、感伤,问题就会进一步复杂化。如果历史学家要避免普兰佩尔所说的"随意使用自己时代的情感概念",就必须具有高度的敏感性,否则会不可避免地陷入"时空错置的陷阱"。[6]

然而另一方面,普兰佩尔担心,没有元范畴的历史并没有太多的分析用途。在许多方面,我们无法为那些本应历史化的事物使用主标签,这正是因为我们作为历史学家的目标之一,是权衡过去与现在或其他时代;不是为了评判过去,而是为了标记变化。从某些方面来说,当我们用稳定的标签来比较各种现象时,更容易标记出变化。普兰佩尔甚至说:"不能使用元概念……将意味着学术的终结。"但这似乎既是对概念复杂性尝试的夸大,也是对概念复杂性尝试的某种还原评估。[7]我稍后会再谈论这一点,但让我们先看看普兰佩尔保留"情感"一词作为历史分析元范畴的理由。首先,他认为(至少在欧洲语言中)有一种词源学联系,将情感与运动的投射联系起来。其次,比较翻译草稿(这里缺少翻译的对象、目标语言以及翻译时间等细节内容),据说是分析概念相似性(和差异性)的有效方法。再次,一个消极的原因是,如果我们不采用元概念,那么学术研究"就会重新变为一种完全随机的事业"。[8]

逐一分析,很难发现其中的优劣。同样,我们可以从希腊语的 *pathos* 和

paschein、拉丁语的 *passio* 和英语的 passion 中，找到词源上的共通之处，深入探究无疑会揭示一个丰富而复杂的概念史，它将我们从痛苦的煎熬带到热烈的激情，在不同时刻触及各类情感，但从未被纳入情感的范畴。除了普兰佩尔所担心的绝对唯名论之外，我们又有什么理由可以将激情与情感随意混为一谈呢？也就是说，任何情感史学家都不太可能怀疑，哪怕是一瞬间，激情是否属于情感史这一连贯的研究领域。为此，翻译不仅有助于研究定义的共性，而且还有助于研究译者如何淡化概念进而改变其意义。

在普兰佩尔肯定情感元概念必要性的同一页上，我们看到的正是这一点。亚里士多德的路径（*pathé*）被表述为情感。作为情感史学家，我们必须停下来，认真考虑此时正在进行的把一个范畴变成另一个范畴的工作。当然，我们也不应忘记，普兰佩尔这本著作的英文版本身就是从德语翻译过来的。脚注引用了亚里士多德的情感（*Gefühle*）理论。坚持认为这些词语和概念有本质上的区别，可以在各自的语境中以各自的方式加以处理，这并不是"完全随机的"。这样做是为了丰富而不是削弱历史研究。普兰佩尔自己的元范畴因翻译因素而变得复杂，其中包括在英语（和现今德语）"情感"（emotion）与德语"情感"（*Gefühl*）之间出现的令人不安的变化。在英文版中，普兰佩尔表示"情感"是元概念，而"感觉"（feeling）是它的同义词。[9] 但是，英语中的"感觉"将我们带入了不同的领域：感官和内部状态，这些状态可能表现为情感，也可能不表现为情感。混淆之处在于，普兰佩尔心目中的同义词实际上是 *Gefühl*，这是英语"情感"的一种直接翻译。因此造成了一定程度的概念混淆。

如果译者保留德文 *Gefühl* 可能会更好一些，人们可能会认为该词与"情感"大致同源，可以很容易地代替"情感"。不过，我们也可以接受维多利亚时代一位坚定的反普鲁士主义者的观点，他是《旁观者》（*Spectator*）的长期编辑理查德·赫顿（Richard Hutton），他对"各种各样的感伤感到震惊——感谢上帝，在我们的语言中没有任何'感伤'相关的术语"。在他看

45

来，"法语'*effusion*'的扩张性和德语'*Gefühl*'的病态自负，与真正的情感毫无相似之处"。[10] 这个例子说明了一个问题：如果情感史真的要深入研究情感在语言、概念及其相关体验方面的变化方式，那么情感史学家就必须对语言的多变性、微妙性、政治性和变化性保持敏感。

我承认，"情感"为谈论我们的工作提供了一个有用的速记方法，尤其是向非专业读者或历史学科以外的情感研究人员解释我们的工作时。现在，这个领域被公认为"情感史"，而本书也正是以此为主题。但是，除了为贴标签提供一般的便利之外，我们还应该谨慎行事，不要贸然前进。如果承认普兰佩尔是有意识地提出观点以及罗森宛恩是随随便便地提出观点，那么翻译的风险就会很大，轻则分析失真，重则完全时空错置。事实上，如前所述，普兰佩尔敏锐地意识到了潜在的时空错置的问题，但是，如果我们不是为了方便而接受超越性的标签，似乎就很难避免这个问题。

举例来说，将罗森宛恩的语义策略与普兰佩尔的语义策略相比较，我们不难得出这样的结论：普兰佩尔会认为罗森宛恩是时空错置的。例如，他们甚至就"喜爱"（affect）一词，以及该词是否（取决于论点）非常容易地归入"情感"范畴的方式，提出了直接对立的策略。[11] 但就目前而言，我们可能会问，如果我们放弃"情感"这一元范畴，普兰佩尔担忧史学实践中的无意义性是否有充分的依据？是什么阻止我们书写一部仅限于"情感"一词的概念性的情感史呢？是什么阻止我们对"喜爱""激情""感伤"（sentiment）或"感觉"采取同样的做法呢？一旦这些东西存在，又有什么能阻止我们比较它们呢？除非历史学家愿意并准备承认，每一部这样的历史，实际上都与其他历史没有什么区别，否则，概念和语义的敏感性，似乎不可避免地必须成为我们的优先事项。正如托马斯·迪克森所充分证实的那样，这种敏感性不仅不会削弱历史分析，反而会增强历史分析的能力。[12] 此外，神经科学的新见解似乎也在鼓励这种做法。

概念的可塑性

情感语言现在被公认会影响情感;也就是说,情感是如何被体验和感知的。[13]这种认知部分来自社会科学向神经科学的转向,部分来自神经科学向社会科学的转向。它的前提很简单,但在本书论述之前,有必要先了解一 47 些背景情况。至少从20世纪80年代中期开始,心理学家和社会学家/人类学家,就情感是与生俱来的、自然的和普遍的,还是后天习得的、培养的和可变的展开了争论。[14]除彼得·斯特恩斯和卡罗尔·斯特恩斯之外,历史学家似乎对这场争论的这一特定方面不感兴趣,尽管他们在其他方面也积极参与其中。就情感而言,他们关注的是精神分析在多大程度上属于历史学的问题(事实证明,并不多)。尽管如此,正如我们将要看到的那样,随着越来越多的历史学家接受了研究情感的挑战,关于先天/后天的争论在历史学科中慢慢加快了步伐。似乎每个学者都有责任做出判断,他们是否预设人性是永恒不变的,以及人类的成长、文化和社会化达到了何种程度。

历史学家根据什么做出判断? 彼得·斯特恩斯和卡罗尔·斯特恩斯,只能通过指出一些确凿无疑的实证档案材料来消极地推测人性,这些材料似乎表明,在人类社会中确实存在某种文化背景下的成长,这种成长可以而且确实在情感层面改变了体验的性质。[15]然而,这一点是模糊的,并且被一种倾向所掩盖,即无论这种"自然的"成分可能是什么,都被归入无关紧要的背景材料。

历史学家感兴趣的是什么发生了变化,而不是什么保持不变。我们没有工具衡量生物的连续性,但我们有工具衡量导致生物连续性改变的原因。在一个可以假定某些生物恒定性的领域,只有通过文化差异,才会真正发生令历史学家感兴趣的事情。因此,只要历史学家能够从其他学科中提取出一些关于情感体验中存在后天培养（这绝不是必然的）的因素，那么就可以非常安全地把自然搁置一边，去寻找变化的原因和影响，这与历史学家对其他事物的做法类似。[16]

48　　这其中有一些令人不满意的地方。第一，它有意将历史学科降格为具有固定边界的次要领域，使其无法真正超越这一边界。第二，与此相关的是，在"什么是人"的问题上，它似乎对其他学科放弃了太多的立场。第三，它要么含蓄地接受先天/后天二元对立的假设，要么假设只有后天培养，一切都是社会和文化建构的。就其本身而言，这些假设并不可怕，但如果找不到合理的理由，就无法有效地付诸行动。

　　20世纪90年代，人类学家威廉·雷迪提出了先天/后天的关系理论，从而打破了二元对立的局面。相关细节将在第三章讨论，但现在我们只需指出，二元对立的理论崩溃，为人文学者与自然科学学者的和解指明了方向。神经科学和遗传学尤其推动了这一进程，它们证明了大脑的发育程度，包括整体生长和突触复杂性，在出生后和整个童年时期都会发生，然后在青春期达到"成人"水平。[17]即便如此，我们的大脑仍在不断变化。换句话说，我们在很大程度上是在这个世界中形成的，也是由这个世界形成的。

　　所有这些似乎都认可了托马斯·迪克森的方法，并在一定程度上认可了柏林情感史中心学者早期的概念重点。这些学者对情感语言史进行了研究，其依据是，即使没有这个词语，你也可能有接近这个词语的其他词语，但无论你有什么词语，都会增强这个词语的意义，从而增强这个词语所带来的

49　体验。[18]在某种程度上，我们可能希望将激情称为"情感"，但如果我们对斯宾诺莎（Spinoza）的哲学见解进行深入分析，我们很可能需要深入理解他所说的"激情"一词的含义。如果我们选择把斯宾诺莎当作一位情感评论家，那我们就不能公正地评价他了。

　　迪克森尤其关注现代英国从激情世界到情感世界的转变，他认为这一主要发生在19世纪的范畴转变，不仅仅是对一个标签的偏好发生了变化。

相反,科学(生物学和新建立的心理学学科)向"情感"的整体转向,表明人们对情感的本质、产生方式和控制方式有着完全不同的理解。这种认识上的转变需要行为和实践的转变来反映。[19] 至少在某种程度上,概念的转变等同于经验的转变。情感史学家的任务就是识别这种转变并衡量其程度如何。

语言学交叉

如果说自语言学转向以来的主导趋势,是强调语言的偶然性和经验的建构性,那么仍然有一些有影响力的语言学趋势会削弱这种观点。安娜·维尔兹比卡(Anna Wierzbicka)也许是研究跨文化情感最著名的语言学家,她试图在埃克曼等心理学家以英语为中心和以种族为中心的本质主义之间找到一条中间路线(见第五章),但由于类似的原因最终失败了。[20] 她的著作对那些希望制定一条温和路线的人尤其具有影响力,其中文化差异因为一些自然的和普遍的固定性而模糊不清。尽管维尔兹比卡特别强调不同语言中情感语言(及其体验)之间的概念差距,但所有这些仍然可以根植于更基本的东西之上。她谈到了"普遍的人类概念"和"文化独立概念",但我们不清楚她是站在何种立场上得出这样的见解,以证明某些概念(为了方便起见,用英语给出)在任何地方都有关联。[21]

维尔兹比卡的文化特殊性论述,在自相矛盾之前还是很有说服力的。我认为,社会神经科学家会阻止这种逐渐向文化独立靠拢的概念,因为所有概念都是在出生后即大脑接触到世界之后形成和习得的。由于大脑受到一种或多种特定文化概念框架的束缚,即使是维尔兹比卡认为具有普遍性的最基本概念,如"想要"(want)或"感觉"(feel),也会被附加上层层含义,无法超越文化的界限。例如,从英语的角度来看,"想要"的概念近年来发生了变

50

化，从承认没有什么东西（比如，我想要面包，或者相反，我什么都不想要，产生众所周知但很少被理解的格言"不浪费，不想要"），变成类似于"我想要拥有"的欲望表达。同样，"感觉"这个概念，在18世纪的感性和情感世界中所承载的文化内涵，与在21世纪的日间聊天节目中所承载的完全不同。当我们剖析它进而试图发现它本质上的普遍性时，似乎充斥着维尔兹比卡为"情感"一词保留的相同的危险和假设，也充斥着英语国家对"愤怒"和"恐惧"等所谓普遍性的预测。如果说这些词语代表了特定时间、特定文化背景下的特定语言，那么她自己的"普遍"概念为何或如何获得这种地位，仍然是一个谜。为了找到这些"普遍的人类概念"，她将所谓的"自然语义元语言"分离出来，其中最主要的例子就是"善"（good）、"恶"（bad）、"知道"（know）和"想要"（want）。前提是，所有人类语言"都有与这里提到的英语词语含义完全对应的词语"。[22]

51　　我已经提到"想要"经历了历史的变迁。同样，我们也可以从精神、哲学、民俗和科学的角度，探讨"知道"任何事物的意义，或任何事物拥有知识的状态，并作为知识被接受或拒绝。这样一个基本概念不仅在文化和历史上具有偶然性，而且还带有浓厚的政治色彩，因为"我知道"这个表述假定了一种知道的能力，承认这个人有权知道，并且进一步承认这个人所知道的实际上可以被视为知识。如果说有什么不同的话，那就是"善"的品质更为复杂，涉及整个哲学史，以及关于追求、成为或知道"善"的无休止的政治、社会和道德争论。我们只需要承认，晚期现代性已经将"恶"的定义之一变成了"善"，就可以知道，任何对这些概念中超越性事物的自诩都注定要失败。

　　虽然所有文化都有一些关于恶和善、想要和知道以及感觉的概念，这可能是真的，但它们并不能还原为对所有文化同样适用的概念规则。因为这些概念不可能存在于提出和实践这些概念的地方之外。在某个时刻，努力做好事可能意味着为购买奴隶支付公平的价格。几年后，在同一个地方，不惜任何代价购买奴隶，可能会被重新定性为坏事。我认为，对某事物有好感与该事物密不可分，并且具有与该实践相关的品质。为奴隶支付合理价格感到满意，与对废除奴隶制感到满意，在性质上是不同的。这些看似基本的概念，与使用这些概念的人所处的宇宙观息息相关。正因为如此，它们实际上根本不是基本概念，而是像"焦虑"（Angst）等更明显的特定文化标签一样丰富、复杂和独特。[23]

这些概念与情感体验和情感表达也只有微弱的联系。维尔兹比卡认为，"我现在感觉（某事）很好"这句话，在所有语言中都是普遍可能的（因此也可能是跨越时空的），进而做出了以下令人叹为观止的解释——"因此，可以貌似合理地将其作为微笑的含义"。[24]然而，这里所隐含的关系，只有当纯粹的概念陈述和伴随的情感能够在表达中得以回应时，才具有价值。随后，她在同一篇文章中说明了这一点：

> 微笑的核心含义（粗略地说，即嘴角抬起的面部肌肉的形态，以及产生这种形态的动作）可以表述如下："我现在感觉很好。"对微笑的各种可能的解释……确实取决于语境，但它们与这里提出的微笑的恒定核心含义（"我现在感觉很好"）是一致的，并且可以被视为对这种恒定性的语境阐释。[25]

美国人在公共场所会依照社会习俗克制自己的悲伤、含泪而笑，任何见过这种情况的人都会知道，微笑并不一定与任何好事有关。同样，如果维尔兹比卡认为微笑与一个普遍的根源有着如此直接的联系，那么她对英国人也不会了解太多。众所周知，当事情出错时，当听到别人的冒犯时，当足球队在比赛的最后时刻输球时，我们都会微笑。表达是非连续性地发生的，正如定性状态和描述定性状态的语言，不能还原为任何"基本的"或"普遍的"东西一样。一旦我们试图过滤掉语境、特性、文化、细节、关系、联想、内涵、意义多元性、怀疑、困惑等，我们就会失去对我们试图描述的体验的本质重要性的把握。人类体验及其历史之所以如此有趣和重要，恰恰在于它的不可还

52

47

原性。

维尔兹比卡驳斥了艾伦·弗里德隆德(Alan Fridlund)的解释,即演员在
"复仇"或"赠送礼物"时,微笑的语境是完全不同的。[26]维尔兹比卡认为,它
们可以还原为"我现在感觉很好"。即使我们承认这可能是对的,而且微笑
不可能表示"我现在感觉不好",但这种还原是如此彻底,以至于观察在分析
上毫无用处。这种平淡无奇的表达,无法告诉我们寻求复仇的人或赠送礼
物的人的情感质量如何。维尔兹比卡似乎对语境不感兴趣,但语境是理解
情感的关键,正如语境告诉我们,微笑会透露出悲伤、天道不公或听天由命
等不好的情绪一样。[27]

当我们自以为知道人类在这种或那种情况下会如何表现时,人类就会
让我们大吃一惊。弗朗西斯·福山(Francis Fukuyama)在充满希望的20世
初90年代初,在思考西方自由民主的最终成功时,宣告了"历史的终
结"。[28]对于21世纪10年代末和20年代初的全球政治格局,他会有多么
惊讶呢?那些看似美好、感觉良好、被解释为普遍性的东西,正如这些东西
总是被证明的那样,都变成历史的插曲和特定的历史味道。历史终结的宣
告成了一种意想不到的讽刺。唯一真正的普遍性是一切都在变化。

采取比维尔兹比卡更强硬的立场,将她论点中的建构主义部分进行到
底(在我看来),这并不意味着生物学和身体必须被一并摒弃。生物学只是
受制于历史。身体是历史性的。思想是变化的。尽管如此,它们依然存在,
并在情感体验中发挥着作用。

情感语言

如果我们研究主题所涉及的普遍概念比较复杂,那么当我们开始考虑
特定体验的具体词语和概念时,情况就会变得更加复杂。一则轶事可以作

为对这一点的介绍。2012 年，美国历史学会在芝加哥举行了一次特别的大型会议，一场关于情感史的专题讨论会首次跨越了现代和前现代以及法语-英语的障碍，介绍了情感史的理论和方法。对于在场的许多人来说，尽管这一领域在那时已经发展了近 30 年，但这却是他们第一次接触这个概念。一位听众问威廉·雷迪，这些观点是否意味着，他们不能再把简·奥斯汀(Jane Austin)的小说作为真正爱情的典范。这个问题本身的措辞是雷迪无法接受的。无论何时何地，都不存在"真正的"爱情。作为历史学家，我们并不是要清除文化和政治的糟粕，从而获得自然的纯粹形式或永恒表达。我们应该这样做的想法本身，就是对历史主义原则所珍视的一切的诅咒。然而，最普遍、最有力的假设是，有些东西(比如情感)超越了历史，可以在小说等其他地方找到。

　　有关雷迪的回答，需要注意的是：与其看这个或那个小说家或哲学家是否成功地预言了爱情的真谛，为什么不研究这些爱情的表达的特殊性，并在其他背景下权衡它们呢？没有人是真爱的仲裁者，当然也不是任何人文学科的学者，但我们可以研究不同时代、不同地方的爱情是什么样的。首先我们可以将具体的爱情称为"爱情"以示谨慎。我们可以从爱情的社会动态、表达政治，以及恋人们努力使自己和感情适应主流标准和规范的角度，研究爱情的结构，而不仅仅是抽象的心灵问题。[29]

　　妮可·尤斯塔斯对 18 世纪美国殖民地时期的爱情进行了堪称典范的研究，她描述了以爱情为名的求爱如何与婚姻政治有关，婚姻"既改变了社会角色，也改变了个人关系"，"爱情的表达对社会和身份的意义一样大"。[30]尤斯塔斯详细阐述了情感语言的细微差别，这些语言的使用跨越了社会阶层和种族界限，其背后涉及的是对自我的不同观念的协商。她所研究的时期，一直到美国革命之前，都是个人主义的自我理解逐渐兴起的时期，这种理解源于只将自我与整个社会联系起来的旧观念。这种最基本的、最"自然的"自我认知方式上的巨大转变，显然对爱情的意义产生了深远的

54

55

影响。尤斯塔斯认为，"爱情的语言……消除了自我与社会之间的区别"，使双方充满激情地结合在一起，就像它把统治者与被统治者、当权者与臣民联系在一起一样。[31]

苏珊·兰佐尼（Susan Lanzoni）在对"共情"（empathy）一词的研究中，特别清晰地探讨了情感语言的易变性。"共情"一词的历史并不长，它是 20 世纪初的一个新词，却已经发展出了一个丰富的语义领域。[32]这个听起来像希腊语的误导性标签，是由 20 世纪之初马克斯·舍勒（Max Scheler）等学者所使用的德语"同感"（*Einfühlung*）演变而来的。舍勒及其同时代人努力将"共情"（*Einfühlung*）、"同情"（*Sympathie* 或 *Mitgefühl*）、"怜悯"（*Mitleid*）等词语区分开来。[33]从字面上看，它指的是"感同身受"，与其语言学上的关联词有如下区别。"同情"和"怜悯"在词源上同源。它们的意思都是"遭受"，"遭受"的中性含义是"经受"或"忍受"。一个人可能会像遭受"痛苦"一样"遭受爱情"。在德语中，这两个术语在通常的用法中分别以 *Gefühl* 和 *Leid* 来区分，其中 *Mitgefühl* 表示字面上的"感觉"（feeling with），*Mitleid* 表示"遭受"（suffering with）或"慰问"（condoling）。这些区别在英语中并不存在，但在功能上是存在的。人们可能会对某人的喜悦表示同情，但很难因此产生同情心。然而，在共情出现之初，我们已经可以察觉到语言从"感觉"（feeling）到"遭受"（suffering），从 *Fühlung* 到 *pathé* 的变化。在常见的英语用法中，如果我与你感同身受，可能会被认为我对你的困境或痛苦感同身受，或者能够提前意识到某些行为可能对你造成的伤害。很少有人说他们对某人的幸福感同身受，但从技术上讲，这个词语应该适用于所有的情感体验。这就是单个单词的传记，德国人重新引入了最初从他们那里借来的伪希腊英语结构。"共情"在德语中现在是 *Empathie*。

撇开语义不谈，这个概念本身的历史非常不稳定，因为它存在的时间相对较短。它最初是一个美学范畴，用来解释艺术作品的欣赏者，如何将自己的情感投射到作品中，并将其接收回来，就好像是从作品本身中产生的一样。后来,它指的是一个人进入另一个人的情感,并以与观察到的原始情感相似的方式体验这些情感的能力。再后来,它就是神经科学家一直在寻找的东西,它是大脑内部的一种机制,使体验仿佛是在复制他人的情感,但实际上是来自个人自身的体验。[34]换言之,在其最初的一个多世纪里,共情一直是一种投射、接受和自我生成。与其说它是三者之一,不如说它是这三种含义及其相关体验的重叠、共存和相互融合。神经科学家可能会发现共情在大脑中的确切作用方式,但这不会缩小我们共情的范围,也不会缩小共情的感觉。第五章"其他人的表达"中,会有更多关于共情的论述,但现在我们只需指出,情感语言不是终点,不是固定事物的固定标记,而是一个起点。这并不是要把学术研究变成一种随意的练习。相反,这样做是为了使学术研究更加精确。

我们可以很容易地用各种情感语言进行这种练习,但重要的是,情感史并不是在开始时就预先确定了其参考框架。如果我们一开始就列出我们想要探讨的情感语言,我们就有可能遗漏那些已经亡佚的情感语言和概念,或者那些在我们日常用语中徘徊,而未被立即识别为情感的语言和概念。例如,乌特·弗雷弗特追溯了"荣誉"(Ehre)的语义及含义的要点,以证明无论出于何种目的和意图,荣誉都曾经是一种情感。[35]我们可以很容易地对许多所谓的美德——勇气、节制等——进行类似的探究,研究它们的情感构成,或它们作为情感本身的体验方式。这里最重要的是行为与情感之间的联系,情感是在关键时刻表现出来的,而不是被动体验和无法控制的。例如,勇气不是没有恐惧,而是直面恐惧的行为,这种直面恐惧的实践可能会将恐惧转化为一种面对恐惧的满足感。勇气在不同的时间、不同的目的下表现不同。也许当代英语中没有足够的词语来描述这种体验,但如果历史资料中没有充分描述这种体验,那将是令人惊讶的。事实上,堂吉诃德(Don Quixote)是勇气的模仿者,也是勇气的典范,他谈到勇气被恐惧唤醒,他的"心脏在胸腔跳跃",就好像一种积极的精神蛰伏在心底,只是在等待被负面

57

情感所激发。[36]

我们或许可以将词源学研究与性格问题联系起来,特别是在盖伦(Galen,公元前 129—约公元前 200 年)的体液气质类型(源自拉丁语 *tempere*,混合)有明显的语义遗留问题的情况下。直到 19 世纪,关于四种体液的知识——血液、痰、黄胆汁和黑胆汁(忧郁),一直是医学知识的基石。例如,在现代英语中,胆汁质的人可能被认为脾气暴躁或脾气不好。这个词语本身来自希腊语,意为黄胆汁:*kholé*。几乎没有人意识到他们在这里使用的是体液范畴。黄胆汁的性情失衡很可能导致愤怒,但也会对身体产生影响,因为人们认为黄胆汁是一种物理物质。因此,除了英语词语"choleric"表示脾气暴躁,还有疾病"霍乱"(cholera),它最初也指向同样的体液问题;还有法语词语 *colère*,意思是"愤怒"。当我们在不同的语境中使用这些词语时,我们不会将它们与盖伦联系起来,也不会将它们与体液医学的悠久历史联系起来,因为在体液医学的历史中,这些词语经历了大幅度的改编、翻译、转换和改变的过程。但是,这些联系是存在的,并且是可以映射的。这不仅仅是语义学或词源学上的考古学研究。这是寻找语言与情感、概念与体验、身体与心灵之间联系的探索。

【注释】

[1] N. Eustace, *Passion is the Gale*: *Emotion*, *Power*, *and the Coming of the American Revolution* (Chapel Hill: University of North Carolina Press, 2008), 3, 76—77; B. Rosenwein, *Generations of Feeling*: *A History of Emotions*, *600—1700* (Cambridge: Cambridge University Press, 2016), 7—8.

[2] Rosenwein, *Generations*, 17.

[3] Rosenwein, *Generations*, 7—8.

[4] Plamper, *History of Emotions*, 10—12, 38, 296, 299.

[5] Plamper, *History of Emotions*, 11; P.R. Kleinginna Jr and A.M. Kleinginna, "A Categorized List of Emotion Definitions, with Suggestions for a Consensual Definition", *Motiva-*

tion and Emotion，5(1981)：345—379.

［6］Plamper，*History of Emotions*，296.情感史的一些批评者使这个问题更加复杂了,他们声称历史学家所理解的"情感"与其他学科所理解的"情感"含义不同,这通常指的是以一种本质主义来指责另一种本质主义。这种还原语义的学科对峙正是我们应该避免的。例如参见 H.U.K. Grundlach，"The Fortunes of Emotion in the Science of Psychology and in the History of Emotions"，in J.C.E. Gienow-Hecht(ed.)，*Emotions in American History*：*An International Assessment*(New York：Berghahn，2010)，264f；D. Wickberg，"What is the History of Sensibilities? On Cultural Histories, Old and New"，American Historical Review，112(2007)：661—684, at 682；R. Schnell，*Haben Gefühle eine Geschichte?*：*Aporien einer History of emotions*(Göttingen：V&R unipress，2015)，30—33。

［7］Plamper，*History of Emotions*，299.

［8］Plamper，*History of Emotions*，12.

［9］Plamper，*History of Emotions*，12.

［10］关于这些方面比较全面的评价,以及误译历史的一些复杂问题,参见 C. Wassmann，"Forgotten Origins, Occluded Meanings：Translation of Emotion Terms"，*Emotion Review*，9(2017)：163—171。

［11］Plamper，*History of Emotions*，12；Rosenwein，*Generations*，7.

［12］T. Dixon，*From Passions to Emotions*：*The Creation of a Secular Psychological Category*(Cambridge：Cambridge University Press，2006)；T. Dixon，*The Invention of Altruism*：*Making Moral Meanings in Victorian Britain*(Oxford：Oxford University Press，2008)；T. Dixon，"'Emotion'：The History of a Keyword in Crisis"，*Emotion Review*，4(2012)：338—344.

［13］M. Gendron，K. A. Lindquist，L. Barsalou and L. Feldman Barrett，"Emotion Words Shape Emotion Percepts"，*Emotion*，12(2012)：314—325.

［14］关于情感的先天/后天(或文化)争论的背景,在普兰佩尔的《人类的情感：认知与历史》第二章和第三章中有完整的介绍。

［15］C.Z. Stearns and P.N. Stearns，*Anger*：*The Struggle for Emotional Control in America's History*(Chicago：University of Chicago Press，1986)，15.

［16］这里总结了斯特恩斯夫妇的一般研究方法。特别参见 P.N. Stearns，*American Fear*：*The Causes and Consequences of High Anxiety*(New York：Routledge，2006)，13。

［17］这方面的文献很多,以下是一些具有代表性的样本。L. A. Glantz et al.，"Synaptophysin and PSD-95 in the Human Prefrontal Cortex and from Mid-gestation into Early Adulthood"，*Neuroscience*，149(2007)：582—591；R.C. Knickmeyer et al.，"A Structural MRI Study of Human Brain Development from Birth to 2 Years"，*Journal of Neuroscience*，28(2008)：12176—12182；P.R. Huttenlocher and A.S. Dabholkar，"Regional Differences in Synaptogenesis in Human Cerebral Cortex"，*Journal of Comparative Neurobiology*，387(1997)：167—178。

［18］Dixon，"'Emotion'"；U. Frevert et al.，*Emotional Lexicons*：*Continuity and Change in the Vocabulary of Feeling*，*1700—2000*(Oxford：Oxford University Press，2014)；根德隆(Gendron)等人确认了"情感语言"。

［19］Dixon，*From Passions*；Dixon，*Invention of Altruism*；另参见 *Boddice*，*Science of Sympathy*；Dror，"Affect"；P. White，"Darwin's Emotions：The Scientific Self and the Sentiment of Objectivity"，*Isis*，100(2009)：811—826；P. White，"Sympathy under the Knife：

Experimentation and Emotion in Late Victorian Medicine", in F. Bound Alberti（ed.），*Medicine*，*Emotion and Disease*，1700—1950（Houndmills：Palgrave，2006）。

［20］A. Wierzbicka, "Human Emotions：Universal or Culture-specific?", *American Anthropologist*，88（1986）：584—594；A. Wierzbicka，*Emotions across Languages and Cultures*：*Diversity and Universals*（Cambridge：Cambridge University Press，1999）。

［21］Wierzbicka，*Emotions across Languages*，25，35.

［22］Wierzbicka，*Emotions across Languages*，35.

［23］例如，维尔兹比卡坚持认为，焦虑是一种"文化创造"，*Emotions across Languages*，128—167，at 167。

［24］Wierzbicka，*Emotions across Languages*，38.

［25］Wierzbicka，*Emotions across Languages*，173.

［26］Wierzbicka，*Emotions across Languages*，172—175.

［27］更多样的、更贴近语境的语言学方法，参见 R. Caballero and J.E. Diz Vera（eds），*Sensuous Cognition*：*Explorations into Human Sentience*：*Imagination（E）motion and Perception*（Berlin：De Gruyter Mouton，2013）。

［28］F. Fukuyama，*The End of History and the Last Man*（New York：Free Press，1992）。

［29］例如参见 S.G. Magnússon, "The Love Game as Expressed in Ego-documents：The Culture of Emotions in Late Nineteenth Century Iceland", *Journal of Social History*，50（2016）：102—119。

［30］Eustace，*Passion*，109.

［31］Eustace，*Passion*，109.

［32］S. Lanzoni, "Introduction：Emotion and the Sciences：Varieties of Empathy in Science，Art，and History", *Science in Context*，25（2012）：287—300；S. Lanzoni, "A short History of Empathy", *The Atlantic*，15 October 2015.

［33］M. Scheler，*Wesen und Formen der Sympathie*，5th edn（1923；Frankfurt：Verlag G. Schulte-Bulmke，1948）.第一版德文版 *Zur Phänomenlogie und Theorie der Sympathiegefühle und von Liebe und Haß* 于 1913 年出版。1954 年出版了英文版《同情的本质》（*The Nature of Sympathy*）（London：Routledge & Kegan Paul，1954），译者是彼得·希思（Peter Heath）。

［34］C. Burdett, "Is Empathy the End of Sentimentality?", *Journal of Victorian Culture*，16（2011）：259—274；C. Burdett, "'The Subjective Inside Us Can Turn into the Objective Outside'：Vernon Lee's Psychological Aesthetics", *19*：*Interdisciplinary Studies in the Long Nineteenth Century*，12（2011）.关于"大脑机制"，参见第五章"其他人的表达"。

［35］U. Frevert，*Men of Honour*：*A Social and Cultural History of the Duel*（Oxford：Wiley，1995）。

［36］M. de Cervantes Saavedra，*Don Quijote de la Mancha*（1605；Madrid：Edaf，1999），145.

第三章　共同体、体制和风格

情感学

　　情感史的实质性史学研究,始于 1985 年彼得·斯特恩斯和卡罗尔·斯 59
特恩斯在《美国历史评论》(*American Historical Review*)上发表的文章。[1]
从这点来看,情感史显然是关于社会中的情感。虽然最近的创新已经将重
点转向了个人,以及个人情感的生物文化生产,但总的来说,历史学科提供
了将个人置于有意义的群体中的见解。当斯特恩斯夫妇开始研究时,他们
发现了一个根本性的问题,即历史学家在谈论情感时对他们的研究主题感
到困惑。此外,他们还怀疑,那些披着弗洛伊德式外衣的、注定要失败的心
理史学盛行的风气,过于强调个人和"本质上静态的心理",从而使得过去成
为"人类现实的简单例证",而人类现实是不会改变的。[2]他们在心理科学中
也发现了类似的缺陷。如果情感在生物学上是固定的,是人类稳定而普遍
的特质,那么历史学家对它们还能有什么兴趣呢?

　　历史学的直觉表明,社会和文化的变迁,必然会对人们的感受产生一定
的影响,而人们如何表达自己的感受,也必然会在某种程度上受到环境的限

制。此外,斯特恩斯夫妇对历史学家忽略社会背景下的情感的方式感到不
60　满,因为他们将情感与非理性联系在一起。社会抗议运动,比如罢工、暴动、
起义和游行,被描述为一种群体认知,或一系列极具理性或意图的群体决策
和战略行动,目的是实现预先设定的目标。斯特恩斯夫妇并不反对认知分
析,而是反对二元论。情感和理智不是对立的,而是相互影响的。情感是认
知的一部分。彼得·斯特恩斯后来指出,情感"不是非理性的;它们与认知
过程有关,因为它们涉及对自身冲动的思考,并将其作为情感体验本身的内
在组成部分进行评价"。[3]他希望,至少在某种程度上,能够不带贬义地使用
"情感"这个词。

　　斯特恩斯夫妇认为,情感表达的具体形式,无论是在社会运动中还是在
其他任何形式中,都代表了关于如何表达情感的社会"感觉规则"。在这方
面,他们借鉴了社会学家和人类学家的研究成果,特别是阿莉·拉塞尔·霍
赫希尔德(Arlie Russell Hochschild)的路径探索研究。[4]人们认为,个人正
在努力应对"社会需求与情感之间的冲突"。[5]历史学家在查阅档案时,看到
的不是情感本身,而是特定社会中可能的表达形式。可以为各种可能的表
达找到原因,也可以分析这些表达在不同背景下的影响。为此,这些表达形
式似乎与其他任何东西一样,都属于历史学家的研究范围。历史学家可以
对它们进行实证研究,而不需要任何方法论上的重大创新。

　　斯特恩斯夫妇为一种可用于社会的表达形式赋予了一个新的名
称——"情感学"。这个新词可以与"情感风格"互换,目的是将外在的表达
形式、造成这些表达形式的原因及其产生的社会影响,与"实际的"情感区
61　分开来。斯特恩斯夫妇被一种混淆了表达和内在情感的范畴所困扰。语
言和手势表达方式,以及它对社会关系的影响,无法简单地映射到对情感
的实际含义及其变化的生物学评价上。在建构主义影响历史书写的早期,
这种偏差可能确实会造成损失。与此同时,情感本身被纳入研究范畴,关
注社会"机构和制度促进或禁止某些情感的方式,同时对其他情感保持中

立或漠不关心"。[6]

　　然而,情感学和情感之间显然存在着一种动态的关系。斯特恩斯夫妇
谨慎地探讨了这种关系,他们认为,只要研究方法符合要求,研究情感风格
的变化就能为真正的情感变化提供新的解释。毕竟,"情感学通过塑造明
确的预期,确实会影响实际的情感体验"。[7]随着这一概念的发展,情感学
的重要性与日俱增。情感学"既影响行为,也影响判断,并进入个人评估其
情感体验的认知中。从这个意义上说,通过对情感产生影响,例如,判断恐
惧是令人愉悦的(如在恐怖的游乐设施上)或令人反感的,它直接进入了情
感体验"。[8]

　　在斯特恩斯夫妇丰富的作品中,他们最初划定的界限迅速变得模糊,因
为情感学似乎是情感或体验本身的有力指标。不仅嫉妒和愤怒等情感是社
会建构的,而且任何生物普遍性的表象(斯特恩斯并不一定反驳这种表
象)都没有什么解释作用。例如,嫉妒可以"根据文化背景有不同的定
义"。[9]定义有助于界定表达,表达与情感有着动态的联系。此外,斯特恩斯
夫妇所有作品的元叙事,以及彼得·斯特恩斯和其他合作者的所有作品的
元叙事,都强调了美国现代史上情感克制的转变,以及将美德赋予那些能够
掌握克制的人。[10]由于克制是一种表达形式,同时也不可避免地是一种改
变感觉的行为形式,因此情感风格与"真正的"或"实际的"情感之间的距离
就消失了。多年来,我们一直在先天与后天、基本情感与建构情感之间徘
徊,而现在我们似乎可以将两者融为一体了。没有人会在情感学之外体验
情感。不存在中立的或无价值的情感体验:"规范与体验之间的区别不应
该被过分强调,因为两者总是相互对立的;它们相互检验,只有在彼此的背
景下才能被理解。"[11]它们总是在某个地方、某个时间发生,而这些地方
和时间总是会产生某种影响。为此,继续把风格和内容分开有什么用呢?
情感和情感学是相互联系、不可分割的,是同一过程的一部分。

62

情感表达

现在我们讨论威廉·雷迪。雷迪对所谓的"基本情感"模型(见第五章)持怀疑态度,但仍然不相信激进的建构主义者,他们似乎完全抛弃了生物学。他提出了一种新的模型,即情感表达如何与社会动态和内在情感交织在一起,因此可以说情感体验是这三者的动态产物(也就是说,总是在变化和紧张中)——"情感表达"。雷迪以人类学家的身份提出这一观点,也是对人类学家的建构主义的回应。这篇文章的标题是"反对建构主义",从表面上看,这似乎让他与普遍主义者站在了一起,但实际上雷迪正在彻底改变整个情感研究领域。[12]自然/文化的辩论、心灵/身体的辩论,被认为是错误的对立,重要的是,那些试图通过提出自然和文化的融合来占据中间立场的论点,也同样被认为是二元论结构的产物。在雷迪看来,文化之外没有自然,自然之外也没有文化。可以说,我们就是生物文化。这超越了丹尼尔·洛德斯梅尔(Daniel Lord Smail)的假设,即"没有后天就没有先天,反之亦然";[13]相反,它将先天和后天重新定义为单一的分析范畴。

因此,这一理论创新的核心,是试图将身体重新置于人类学叙述中,弥合自然/文化分界线上激进观点之间的尖锐分歧。用雷迪的话来说,情感表达是一种情感化的话语。它代表了一个人试图通过文化习俗来转化内在情感,以使两者相匹配。这是一个导航的过程,是找到一种方法来表达自己的感受,符合自己必须满足的期望。情感强调个人为了适应特定的环境而付出的努力——"情感工作"。用雷迪的话来说,这种对努力、语境和转化的强调,在某种程度上总是失败的。我们不太可能在内在情感和传统表达之间找到精确的契合点,尤其是因为感受和话语并不属于同一类事物。在某种程度上,每一种情感都是失败的,都是痛苦的根源,因为内在情感无法"真实"地表达出来。当表达习惯与内在情感之间的距离越来越远时,情感上的痛苦感也随之产生。用雷迪自己的话来说,情感表达失败会导致"发现自己的感受中一些意想不到的东西"。[14]情感表达会反馈到身体上。

在谈到情感体验时,我们应该停下来思考"真实性"的含义,以及说"真实性是不可能的"可能意味着什么。当然,也有人反对这种观点。最近出版的一本关于 18 世纪的同情与情感真实性的著作指出,很显然,真实性与其说是指体验到的情感的真实性(与体验到的情感的表演相对应),不如说是指情感表达在社会交往过程中的有效性。[15]换言之,情感表达的规范为判断他人情感的真实性提供了依据。这里的真实性显然指的是一致性,我们可以很容易地指出,历史行动者对他们的一致性感到满意,事实上,他们似乎并不知道自己的情感表达努力,也没有意识到规范准则。如果我们从这些角度来看待真实性,那么社会情感的和谐可以说是真实性的标志。

雷迪认为这是一个或多或少成功的情感表达过程。我们作为置身于所讨论的社会交往之外的分析者,能够看到行动者不一定能看到的规范,这使我们可以在特定的语境下评价这一过程的真实性,但不能将其视为完全真实的过程。人类学家和历史学家的优势在于,能够站在一个客观的立场上,更好地理解主体。当分析性地使用真实性这个范畴时,有可能意味着在某个地方存在一种实际的或真实的情感,或某种不受文化影响的生物恒定性等待被识别。由于情感表达过程总是受到文化的束缚,这种真实性概念就不再具有任何意义了。

这样做的另一个后果是,弱化了表现和表演之间的差别和/或认同。在雷迪看来,在情感表达过程中所做的旨在将表达与感受相匹配的情感工作,并不具有表演性,也不能简化为表演。由于情感陈述(我要补充的是表情或手势,但我稍后会再谈论这个问题)"直接影响到相关感受",因此,它既不能被理解为在某种程度上与内心情感无关的表演,也不能被理解为本质上再现内心情感的表演。[16]例如,表演愤怒并不能简单地等同于作为一种简单的呈现的愤怒。在特定的时间和特定的地点,愤怒类型的情感是根据表达愤怒的严格程度和限制而被投放到这个世界上的。[17]这些条件和限制可以而且确实会发生巨大的变化。相关感受会受到这些规定性限制的影响,因此永远不能真正说一个人在表演一种情感,因为表演是一种衡量感受的方式,而这种感受会在这些条件下适时地发生变化。这甚至可能适用于那些人,就像在阿莉·拉塞尔·霍赫希尔德的研究中被要求表演幸福或其他情感的人。这种表演的效果是改变表演者的体验状态,以至于表演工作构成了感受状态,而感受状态又反过来影响表演。[18]这可以更好地理解为一种情感表达过程,在这个过程中,雇主要求员工微笑的要求,成为一种明显可见的情感规范。

雷迪并没有说,给情感命名、表达情感会告诉身体如何反应或如何感受,但他确实坚信话语会对身体产生影响,反过来,身体也会对话语产生影响:"情感有一个'内在'维度,但它绝不仅仅是通过陈述或行为'表现'出来。"[19]这一过程的核心,是不断努力地从感官输入中获得意义,为刺激增添意义。人们越是将意义与特定的状态联系起来,这些意义就越容易获得,从而产生一种毫不费力的效果:情感与表达看似自然和谐。但是,由于这些情感的表达是按照与集体实践相关的文化规范进行的,因此"自然"的情感总是有"错误"的感觉。当政治、制度和人际关系的环境发生变化时,一个人可能不再知道如何表达情感。如果我们回想一下"情感"一词的字面意思,即外在的表现,我们就会看到它是如何具有字面意义的:在这种充满不确定性的情境下,一个人可能不知道如何将情感表达出来。在这种情况下,强烈地表达感情的努力突然重新出现了,而它之前似乎是那么自然。

在其他地方,我曾描述过习俗发生复杂变化可能导致的"情感危机"[20],这与霍赫希尔德对"边缘人"的描述如出一辙,这些人"在情感规则与情感之间的关系上发生了变化,对规则的实际含义缺乏清晰的认识"。[21]当"感受和框架被去传统化,但尚未被重新传统化"时,一个人可能会反映

"我不知道我应该如何感觉"。[22]在一部将情感的努力和情感表达重新定义为"情感即兴表演"的作品中，作者对文艺复兴时期的英国进行了详细探讨。艾琳·沙利文（Erin Sullivan）将表达语言与肢体动作结合起来，话语和身体实践都能将激情概念的模糊性转化为有意义的体验。在概念存在争议的地方，即兴表演的技巧也各不相同，因此，一个人可能会根据他面对的是知识分子、医生、牧师还是戏剧演员，以不同的方式表达他的感受。接触和交流决定了情感的感觉，并提供了情感的社会意义和重要性。只有通过变幻莫测的情感即兴表演，历史行动者才能"找到自我"，塑造主体性和身份认同，并确定他们在世界上不断变化的位置。[23]

霍赫希尔德在情感劳动中对身体表达（比如微笑）的关注，应当引起我们的警惕，正如上述雷迪引文中的"行为"这个词，也应当引起我们的警惕，该词在雷迪最初的情感表达中没有得到充分的发展。了解该领域是如何沿着这些路线发展的，这一点至关重要。文化理论家已经将情感规则或规范（用斯特恩斯的话说是情感学）与内在情感之间的关系进行了拓展，反过来，他们也将雷迪对作为情感表达行为的言语的有限关注，拓展到整个身体表达和肢体动作。萨拉·艾哈迈德（Sara Ahmed）如是说：

> 情感不仅与他人留下的"印象"有关，而且还涉及对社会规范的投资……不公正可能正是通过我们对自己身体的行为，维持与社会规范的特定情感关系。……挑战社会规范涉及对这些规范具有不同的情感关系，部分原因是"感受到"其代价是一种集体损失。[24]

这种集体损失被雷迪描述为"情感痛苦"，是情感失败的结果（见下文）。我曾在2014年建议，对雷迪以言语为中心的分析的批评，可能只需通过将所有与情感表达相关的身体行为纳入"言语"的定义中来解决。[25]雷迪也表示了走这条道路的可能性，但提出一些重要的注意事项。在本节结束时，我将研究情感表达的发展方式及其未来发展的潜力，特别是它们与实践理论的

67

交集。关于实践和"无意识"表达,除了这里必须介绍的内容之外,还有很多内容需要讨论,我将在第五章继续讨论。

雷迪对"情感表达"的深入研究,首先是通过他的《感情研究指南》(*Navigation of Feeling*),然后是随着人们对神经科学的兴趣日益浓厚,他将"情感表达"这一概念融入了实践理论。[26]这可以概括为情感表达是"试图感受自己所说的感受的尝试"这一说法的延伸[27],从而将其表述为"情感表达是试图感受自己所做之事的尝试"。雷迪对纳入广义的情感表达定义中的身体实践类型进行了一定的限制。他很乐意将定义扩展到,包括所有"源于在全神贯注的情况下,做出的有意识、有意图的'决定'"的言语、手势和面部表情,但又将它们与"无意中或仅在部分意识下出现的其他表情"区分开来。[28]在雷迪看来,无论从何种角度考虑,言语总是"管理性和探索性的",因此属于"有意识的直接决策"的范畴,而流泪或脸红等则不属于这一范畴。[29]

在限制语言的自动化程度,并强调对于大多数人来说,普遍的身体自动化已经或似乎超出了意识的直接控制时,一些学者找到了批评的理由。这种批评的基调有可能完全拒绝情感表达,但在审视其中一些材料时,我想为保留情感表达进行辩护,即使这意味着要偏离雷迪本人对情感表达施加的限制。这种批评的基础是,即使是无意识的身体和语言手势(我们可以称之为本能、反应和自动化过程),也受制于它们所处的世界。这并不是要重新陈述激进的社会建构主义,而是要收集关于身体反应随环境变化的实证观察,并提出即使是自动化过程也是"世界性的"这一观点。

雷迪关于脸红的论述就是一个很好的例子。在此,我们无需争论脸红是不是一种普遍的生理现象。让我们假设它是。然而,引起脸红的情况显然不是普遍的。导致尴尬的自我意识(这种状态通常但并不总是与脸红联系在一起)的原因,显然取决于某些文化规范、礼仪、习俗等的内化。当脸红者意识到并试图控制脸红时,脸红往往会变得更加严重,但这并不能否认这

种生理反应是情感表达过程的一部分。一个人脸红的条件与其习性直接相 69
关,习性是指一个人有意识和无意识地将其对世界的感知融入自身行为的
方式。"习性"一词通常与皮埃尔·布尔迪厄(Pierre Bourdieu)联系在一起,
情感的生物文化理解正是基于布尔迪厄的观点得到了拓展。[30]

让我以达尔文提供的例子阐明这个观点,以脸红为例。我们可以把达
尔文关于表情的意义和功能的思考留到下一章再谈,现在重点谈谈脸红在
语境中的重要性。达尔文毫不怀疑脸红是人类的普遍现象,但他也明白,一
个人脸红的情况和程度取决于文化习性。在他看来,脸红与道德行为和羞
耻感有关,这两者都可以被清楚地证明会随着时间的推移而变化。他举例
说,一个"敏感的人","有时会因为一个完全陌生的人公然违反礼仪而脸红,
尽管这种行为可能与她毫无关系",尽管礼仪规则显然是历史性的短暂现
象。[31]在特定的时间和地点,礼仪似乎是固定不变的:社会习俗承载着道德
品质,因此,违反礼仪就成了道德上的过失。一个人可能会因为这种违反行
为而脸红,而礼仪本身显然是建构出来的,甚至脸红的人也可能会这么认
为,这就证明了习性的影响。[32]

在我看来,这种情况下的脸红完全符合情感表达的定义,因为脸红者表
达的是身体上的某种东西——脸红是一种身体实践,可以被视为一种情境
化的,甚至是无法控制的身体实践——将其内心感受与社会情境对立起来。
在这个过程中,情感、身体表现和有意识的言语可能会受到影响。一些管理
性和探索性的事情正在发生。尽管脸红是一种普遍现象,但它总是在特定
情境下在让人脸红的事物的驱使下发生。没有人会在文化之外脸红。[33]

情感体制、情感避难所、情感痛苦

为了使情感表达过程具有意义,雷迪认为有必要制定一种提供和执行 70

情感表达规范的东西：权力要素。如果没有它，就无法准确分析情感表达过程中的利害关系。内在情感会受到某种东西的制约，那么它是什么，来自哪里？雷迪的答案是"情感体制"。

在《感情研究指南》中，雷迪根据所讨论的情感体制的类型，对情感体制进行了不同的定义。正式定义如下："情感体制是一系列规范性情感以及表达和引导这些情感的官方仪式、实践和情感表达的集合；是任何稳定政治制度的必要基础。"[34]第二点内容并没有将定义局限于政治制度，但"任何"一词确实为我们提供了一些线索，让我们了解情感体制的可能范围。"严格的"体制"要求个人表达规范的情感，避免越轨的情感"。[35]当这种情感体制与政治制度及其国家机器相一致时，"数量有限的情感表达，通过仪式或官方艺术形式被塑造出来。个人被要求在适当的情况下说出这些情感表达，以期望规范的情感得到强化并形成习惯"。[36]对民众的影响可能是三者中的一种。第一种如下：

71

> 那些拒绝发表规范言论的人，无论是对父亲的尊敬、对上帝或国王的爱戴，还是对军队的忠诚，都将面临严厉的惩罚。[37]

第二种可能性是情感表达的顺从，但个人情感表达失败的概率很高：

> 那些能够说出和做出适当的言语和动作，但未能强化和养成适当的情感的人，可能会试图掩饰自己缺乏热情。如果未能成功，他们也将面临惩罚。惩罚的形式可能是酷刑，也可能是简单的回避、监禁、剥夺、流放，旨在通过诱导目标冲突迫使他们做出改变。[38]

第三种可能性是情感表达的成功：

> 许多人会发现，严格的情感管理制度对他们很有帮助，它强化了个人的情感管理风格，成为一种连贯的、有益的生活方式的核心。[39]

事实证明，这些概括性的情感体制特征，对于研究政治制度尤其是专制政体或独裁政体,如何确保形式上和精神上的一致性特别有影响。[40]情感体制让我们了解到灌输式教育如何塑造民众的现实,从而使他们对政治制度的情感忠诚是自然而然的,否则,对未能在情感上与政治制度保持一致的惩罚,会引起他们的恐惧,从而导致顺从的外在表现和忠诚的表达。

　　严格的情感体制产生的所有这些影响,都可以很容易地转移到一个更 72 小、更具体的情感体制中,这种体制具有类似的严格性,仅限于特定的空间、地点、时间或环境。对于研究特定学校或学校系统、童子军等青年团体、各种类型和规模的军事组织、教会(地方一级)和教堂(包括变幻莫测的教派差异)的情感史学家来说,这种关于严格的情感体制如何发挥作用的表述已被证明是有用的,并将继续被证明是有用的。从这个分析框架中,我们既可以了解权力是如何展示和应用的,也可以了解权力是如何被体验的。

　　然而,"体制"一词往往会让人联想到严格,以至于它似乎自动与某种形式的强制纪律计划相吻合,无论是通过暴力还是隐含的暴力威胁。事实上,埃利亚斯关于文明进程为何以这种方式发展的核心论点在于,暴力管理工具和手段的不断集中化的过程。尽管如此,雷迪的初衷并不是将情感体制,仅仅与那些严格执行情感风格、认为抵制是高风险举措的群体联系起来。相反,雷迪认为,我们都生活在情感体制中(就像每个人都经历过的那样),事实上,我们同时生活在多种情感体制中。此外,他还提出了"宽松的体制""情感自由的体制"[41]以及"处于中间的体制"的概念。[42]简而言之,某些类型的情感规范为情感的发生提供了更广阔的空间,在任何给定的场景中,都会导致更大范围的允许或可接受的表达。

　　在雷迪构建的情感体制的图景中,我们可以根据情感体制带来的情感痛苦的程度,判断哪种体制更公正或不公正。[43]这部分论点受到了其他历史学家的质疑,他们一方面质疑将情感历史化是否有意义,另一方面质疑将正义的概念非历史化是否有意义。[44]要理解雷迪的观点以及反对它的观点,我们必须理解情感痛苦的概念。

73　　"情感痛苦"并没有以一种普遍的方式来定义痛苦。它并不试图赋予情感痛苦一种超越历史的价值。相反,这种痛苦是某种特定体制所要求的情感风格,与人们努力使内在情感和规范相匹配所需付出的努力之间的差距的衡量标准。如果情感表达的失败遭到某种形式的惩罚,无论是直接的身体惩罚还是间接的社会惩罚(如排斥),失败的代价都很高。同样,这并不能确定痛苦的确切形式,而只是指出了不遵守规则的后果。在上文概述的严格的体制的例子中,可以假定有很大程度的情感痛苦。但情感表达的失败绝不局限于极端的政治格局。事实上,雷迪列举了"政治折磨"和"单恋"这两种情感痛苦[45],并指出资本主义民主通过"契约关系(即获得金钱和财产)"限制情感表达的范围,"那些依靠单一契约关系获得收入和社会身份的人……在实践中,他们可能采取的情感管理策略类型受到严重限制,尽管这些策略因企业或家庭的不同而千差万别"。[46]

　　雷迪迈出了更具争议性的一步,那就是利用这些概念工具做出"对自由的合理承诺"。[47]同样,他所说的自由,并不是支持社会的特定类型的政治结构,而是衡量个人在特定社会中的情感自由度。情感体制越严格,情感痛苦的程度就越大。一个人越是自由地去探索内心感受,发现自己的某些东西,不必担心违反表达规范的后果,那么情感痛苦的程度就越小。或者说,这就是理论。雷迪建议我们通过这个衡量标准评判情感体制:"唯一需要问的问题是,谁会受苦? 这种痛苦是情感导航不可避免的结果,还是这种痛苦有助于支撑一种限制性的情感体制? 也就是说,这种痛苦是一场悲剧还是

74　一种不公正?"[48]如果是不公正的,雷迪认为我们可以这样给它贴标签。

　　一般来说,历史学家都不赞成在有关政权的历史背景之外做出这样的判断。后现代主义的转向,可能在很大程度上已经自行崩溃了,但建构主义的一个重要遗产仍然是史学实践的核心,那就是我们在撰写历史时不能以自己的方式进行褒贬。这并不是要宣扬一种压倒一切的相对主义,这种相对主义阻止我们对任何事物发表任何实质性的意见,而是要指出历史主义

在根据其标准评估历史事件、政治制度、文化等方面的优势。通过抵制不合时宜的分析立场,历史学家并没有使自己无法做出历史判断。然而,他们担心做出的判断只会将他们置于历史的框架中,而不是对历史本身做出有意义的阐述。正如扬·普兰佩尔论述雷迪的理论时所指出的:

> 令人困惑的是,与雷迪的情感自由理念最接近的是市场经济中的自由民主和对少数人权利的坚实保护,而雷迪创造的超越历史和超越文化的立场,正是为了使这种具有说服力的政治价值观再次成为可能,而这一立场却恰恰与西方民主国家中为许多进步力量提供方向的乌托邦相吻合,即与雷迪自己的当代政治现实相吻合。[49]

简而言之,情感自由似乎与自由本身联系得过于紧密,正如情感痛苦似乎让人联想到一个自认为自由的当代美国人所面临的痛苦一样。雷迪试图在建构主义肆虐之后恢复人类学理论的一些政治内涵,难道不正是在恢复那种建构主义者短时间内乐此不疲、理直气壮地大加挞伐的元叙事吗?

　　还可以对将情感自由视为美德的一般框架提出批评。如果有人认为,体制并不只是在人们通过有意识的或"管理"的努力,以"正确"的方式表达情感的过程中发挥作用,而是在认知上具有建设性,也就是说,它在大脑中形成了新的突触发展,会在无意识的情况下发挥作用,那么,即使是最自由的体制,也会出现由于不知道如何去感受而造成情感痛苦的问题。在某种程度上,如果从神经史的角度来看,人类是在文化环境中进化而来的,这使他们倾向于对情感规范做出反应。[50]在规范完全缺失的情况下,如果可以假设一个完全没有文化的环境,很难想象那里的人们不会遭受情感痛苦。因此,有人可能提出这样的论点:如果情感规范在很大程度上取得了情感表达的成功,那么在更严格的情感体制下的情感规范,实际上可能会导致更少的情感痛苦。这就是优生学先驱弗朗西斯·高尔顿(Francis Galton)所设想的体制,他期望人们屈服于一个弥天大谎,让他们在情感上献身于一种强化优生优

75

育理念的祖先崇拜。[51]在假设其成功的同时,我们将面临一个两难的选择:一方面,由于缺乏情感上的痛苦,我们将其视为一个有德行的体制——那些本应遭受痛苦的人实际上被阻止来到这个世界上;另一方面,我们又必须承认,它划定国界的方式是种族主义的,而它领导人民的方式从根本上是腐败的。

在我看来,解决方案并不在于试图弥合普遍主义与建构主义之间的鸿沟,从而恢复人文学科中看似合理的政治取向。相反,如果我们将二元论完全瓦解,那么情感体始终与它们的特定环境处于动态关系之中。情感痛苦和情感自由成为从历史行动者的经验中推导出来的相对的衡量标准,而不是历史学家强加的衡量标准。历史学家并不特别需要对过去的体制做出判断,因为情感史让我们能够洞察过去的经验,而这反过来又让我们能够用自己的方式评判过去。但更重要的是,历史学家对过去的兴趣,始终在于理解因果关系,理解事情是如何发生或形成的,或者理解事情为何保持不变或看似保持不变。能够理解过去行动者的情感体验,根据他们的感受找到他们的动机和反应,是理解因果关系的一种很好的新方法,可以深入研究以情感的名义所做的事情。对情感体制中的情感表达进行分析,主要目的不应该是做出判断,而应是对过去的社会有新的理解,同时对我们自己的社会有新的认识。

这同样适用于雷迪的另一个主要创新,即"情感避难所",它完善了情感体制的要素。雷迪将其定义为:

> 一种关系、仪式或组织(无论是非正式的还是正式的),它能让人从普遍的情感规范中安全解脱出来,并允许放松情感上的努力,无论是否有理论依据,这都可能会巩固或威胁现有的情感体制。[52]

换句话说,避难所是一个"地方",情感风格的规范只适用于它们不存在的情况。在某种程度上,情感避难所中发生的情感表达,仍然是由避难所作为藏身之地的规范所塑造和定义的。容纳这一事实本身，就意味着与这个"自由"空间相对立的外部框架。情感避难所可能会像万圣节或忏悔节（狂欢节、嘉年华等）这样的日历活动一样，通过允许在特定的日子里对主流体制进行安全且可预测的颠覆，起到强化主流体制的作用。这种独特的包容性，通过强调所有通常不被允许的事情发挥作用，从而在违反既定规则的情况下凸显规则的存在。情感避难所还允许播种情感实践，这些情感实践原则上与更大体制的规范相对立。无论哪种情况，值得指出的是，避难所本身符合情感体制的定义。

　　避难所也可以通过仪式化的实践来定义和界定它们，虽然这些实践允许人们在一定程度上摆脱另一种情感体制，但也为其中的情感表达过程设定了条件。19 世纪伦敦的绅士俱乐部，可以说是家庭生活情感体制和公共生活情感体制的情感避难所，但它却有着相当严格的情感预期。[53]魏玛共和国卡巴莱的情感避难所，可能改变了可接受的性取向和性别认同的界限，但在重新绘制社会框架的过程中，它并没有消除社会框架。[54]德国路德派据点的教会，可能允许某种程度上躲避天主教的习俗和权力，但毫无疑问，改革后的习俗，比如新的敲钟符号学，不仅确保了新体制，而且明确解除了人们对天主教盛行的规范的普遍认识。[55]

情感共同体

　　"情感共同体"这一概念出自芭芭拉·罗森宛恩，她撰写了大量关于中世纪欧洲情感共同体的文章。[56]这一概念已被广泛采用，但其含义存在一些不确定性或缺乏一致性。[57]因此，有必要回顾罗森宛恩最初的贡献，以及她随后对什么是情感共同体、它是如何形成的以及它为何有用的澄清。

　　罗森宛恩用最清晰的术语定义了情感共同体。

> 它们与诸如家庭、社区、议会、行会、修道院和教区教会成员等社会
> 共同体完全相同，但研究者首先要揭示情感系统：这些共同体（以及其
> 中的个人）定义和评价对他们有价值或有害的东西；他们对他人情感的
> 评价；他们认可的人际情感纽带的本质；以及他们期望、鼓励、容忍和谴
> 责的情感表达方式。[58]

与雷迪不同，罗森宛恩将体验与表现区分开来，她主要致力于发展斯特恩斯的情感学。在罗森宛恩的著作中，作为这一概念核心的"情感标准"，被证明是在不同的社会层面和不同方式构成的群体中建构起来的，并且在不同的交叉点上相互关联。人们同时生活在多个情感共同体中，有时还生活在她所谓的"子共同体"中。[59]每个共同体的准则和标准在个人层面上相互竞争，个人根据情境调整自己的情感表达。然而，这其中最重要的一点是，一个情感共同体和另一个情感共同体之间的任何联系，都必须取决于"新的情感共同体的准则"不会"与原来的共同体截然不同"。[60]当完全不同的共同体重叠时，理解情感导航就变得更加困难了（这种情况显然在历史上时有发生），但我现在将回到这一点。

对标准的强调，使罗森宛恩能够在表达（或表演）与体验之间保持理论上的距离。对于探索情感共同体表达标准的历史变化原因而言，真实性或体验感受的问题都是次要的。[61]通过表达，罗森宛恩几乎将自己完全限制在历史性地使用情感语言来追踪历史变化上，而这也是她对威廉·雷迪提出的批评。[62]其他形式的表达，比如面部和手势，无疑在中世纪的资料中更难找到，尽管如此，罗森宛恩还是强调了语言的重要性，强调共同体的准则在很大程度上是通过共同体词汇来执行的，因为我们"通过这些语言理解我们的'真实感受'"。[63]因此，她批判性地意识到体验与表达之间的关系，并试图将表演与对情感的影响联系起来，但真实的情感与表达的情感的二元关系仍然是隐含的。[64]

罗森宛恩认为情感共同体的重要性在于，这一概念通过与狭义的政治

79

无关的方式,开启了对情感表达的研究。罗森宛恩在情感史研究领域的职业生涯中,始终对情感与政治或情感与国家之间的联系,保持着明确的谨慎态度。这是她批评雷迪的情感体制的主要原因,因为她将"体制"一词狭义地、字面地理解为民族国家,或者强烈地暗示这种指涉。[65]这一说法的依据可能来源于雷迪在《感情研究指南》中的声明,也可能来源于雷迪所明确的正式定义中的次要条款,在声明中他首次引入了情感体制:"任何持久的政治制度,都必须建立一种规范的情感秩序作为其基本要素,即'情感体制'。"[66]然而,即使该书没有进一步澄清或限定,但更详尽的描述显然扩大了其适用范围,包括"仅在某些机构(军队、学校、神职机构),或仅在一年中的特定时间或生命周期的特定阶段,使用如此严格的情感纪律的体制"。[67]显然,罗森宛恩讨论的共同体类型,可能是雷迪讨论的体制类型(尽管在《感情研究指南》的具体案例研究中,讨论的体制是专制主义的政治类型)。罗森宛恩希望我们把视野放得更宽,审视社会各个层面的情感共同体。

80

罗森宛恩对雷迪的批评采用了"政治"一词的狭义定义。毕竟,她的作品充满了情感政治,我指的是界定和执行情感标准的权力结构,而情感标准正是她分析的基础。毫无疑问,她主要论述那些以宫廷和宗教精英为中心的群体,其权力动态贯穿其中,这为他们的词汇选择和使用提供了理论依据。反过来,雷迪反驳了她对"情感体制"概念的批评,并证明了这一概念的广阔前景。只要情感风格是"通过流言蜚语、排斥或降级等惩罚手段"实施的,任何社会情境似乎都可以具有情感体制的特征。[68]在雷迪看来,"当惩罚和排斥的总和形成一个连贯的结构,并且一致性问题成为个人的决定性问题时",情感风格就变成了一种情感体制。[69]总之,任何在罗森宛恩看来是情感共同体的东西,在雷迪看来也可能是情感体制。两者的不同之处与相似之处相比显得微不足道。

这两个概念都可以进一步推进,我将这方面的实质性工作留在第八章和结语部分。目前,我只能说,这两个概念的共同之处在于,它们都倾向于分析发生在社会交往中的情感表达。无论是私人通信的书信还是法庭上的证词,从根本上将情感共同体和情感体制联系在一起的,是情感向他人表达或说出情感的必要性。在某种程度上,这是留下历史痕迹的方式的结果。除非有日记记录,否则我们无法了解私人的、独处的时刻。

然而,根据彼得·盖伊留下的关于历史探索无意识的必要性的线索[70],人们可能会争辩说,当个人独处时,情感共同体并没有缺席;情感体制并不会因为无人关注就停止发挥其力量。事实上,实践理论家可能会认为,有意识与无意识之间的壁垒应该被打破:心灵的任何部分都不属于这个世界,因此也就不存在不受世界影响的隐秘角落。习性不会被打开和关闭。当我们独处时,情感表达过程——当我们琢磨自己的感受时,社会动态的存在——并没有被消除,从而让我们接触到纯粹或真实的东西。反之,则有悖于斯特恩斯、雷迪和罗森宛恩努力构建的情感史。因此,私人生活史学家有可能深入挖掘这些词语的字面含义。因为私人生活中发生的事情,诸如我们在日记、从未寄出的信件、自传写作等中读到的事情,与社会交往中发生的事情一样,都是情感规范的社会晴雨表。因此,情感共同体并非"完全等同于社会共同体",或者说至少不仅仅如此;情感共同体是具体化的、内化的,始终在我们表达情感的努力中发挥作用。因此,情感共同体与情感体制有许多共同之处,并且在概念上也可以等同于情感体制(如果剔除雷迪希望从中提取的价值判断成分)。

事实证明,在过去几年里,情感共同体在情感史学家中产生了巨大的影响,许多人不加批判地直接引用这一概念,也有一些人对其进行了批判性的重新研究。例如,马克·西摩(Mark Seymour)认为,"明显不同的情感共同体,可能会以意想不到的和令人震惊的方式重叠",以法院为例的行政机构和权力机构说明了这一点。[71]这是展示个人情感风格的更广泛项目的一部分,其中明显的矛盾和不一致被赋予了应有的合理性。[72]一旦我们开始探索情感共同体的边界,就会发现它们是模糊不清、形态不定的,并且可能会

81

因个体的不同而呈现差异。情感共同体可能更像是历史学家想象中的现象，而不是初看时那样。苏珊·布鲁姆霍尔（Susan Broomhall）更倾向于用"社会性"来表述，在这里，情感规范定义了那些被卷入特定空间（物理空间或概念空间）的人的体验，无论他们是否属于这个空间。[73]儿童史研究也推动了对情感共同体不稳定性和偶然性的分析，旨在修正和取代这一概念（见第七章）。

就萨拉·艾哈迈德而言，她对情感集体有不同的理解，她试图探讨"情感是如何让'集体'看起来就像一个身体"。[74]在这种情况下，明确地说，集体是在共同情感的基础上形成的，也就是说，它"仅仅是""我们对他人的感受"的一种"影响"，这些人可能"属于"也可能"不属于"集体，但都是被想象出来的。[75]与集体的结盟使人们超越了他们所处的地域，这绝不是最近才出现的现象。当我们想到那些通过面对面接触以外的方式（有时是因为缺乏这种接触）聚集在一起的情感集体时，"共同体"就失去了一些吸引力。

这样的分析引出了一个问题，即共同体是因共同的情感风格而相互联系，还是情感风格是在形成于认识论之前的共同体感知和实践的基础上产生的？古典世界的公民、启蒙运动的文学家或当代美国的白人至上主义者之所以走到一起，是因为他们有着共同的情感体验，还是这种共同的情感体验源于他们对相互联系的假设以及这种联系的体验？与罗森宛恩和雷迪一样，艾哈迈德将个人与社会置于一种动态关系中，但她走得更远。她没有设想内在情感和外在情感的规则或规范，而是认为情感行动产生了"内在和外在的区别"。[76]换言之，与他人的情感互动先于内在和外在的区别，也是内在和外在区别的原因。这些概念是弄清情感互动的含义和感觉的结果。它们是留下的印象的标志。

历史学家可能会觉得，这样的立场对他们来说用处不大。毕竟，情感史学家通常不会把情感本身作为目的，而是把情感在社会中的作用作为目的。然而，这正是艾哈迈德关注的方向。关于内在和外在的概念，以及情感基于

82

83

何种感受的观点,导致了社会主张和实践是知识主张的结果。换言之,如果我"知道"某事,我就会根据"知识"采取相应的行动。如果你理解我是如何"知道"我声称知道的,你就能理解我的动机、行动、立场,以及我为什么称我的"共同体"为我的共同体。艾哈迈德在解释她的理论时,考虑到了当今的权力动态和社会结构。按照她的方法,找到互动和运动对过去行动者知识主张的不同影响,对历史研究具有巨大的潜力。这样的研究将超越罗森宛恩为不同时期、不同地点的不同情感共同体所收集的证据,进而研究这些共同体看起来像共同体的原因。是什么让它们结盟? 与谁结盟? 是什么使它们随着时间的推移,变得不一致或不同程度的一致? 艾哈迈德可能会说,情感共同体是平面,或者说是有边界的空间,真正的问题在于,这些平面是怎样通过感觉、评价、转化和体验的精确顺序出现的。从这个角度来看,情感共同体是一种效应,它们本身不是具有分析性的实体,而是描述性的实体。

【注释】

[1] P. N. Stearns and C. Z. Stearns, "Emotionology: Clarifying the History of Emotions and Emotional Standards", *American Historical Review*, 90(1985): 813—836.

[2] Stearns and Stearns(eds), *Emotion and Social Change*, 3.

[3] P. N. Stearns, *American Cool: Constructing a Twentieth-century Emotional Style*(New York and London: New York University Press, 1994), 14.

[4] A. R. Hochschild, "Emotion Work, Feeling Rules, and Social Structure", *American Journal of Sociology*, 85(1979): 551—575; A. R. Hochschild, *The Managed Heart: Commercialization of Human Feeling*(Berkeley and Los Angeles: University of California Press, 1983).

[5] Stearns and Stearns, *Anger*, 14.

[6] Stearns and Stearns, "Emotionology": 813.

[7] Stearns and Stearns, *Anger*, 15.

[8] Stearns and Stearns(eds), *Emotion and Social Change*, 7.

[9] P. N. Stearns, *Jealousy: The Evolution of an Emotion in American History*(New York: New York University Press, 1989), 5.

[10] 除上述参考资料之外,参见 P. N. Stearns, *Battleground of Desire: The Struggle for*

Self-Control in Modern America(New York：New York University Press，1999)。

[11] J. Lewis and P.N. Stearns，"Introduction"，in P.N. Stearns and J. Lewis(eds)，*An Emotional History of the United States*(New York：New York University Press，1998)：1—14，at 2.

[12] W. Reddy，"Against Constructionism：The Historical Ethnography of Emotions"，*Current Anthropology*，38(1997)：327—351.雷迪在他的《感情研究指南：情感史的框架》中更全面地阐述了这一概念(Cambridge：Cambridge University Press，2001)。

[13] Smail，*Deep History*，119.

[14] Reddy，引自 J. Plamper，"The History of Emotions：An Interview with William Reddy，Barbara Rosenwein，and Peter Stearns"，*History and Theory*，49(2010)：237—265，at 240。

[15] H. Kerr，D. Lemmings and R. Phiddian(eds)，*Passions，Sympathy and Print Culture：Public Opinion and Emotional Authenticity in Eighteenth-century Britain*(Houndmills：Palgrave，2015).

[16] Reddy，"Against Constructionism"：331；参考比较 D. Martin Moruno and B. Pichel(eds)，*Emotional Bodies：Studies on the Historical Performativity of Emotions*(Urbana-Champaign：University of Illinois Press，2018)；J. Moscoso，*Pain：A Cultural History*(Houndmills：Palgrave，2012)；E. Sullivan，*Beyond Melancholy：Sadness and Selfhood in Renaissance England*(Oxford：Oxford University Press，2016)；K. Barclay，"Performance and Performativity"，in S. Broomhall(ed.)，*Early Modern Emotions：An Introduction*(New York：Routledge，2016)，所有这些都强调情感表达的表演性。

[17] 愤怒产生了数量庞大的作品。参见 Stearns and Stearns，*Anger*；B. Rosenwein(ed.)，*Anger's Past：The Social Use of an Emotion in the Middle Ages*(Ithaca：Cornell University Press，1998)；R. Barton，"Gendering Anger：*Ira*，*Furor* and Discourses of Power and Masculinity in the Eleventh and Twelfth Centuries"，in R. Newhauser(ed.)，*In the Garden of Evil：The Vices and Culture in the Middle Ages*(Toronto：Pontifical Institute of Mediaeval Studies，2005)；W.V. Harris，*Restraining Rage：The Ideology of Anger Control in Classical Antinquity*(Cambridge，MA：Harvard University Press，2001)；Y. Haskell，"Lieven de Meyere and Early Modern Anger Management：Seneca，Ovid，and Lieven de Meyere's *De ira libri tres*(Antwerp，1694)"，*International Journal of the Classical Tradition*，18(2011)：36—65；M. Pernau，"Male Anger and Female Malice：Emotions in Indo-Muslim Advice Literature"，*History Compass*，10(2011)：119—128。

[18] Hochschild，"Emotion Work".

[19] Reddy，"Against Constructionism"：331.

[20] Boddice，"Affective Turn"，158—163.

[21] Hochschild，"Emotion Work"：567.

[22] Hochschild，"Emotion Work"：568.

[23] Sullivan，*Beyond Melancholy*，*passim*.在第一章中介绍术语"情感即兴表演"。

[24] S. Ahmed，*The Cultural Politics of Emotion*(Edinburgh：Edinburgh University Press，2004)，196.

[25] R. Boddice，review of *The History of Emotions：An Introduction*(review no. 1752)，*Reviews in History*，www. history. ac. uk/reviews/review/1752，访问日期：2016 年 12 月 13 日。

[26] Reddy，*Navigation*；Reddy，"Saying Something New"，8—23.

[27] Reddy，引自 Plamper，"Interview"，240.

[28] Reddy，引自 Plamper，"Interview"，241.

[29] Reddy，引自 Plamper，"Interview"，242.

[30] 这里涉及的主要参考文献是 M. Scheer，"Are Emotions a Kind of Practice(and Is That What Makes Them Have a History)? A Bourdieuian Approach to Understanding Emotion"，*History and Theory*，51(2012)，193—220。

[31] C. Darwin，*The Expression of Emotions in Man and Animals*(London：John Murray，1872)，335.

[32] 参见 D. M. Gross，"Defending the Humanities with Charles Darwin's *The Expression of the Emotions in Man and Animals*(1872)"，*Critical Inquiry*，37(2010)，34—59。

[33] 更多情感史的内容，尤其是脸红的来龙去脉，参见 O. Dror，"Seeing the Blush：Feeling Emotions"，in L. Daston and E. Lunbeck(eds)，*Histories of Scientific Observation*(Chicago：University of Chicago Press，2010)，326—348；P. White，"Reading the Blush"，*Configurations*，24(2016)，281—301；A. Kay，"'A Reformation So Much Wanted'：Clarissa's Glorious Shame"，*Eighteenth-century Fiction*，28(2016)，645—666；C. Castelfranchi and I. Poggi，"Blushing as a Discourse：Was Darwin Wrong?"，in W.R. Crozier(ed.)，*Shyness and Embarrassment：Perspectives from Social Psychology*(Cambridge：Cambridge University Press，1990)，230—251.

[34] Reddy，*Navigation*，129.

[35] Reddy，*Navigation*，125.

[36] Reddy，*Navigation*，125.

[37] Reddy，*Navigation*，125.

[38] Reddy，*Navigation*，125.

[39] Reddy，*Navigation*，125.

[40] 我在此仅列举几个例子。在谷歌学术搜索中搜索"情感体制"一词，就会发现该词的使用范围非常广泛，超出了国家的层面。但对于与国家有关的案例，参见 O. Rozin，"Infiltration and the Making of Israel's Emotional Regime in the State's Early Years"，*Middle Eastern Studies*，52（2016），448—472；H. Flam，"The Transnational Movement for Truth，Justice and Reconciliation as an Emotional(Rule) Regime?"，*Journal of Political Power*，6(2013)，363—383；A. Tikhomirov，"The Regime of Forced Trust：Making and Breaking Emotional Bonds between People and State in Soviet Russia，1917—1941"，*Slavonic and East European Review*，91(2013)，78—118；M. Caruso，"Emotional Regimes and School Policy in Colombia，1800—1835"，in S. Olsen(ed.)，*Childhood，Youth and Emotions in Modern History：National，Colonial and Global Perspectives*(Houndmills：Palgrave，2015)。

[41] Reddy，*Navigation*，127.

[42] Reddy，*Navigation*，128.

[43] Reddy，*Navigation*，122—129.

[44] 具体参见普兰佩尔的延伸讨论，Plamper，*History of Emotions*，261—265。

[45] Reddy，*Navigation*，129.

[46] Reddy，*Navigation*，127.

[47] Reddy，*Navigation*，130.

［48］Reddy，*Navigation*，130.

［49］Plamper，*History of Emotions*，262.

［50］参见第六章以及斯梅尔的《深度历史》(*Deep History*)。

［51］这就是高尔顿未发表的小说的情节。参见 Boddice，*Science of Sympathy*，124—125。

［52］Reddy，*Navigation*，129.

［53］A. Milne-Smith，*London Clubland：A Cultural History of Gender and Class in Late-Victorian Britain*(Houndmills：Palgrave，2011).

［54］M.J. Schmidt，"Visual Music：Jazz, Synaesthesia and the History of the Senses in the Weimar Republic"，*German History*，32(2014)：201—223；J.S. Smith，*Berlin Coquette：Prostitution and the New German Woman*，1890—1933 (Ithaca：Cornell University Press，2013).

［55］P. Hahn，"The Reformation of the Soundscape：Bell-ringing in Early Modern Lutheran Germany"，*German History*，33(2015)：525—545.

［56］罗森宛恩把这个概念介绍给了历史学家，B. Rosenwein，"Worrying about Emotions in History"，*American Historical Review*，107(2002)：821—845；她在《中世纪早期的情感共同体》(*Emotional Communities in the Early Middle Ages*，Ithaca：Cornell University Press，2006)和《世代相传的情感》(*Generations*)中，进一步发展了这个概念。

［57］对于它在实践中的多样性，例如参见 A. Chaniotis，"Emotional Community through Ritual：Initiates, Citizens, and Pilgrims as Emotional Communities in the Greek World"，in A. Chaniotis(ed.)，*Ritual Dynamics in the Ancient Mediterranean：Agency, Emotion, Gender, Representation*(Stuttgart：Steiner Verlag，2011)，264—290；S.C. Bolton，"Me, Morphine, and Humanity：Experiencing the Emotional Community on Ward 8"，in S. Fineman(ed.)，*The Emotional Organization：Passions and Power*(Oxford：Blackwell，2008)，15—26；M. Jimeno，"Lenguaje, subjetividad y experiencias de violencia"，*Antipoda*，5(2007)：169—190。

［58］Rosenwein，"Worrying"：842.

［59］Rosenwein，*Generations*，3.

［60］Rosenwein，"Worrying"：842—843；Plamper，"Interview"：256.

［61］Rosenwein，"Problems"：1—32，at 21.

［62］参见 Plamper，"Interview"：241。

［63］Rosenwein，*Generations*，5.

［64］Rosenwein，*Generations*，6.

［65］Rosenwein，"Problems"：22.

［66］Reddy，*Navigation*，124.

［67］Reddy，*Navigation*，125.

［68］Plamper，"Interview"：243.

［69］Plamper，"Interview"：243.

［70］Gay，*Freud for Historians*，209.

［71］M. Seymour，"Emotional Arenas：From Provincial Circus to National Courtroom in Late Nineteenth-century Italy"，*Rethinking History*，16(2012)：177—197，at 192.

［72］B. Gammerl(ed.)，"Emotional Styles—Concepts and Challenges"，*Rethinking History*，16(2012)特刊。

［73］S. Broomhall，"Introduction"，in S. Broomhall(ed.)，*Spaces for Feeling：Emotions and*

Sociabilities in Britain，*1650—1850*（London：Routledge，2015），2—3.

［74］S. Ahmed，"Collective Feelings：Or，the Impressions Left by Others"，*Theory*，*Culture and Society*，21(2004)：25—42, at 27；参考比较 Broomhall，"Introduction"，in Broomhall（ed.），*Spaces for Feeling*，1。

［75］Ahmed，"Collective Feelings"：27.

［76］Ahmed，*Cultural Politics*，10.

第四章　权力、政治和暴力

如果我们考虑从兰克到理查德·埃文斯（Richard Evans）的历史编纂
学，就会发现历史叙事在处理公共事务时往往倾向于采取一种截然对立的
态度。历史的职责最初是记录公共生活的动态，而公共生活是理性的领域。
这里没有情感的容身之处，它会扰乱政治。当情感出现时，它很容易被认为
是一种反常现象：一种不受欢迎的偏离，通常会使政治陷入灾难。严格来
说，在历史学科存在的大部分时间里，历史实践都与寻求合理的思想和合理
的实践联系在一起。思想史、政治史、外交史以及科学史和/或知识史都是
建立在这一前提之上的。从 20 世纪 60 年代起，随着历史学科开始转向新的
焦点，如妇女、家庭和儿童，情感也得到了应有的重视。但由于私人领域的
"家庭"被奉为情感领域，理性与情感之间的原始对立得以保留。

在过去几十年的历史研究中，公共与私人、理性与感性之间的对立一直
在相互消解。然而，可以肯定地说，前一种二元性的崩溃比后一种二元性的
崩溃要早得多。公共与私人、家庭与工作、男性与女性之间截然不同的思想
和知识上的区分，已被对纠葛和社会导航的更复杂的理解所取代。[1]要使理
性与情感的分离与这些新的发展相一致，还有许多工作要做，这涉及两个不
同的项目。第一个项目是追求理性与情感之间的差异的普遍瓦解，这点已

在哲学、现象学和人类学等学科中引起了长期而广泛的关注。然而,在断言情感在理性中的作用,诸如"认知"或类似"情商"的时候,我们有可能将这一新的知识对象本质化了,这是有风险的。[2]请记住,情感史并不是在寻找一个可以普遍适用的主导范畴,而是在寻找概念和经验的灵活性。任何固定研究对象的情感模型,都将不可避免地限制它。

因此,第二个项目是研究情商在情境和实践中发挥作用的方式,即使在历史行动者可能没有意识到这一点,也要识别出它,并证明历史上对理性/情感二分的理解在公共和私人生活中对理性和情感体验的实质性影响。

洛琳·达斯顿(Lorraine Daston)和彼得·加里森(Peter Galison)在科学史上开创了这种研究方法的模式。他们在《客观性》(*Objectivity*)一书中的核心主张是,科学实践是有情感的,即使科学实践的主张与情感是对立的。为了说明这一点,达斯顿和加里森证明,将科学实践的客观性作为科学中立的核心原则是政治性的,它掩盖了科学家的情感行为和科学家之间的情感行为,使他们能够将自己的程序和结果呈现为无道德价值。[3]达斯顿和加里森展示了整个科学记录程序中语境、假设、排斥和情感的影响,如果从表面上看,这些程序只依赖于理性、超然和记录"自然"的精神气质,而不是对其进行解释。科学作为卓越的理性领域,被证明具有被压抑的情感和情感因素,这些因素有助于塑造和定义这种特定的理性定义和实践。此外,科学史不可避免地包含了理性的情感本质的证据,因为以理性的名义进行的实践会随着时间的推移而改变;从后见之明的视角来看,曾经被认为是合理的事情看起来恰恰相反。总之,实践者以正确和合理的名义进行实践,即使两者都不是。[4]情感史学家的优势在于深入这些实践,分析这些体验,引入一系列最初的行动者所不具备的反思。我们评判一个行动者,不仅要根据他说了什么、想了什么、感觉了什么,还要根据他因为这些想法和感受做了什么、没做什么。我们可以将他的表情、手势、行为、举止与他的同辈、前辈和后辈联系在一起,从而揭示出他的假设和信念,而他自己可能并没有意识到

86

这些。[5]

　　这种分析非常重要，它不仅有助于我们进一步了解经验史的具体情况，还有助于研究权力动态在权力行使者默许的情况下发挥作用的方式。客观性就是一个很好的例子。科学的社会地位来源于其知识主张。科学家不仅拥有非同寻常的知识，而且声称这些知识不受意识形态或政治偏见的影响。因此，许多科学实践者都认为科学实践并不具有教条主义和信条主义色彩，只是程序性的、平淡无奇的行为。如果它的假设、理论和结果不符合某些人的口味，那么就应该由这些人自己来调和。换言之，从这些角度来看，科学无法合理地与宗教等事物相抗衡，因为它们不是同类事物。科学是事实，宗教是信仰。事实证明，这种对立存在着巨大的问题，事实上，许多科学家越来越意识到他们的知识主张所具有的语境性和时间性。[6]这并不是说科学本身真的就是一种信仰形式（虽然历史上也有这种科学主义的例子），而是说科学的实践、程序和操作逻辑是可变的。科学与信仰或其他任何东西一样，都受到情感分析和建构主义分析的影响。这种分析旨在探究以下核心问题：科学的知识主张（或宗教主张）是如何赋予其力量，从而影响更广泛的社会群体对真理的看法。它不仅关注思想中的权威结构，还关注这些思想如何向公众或以何种形式呈现。[7]它旨在理解情感准则、情感风格、情感体制等是如何被制定的，又是如何以隐性和显性的方式被执行的。

　　这种分析的重要性超出了知识体系和信仰体系的范畴，涉及各级政治权力的核心。诺贝特·埃利亚斯对欧洲宫廷文化中不断变化的礼仪规范进行研究，其背后的动力就是这种分析。即使我们选择放弃埃利亚斯关于这些礼仪规范被使用、内化和实践的方式的理论，"心理发生"与"社会发生"之间的关系也必须成立，这是他的叙述的核心真理：人们的感受方式与人们的实践方式（身体和社会）有着内在的联系，而人们的实践方式与权力者的规范也有着内在的联系。这种权力可能会伴随着真实的或象征性的暴力威

87

88 胁,也可能不会。[8]比如,它可能会积极地在贵族中引发"高贵的爱"。[9]无论情感以何种方式表达,或意欲何为,都无法摆脱其固有的社会性。用乔安娜·伯克(Joanna Bourke)的话说,"情感……在个人和社会之间起到调解作用。它们与权力关系有关。情感会导致自我与他人或一个群体与另一个群体之间界限的协商"。[10]如果有人反对说,情感体验往往是独自、私下发生的,那么我们应该记住,没有所谓的中立环境,没有社会关系之外的地方。独处并不会使人脱离伯克描述的过程。它可能提供了表达颠覆性的或越界的情感、思想、手势等的机会,但一个人自己仍然知道什么是颠覆和越界,这一简单事实表明情感表达过程的动态始终存在。

消失的情感

了解了制定情感规范的权力结构,我们也就了解了这些规范的变化方式。可以说,不断膨胀的情感痛苦可能会促使政治或政权的更迭,这正是威廉·雷迪在《感情研究指南》一书中提出的论点的基础,但权力结构的变化也可能会带来新的情感经济,而且这种情况可能更为常见。

总的来说,历史学家往往对新事物是如何产生的感兴趣。他们描绘改革与革命、发现与创新。偶尔,他们也会想知道某些事物是如何消失的。[11]但总体而言,他们关注的是替代品,而不是被替代的事物。情感史在这一点上有着本质的不同,因为情感史在探究新的情感或情感体制的出现,以及描绘情感风格的变化趋势的同时,也有重建失去的东西的动机。在某种程度上,这种动机是政治性的。如果历史学家能够为不复存在的情感体验提供证据,那么在某种程度上,就能为反对生物决定论者提供经验论据,并在总体上强化历史学家在情感研究中的作用。

89 但更深层次的动机是知识性的。它并不像辉格党的叙事那样,追问我们是如何形成的。相反,它追问的是,为了让后来发生的事情成为现实,故事中留下了什么、排除了什么、改写了什么和写下了什么。与大部分史学不同的是,情感史往往不会以对人性的假设开始。它们不会将冷静的理性和抽象的政治变革叙事应用到时间线上,也不会在"理性"似乎缺失的地方假设非理性的情感。简而言之,这些历史并不假定按照我们的方式来理解和认识历史行动者。它们的主要假设是,对过去的理解,源于对过去人物在其所处时代的体验和理解方式的重构。情感史学家宁愿冒部分误解或无法完全进入过去现实的风险,也不愿假设客观性和冒不合时宜的风险。

寻找"消失"的情感,有助于我们弄清楚人们为什么要这么做。这是历史研究的宗旨。我们都知道,在我们自己的世界里,行为的合理性往往是建立在当时"感觉"正确的基础之上,这是一种简略的说法,即在权衡各种因素之后,得出的总体印象是应该这样做,而不是那样做。我们称之为本能,或直觉,或类似的东西。归根结底,它是一种由认知、感觉、经验和情感组成的感觉。它是如此常见,以至于人们纵观历史学领域时会惊讶地发现,直到最近,这类事情才在历史推理中发挥重要作用。此外,如果我们能找到那些已经消失的情感,我们或许就能对导致它们消失的权力动态提出一些新的看法。因此,消失的情感具有双重解释力,既能告诉我们历史实践的情感背景,又能帮助我们阐明情感规范是如何发挥作用的。

两位著名的情感史学家分别提出了找回消失的情感的理念。1999 年,C. 斯蒂芬·耶格撰写了上文提到的"高贵的爱"的长篇历史;2011 年,乌特·弗雷弗特编著的娜塔莉·泽蒙·戴维斯(Natalie Zemon Davis)的演讲集《历史中的情感——失而复得》(*Emotions in History—Lost and Found*)出版。[12] 对弗雷弗特来说,消失的情感主要是荣誉。在这两种情况下,非常清楚的是,这些情感与权力和社会实践的动态密切而内在地联系在一起,这些情感的外在表现是建立社会权力关系和维护社会秩序的重要组成部分。就高贵的爱而言,(国王、宗教领袖或贵族)威严的效果,是激发一系列身体实

90

践和公开的敬畏宣言,其具体形式是爱与野心交织在一起。人们对掌权者的情感反应是倾注爱慕、忠诚和服从。它有别于浪漫爱情,在许多方面先于浪漫爱情,浪漫爱情主要是人之间的动态关系,是一种与美德有关而非与性有关的关系。奇怪的是,耶格将其描述为"首先是一种行为方式,其次才是一种感受方式"。[13]尽管如此,这种高度公开的体验显然不只是一种表演,我认为在耶格出版此书之后的这些年里,我们可能已经消除了行为与感受之间的距离或差异。这一点在他自己对高贵的爱的描述或定义中显而易见:

> 这是一种贵族式的自我表现形式。它的社会功能是展现所爱之人的美德,提升他们的内在价值,增加他们的荣誉,提高他们的声誉。它是(或者被视为)对所爱之人的美德、魅力、圣洁的回应……[14]

我们必须注意,提及社会功能并不能消除这种体验的意义。展现美德是一种情感的展示。提升内在价值是一种情感表达过程的直接参与。增加荣誉和提高声誉都可以被认为是根据他人对自己的评价来改善自己的感受。耶格非常谨慎地剔除了性的"现代性概念",以便在完全陌生的历史中重建这种爱。[15]这让他既能理解贵族关系为什么会如此发展,这种看似私人的情感,实际上却不可逆转地公开了,又能探索这种爱是如何被性别关系、美德政治以及变幻莫测的性和性爱的变迁所颠覆和(几乎完全)摧毁的。

妮可·尤斯塔斯并没有意识到她在追求同样的目标(她的作品中没有提到耶格),但她在自己的巨著中构建了类似的论点,该书讲述了1776年美国革命前的殖民激情。爱情和婚姻被证明是公共事务,与社会地位和抱负息息相关,并与自我的公共概念相关,在这种情况下,个人的利益即使被考虑到也是次要的,而共同体的利益才是最重要的。然而,在某种程度上,尤斯塔斯证实了耶格的论点,因为在她列举的所有18世纪的例子中,婚姻政治和爱情的公共性质,都因性别动态而复杂化,并隐含地因性别而复杂化。18世纪,女性在社会中的地位被婚姻所吸收和否定,正如男性的地位可能因婚姻而得到提升一样,从而凸显了耶格所说的"浪漫困境"或"将美德与性结合起来"的问题。[16]一个有社会抱负的女性,培养一种新的、个性化的自我意识,在这种情况下,她会发现很难甚至不可能将这种抱负与婚姻结合起来。出于私人的浪漫爱情而结婚,也可能因为"草率的婚姻"的糟糕社会形象而导致地位的丧失。随着自我概念诸如个人和集体的竞争,私人和公共的爱的实践也在竞争。尤斯塔斯所描述的那种高贵的爱、对国王的殖民权威的爱、对那些代表国王的人和机构的爱,被一扫而光,这使得公共之爱的图景发生了变化。那个时代的社会包办婚姻和联盟在今天几乎不复存在,我们很难将这些结合所宣示的爱视为真正的爱。正是在这些令人难以置信的时刻,当我们默默地重申某种稳定的情感真实性的概念时,我们需要抛开我们的假设,并试图构建一幅关于这种情感真实面貌的图景。

近年来,出现了大量关于各种未知或至少不熟悉的情感的作品,特别强调权力或权威如何影响或塑造人们的体验。虽然弗雷弗特充分发展了将荣誉的丧失作为一种情感的论点,但安德烈亚斯·霍尔格·梅勒(Andreas Holger Maehle)则以另一种模式重新提出了荣誉问题,并以一种不同的更官僚化的管理形式暗示荣誉作为一种情感的存在。[17]戴维·康斯坦(David Konstan)曾对希腊语和拉丁语中的"怜悯"概念——*eleos*,*oiktos*,*misericordia*——的变迁进行了著名的研究。他指出这些概念依赖于怜悯者和接受怜悯者之间权力关系的不对称性,并注意到我们的"情感词典"中"存在着多重含义"。我们把这些东西称为"怜悯",还有其他一些东西,这取决于语境,但是原词并没有被现代英语沿用(不像其他许多希腊语和拉丁语术语,几乎原封不动地保留了下来),这表明既有一些东西保留了下来,也有一些东西遗失了。[18]

性别、阶级、政治

性别的历史就是权力的历史。我不想在这里对历史上有关性别的史学进行梳理，只想指出性别史与情感史的一些有益交集。对于情感史学家来说，情感或类似情感的东西，在多大程度上被用作性别差异的概念和经验标记。换言之，生物学上确定的情感概念，如何支持性别差异的叙事，以及基于这种差异的社会和政治排斥的叙事？现在人们普遍认识到，生物特性通常被用来强调身份类别，将性与性别混为一谈。身体作为一种生物学上的恒定因素，一直被用来试图制定强与弱、坚毅与善变、抽象智力与智力极限等指标，从而获取社会和政治的优势。身体差异不仅限于性器官，还包括大脑的大小和品质的差异，以及身体组织和身高等差异。[19]纵观历史，女性的身份可以归结为对女性身体（想象中的）特质的描述。

因此，那些声称情感也包含在生物恒定性中的人的政治意义就显现出来了，尤其当这些恒定性在不同性别的身体中的解释不同的时候。在 20 世纪的大部分时间里，生物学界都认为女性的内在情感与男性的情感是不同的。他们被置于不同位置，以不同的方式体验和表达。通常，人们认为女性更容易受到情绪波动的影响，更容易被非理性的爆发所征服，也更不容易应对情感压力。为此，人们认为女性无法忍受高等教育，因为她们的情感会被高等教育压垮。[20]这种男性化的追求可能会损害她们的生理和身体的限制，导致疯狂、不孕或危险的激进主义。虽然这些观点可能是 19 世纪和 20 世纪初欧洲和美国特有的，但它们表达了一个更长的关于性别权力动态的故事，即女性的自卑与她的情感状态有关。

这方面的证据，可见于 18 世纪欧洲所谓的感性时代和感伤小说的兴起，据说这种小说可能会让女性沦为激情的废墟。[21]在古典时代也可以找

86

到证据，女性被排除在公共生活之外，受制于显而易见的男性生殖器主导规则，并通过提及子宫令人不安的游荡倾向，提醒她们在激情方面的缺陷。[22]这一显著的理论，可追溯到公元前 5 世纪的希波克拉底（Hippocrates），在公元前 2 世纪被盖伦（Galen）更新并重新注入活力，甚至直到 19 世纪仍是盖伦医学的核心信条。[23]在启蒙运动后的时期，许多歇斯底里症病例（我们现在将其与情绪崩溃联系在一起，字面意思是指游荡的子宫）并不归因于子宫的物理运动，但这种典型的女性失控情绪的爆发，往往被归因于子宫，或者与女性生理固有的女性性行为有关。[24]一方面是疯癫的历史，另一方面是那些希望治愈疯癫的人和机构的历史，至少在一定程度上，隐含着关于性别身体的情感能力（或控制情感的能力），以及它们可以被训练、解释、管理、操纵和药物治疗的程度。

例如精神分析史和精神病学史，向情感史开放的可能性已被广泛探讨。[25]治疗师和患者之间的权力不对称是众所周知的，精神病院、诊所和沙发上的复杂性别动态也是如此。情感史关注的重点是，强势主体如何制定规范，并将其投射到其他必须服从的个体，这为该方法增添了一个额外的层面。在分析工作基于如下假设的情况下，即情感和情感病理学具有普遍性的身体和普遍性的体现，分析史可以解构这种叙述，说明性别权力动态是如何在一定程度上围绕强加的情感框架构建起来的。

分析权威是基于一种规范的情感风格的概念，它将这种风格内化于自身，并通过与自身的比较衡量他人的情感风格。因此，我们可以从它的历史态度中看到一种普遍情感的理论，并描绘出它随着时间的推移而发生的变化。此外，我们还可以重新解读患者的证词和经历，证明努力表达情感在临床环境中的效果及其更广泛的社会影响。[26]情感正统观念的表述和定位，在那些声称治疗情感障碍的人的作品中最精确和明确。作为不同时期和不同地点的情感风格的晴雨表，以及对情感规范的部署和执行方式的清晰印象，我们不妨查看不同类型的精神病院医生、精神病学家和精神分析师的记录。在这些地方,我们可以清楚地看到情感"出错"时的明显表现,以及它们倾向于与女性特质联系在一起,这也是历史行动者认为情感"正确"及其与男性气质相关的完美指标。[27]

情感史也使男性气质研究变得更加复杂和丰富,尤其是它颠覆了大量或隐含或明确地将男性气质与权力、权力与理性联系在一起的史学工作。无论是从历史记录本身,还是从历史学家利用历史记录创作的作品来看,理性与情感的对立程度都是令人震惊的,前者与男性的抽象思维能力、治理能力和领导能力联系在一起,后者则与女性的非理性、柔弱、女性是否适合家庭角色,以及她们是否有能力参与更具男性气质的公共领域联系在一起。虽然多年来性别史学家一直致力于揭露和批判这种观点的不公正,以及父权制结构如何助长了这种观点的盛行,但直到最近,历史学家才从情感科学中借鉴了新的认知理解,摧毁了理性/情感的二元对立。[28]这一结果有望进一步修正男性气质史研究,重新审视男性理性作为一种情感化性别实践的意义。[29]

96　　　我们可以肯定地说,认知过程总是涉及情感行为。在这一点上,各学科达成了普遍共识,即使精确的结构存在争议。[30]将理性与情感分离,就好像理性在某种程度上是纯粹的智力,这种观点已不再站得住脚。事实上,在认知过程中表现出来的冷静、镇定或沉着,本质上就是老生常谈的"用脑而不是用心做决定",但实际而言,它们与其他任何表现形式一样,都包含着情感因素。早在 1994 年,彼得·斯特恩斯在《美国式冷静》(*American Cool*)一书中明确指出,情感"与认知过程有关,因为它们涉及对自身冲动的思考,并将其作为情感体验本身的内在组成部分进行评估"。[31]在大脑和身体中,由于体验的回忆、符号的处理和身体自身的唤醒状态,情感与理性并不是独立的、可区分的过程。相反,它们相互形成,也通过对方而形成,因此,理性中始终存在着情感和体验。[32]心理学家创造了"认知情感"一词,这是一个将认知和情感结合在一起的合成词,以反映对情感在认知中作用的新理解。[33]因此,理性的概念可以被解读为一种情感规范,随着时间的推移以各种方式表达出来,这往往会将有权势的人与没有权势的人区分开来,而且往往是按照性别区分的。

因此,情感史有可能揭示性别关系的结构动态,因为它们是由男性权力代理人强加的。这也为我们提供了新的视角,让我们了解女性在多大程度上被纳入性别情感体制的情感表达过程,而情感表达的成功实际上只是对她们被征服的肯定。对父权制的抵制同样属于情感研究的范畴,因为任何颠覆男性权力范畴的尝试,都可以被解读为颠覆性别情感体制的尝试。例如,当阿里斯托芬(Aristophanes)以讽刺的方式,探讨雅典议会中那些允许生长体毛并留着假胡子的女性窃取权力时,他就在展示与身体力量相关的情感价值的脆弱性。这种男性权威的象征是理性法治的标志,但归根结底,理性法治的双方都受到了不正常的性偏好的驱使。[34]

理性/情感二元对立的瓦解,也改变了我们对公共生活与私人生活之间,以及阶级关系之间动态关系的研究。20 世纪 80 年代中期,当彼得·斯特恩斯和卡罗尔·斯特恩斯仅靠他们自己试图将情感史付诸实践时,他们回顾了迄今为止对情感的有限分析。他们发现,人们倾向于按照公共生活和私人生活的标准,来划分理性和感性的存在。对不同领域概念的研究,揭示了一种有趣的结构现象,即公共生活中高度男性化的结构,以及家务和家庭生活中高度女性化的结构。正是在这种情况下,情感关系在一定程度上被视为一种公平的游戏。根据当时的推理,情感不是公共生活的一部分。如果公共生活中确实出现了情感,就会被认为是理性的崩溃,不适合人类政治事务。

几十年来,政治史的主流趋势一直侧重于精英的权力运作,但是自下而上的历史新趋势却反映了这种分析。导致政治示威、聚集、骚乱等的群众运动,被迫具有战略推理的公共政治特征,因为将它们与情感行为联系起来,似乎有诋毁这些运动的风险。根据马克思主义对 20 世纪 60 年代和 70 年代的分析,如果行为是由情感主导的,那么它们就不是政治平等的行为,不是有意为之的,不值得认真分析。为了使工人阶级政治成为一个值得认真研究的课题,人们认为有必要剔除其明显的情感性,剔除情感传染的"狂野"体验,将集体行为解析为预先确定的政治策略。斯特恩斯夫妇很早就开始研究这种推理,从那时起,我们认知方式的改变也为他们提供了帮助。情感行为事实上(*ipso facto*)并不是非理性的行为,正如"合理的"行为事实上并不是没有情感一样。大量的历史记录表明情况恰恰相反,历史学家也默认了这一点,这为修正主义提供了巨大的可能性。我们提出的问题发生了变化:不再是"理性的人做了什么?"或"他们的情感反应是什么?",而是"人们在断言自己的理性不受情感影响的基础上做了什么?"或"他们的认知反应是什么?"。

作为人类

正如情感史为阶级和性别开辟了新视野一样,它也为种族和民族的历史开辟了新视野。近几十年来,学者在解构划定社会排斥界限的权力载体方面取得了巨大进展。我们知道白人的概念,也知道作为人的政治定义,这两者都对社会和政治包容的限度做出了不同的界定。[35]我们还知道这种排斥的经历,因为次殖民地和后殖民主义研究,为被压迫者、被奴役者、被殖民者和受歧视者的发声提供了平台。

情感史的潜力在于为包容/排斥的双方增添经验色彩,审视情感规范在压迫者的世界中的影响,以及种族主义结构通过差异感受得以实施的方式。[36]种族主义的情感优越性概念隐含在将其他种族描绘为情感上野蛮的行为中。直到最近,这可能还被解释为对种族主义世界观的知识性粉饰,但现在我们开始看到,情感差异的概念是如何影响对其他种族的情感体验和情感认知的。与此相反,尽管程度较低,我们也开始看到一些证据,权力动态如何强调其他种族的情感野蛮性,从而对排斥边界另一边产生影响。服从压迫者的规定包括情感上的服从,这就形成了极其严格的情感体制,挑战那些被认为是劣等种族的人,让他们达到几乎不可能的情感表达标准,因为情感表达往往是在极为严酷或残酷的条件下进行的。[37]也许最有趣的研究是探索情感他者化的结构,以及情感规范如何有效地将殖民压迫的奴役经历,转化为仁慈、怜悯和人道主义的殖民愿景。当他人因强加的情感或情感上的自卑被排除在人类领域之外时,合乎逻辑的推论是,殖民秩序是为了殖民地人民的利益而施加于他们身上的。[38]

总而言之,这些按照性别、阶级和种族划分的权力动态结构,构成了人的历史,而情感史可以为此做出实质性的贡献。许多学者指出,那些被权贵贬为人之外的一类人,在不同时期,包括妇女、儿童、非洲奴隶、爱尔兰人、世界各地的原住民,以及其他许多人,他们的非人类或次人类地位因情感自卑而被标记出来。这可能意味着一种不受控制和野蛮的情感泛滥,使得任何理性迹象都无处可寻;也可能意味着一种情感迟钝,无法产生文明人通常所具有的温柔情感。在许多情况下,根据不断变化的排斥理由,这两种情况可能同时发生,我们无需对这一明显的悖论进行深入的推理。[39]

从这个角度看,情感将我们带到多米尼克·拉卡普拉(Dominick LaCapra)所说的"历史的极限",甚至更远。历史,或者更确切地说,历史学的实践,一直明确地是关于人、人的本性、人的事务、人的政治、人的社会和个人关系、人的文化的。从根本上说,历史主义能在多大程度上适用于非人类,这还是个大问号,尽管大量文献的涌现表明,至少有很多学者认识到了这种可能性。这类研究的标准障碍,是如何在不诉诸拟人化的情况下记录动物的历史,也就是说,不把非人类的叙述放在人类的特定参照点上,毕竟是人类留下了历史痕迹。大多数动物史与大多数动物政治史一样,实际上都是关于人与动物的关系,着重强调人类的道德、义务和概念,如权利、公民权、人格

99

100

等。除此之外,我们还可以记录自然史和进化史,但这样就超出了历史学的范畴。[40]

我们的希望部分来自那些被指定为非人类但在生物学上却属于人类的人的历史,比如前面提到的妇女、儿童、"劣等"种族、奴隶等,尽管他们遭受着同样的认识论障碍。那些被标记为人类之外的人往往不会留下痕迹,往往不会为自己说话,其本身也往往不会被考虑,而只是作为与那些被标记为"人类"的人的关系的一部分。然而,在后殖民主义和次殖民地研究、哲学和文化研究中,众多学者已经开始迎接这一挑战。他们的主要策略之一,是阐明排斥的过程是如何运作的,他人的存在是如何被构建为消失的,人类自身的边界是如何划定的。[41] 在这里,情感似乎扮演着至关重要的角色,因为人类情感与非人类情感的区分方式,并不仅仅是知识上的边界。恰恰相反,物种特有的情感表现方式和可能性,直接影响着排斥行为和体验。由此,我们可以开始整理被排斥的实践和经历。

根据雷迪自己的标准,我们在这些关于人类他者,或人类制造的非人类的描述中,发现了情感体制概念的潜在局限性。对于一个被视为非人类的人而言——一个不仅被压迫而且完全被他者化的人,他会被排斥到一个没有任何情感表达过程的极端之中。没有任何标准、任何情感风格可以遵循,因为这些人超出了情感规范的范围。他们的世俗苦难可能是巨大的,但也可以说他们在情感上享有极大的自由,可以随心所欲地感受和表达。社会排斥的残酷意味着,无论情感行为如何,惩罚都将定义体验。无论是从被排斥者的角度还是从排斥者的角度来看,都不存在一个可能达到的标准,即情感表达过程以满意而告终。对于排斥者来说,被排斥者的所有情感都是无关紧要的。对于被排斥者来说,任何情感表达过程都不会以顺从或归属感的感受或认可而告终。那些在政治体制之外的人也在情感体制之外。那些处于极端状态的人也处于人类领域之外。[42]

如果我们承认那些被标记为"非人类"的人对于史学实践至关重要,那么非人类的问题就会变得更加普遍。我不想在这里长时间地讨论动物的问题,只想指出试图将动物情感历史化所固有的方法论问题。现在,大多数比较心理学家都认为,动物尤其是哺乳动物,也包括鸟类,具有情感能力,并且确实能体验到情感,这与几个世纪以来持相反观点的知识传统背道而驰。有人认为,有些动物具有狭义的共情能力,能够与人类建立情感关系。我们必须注意这里的含义,以及我们如何处理这些信息。

首先,当心理学家确认动物具有体验情感的能力时,他们指的是特定的认知和生理指标,以及对行为模式的观察,从而将情感状态和情感归因于动物。这是一种类比工作,将人类大脑模式与动物大脑模式进行比较。[43]这样,动物的情感可以被贴上愤怒、爱、恐惧、抑郁等标签,这在某种程度上是不可抗拒的。根据这些生物学观察,可能引发一系列政治争论,但历史学家必须谨慎行事。鉴于情感史对情感含义的强调,以及在文化背景下解读情感体验的重要性,我们在应用我们的方法时会不可避免地受到方法论的限制。

非人类的情感虽然无疑是存在的,但却无法从动物的角度进行理解。进入动物的视角是一种想象力上的飞跃(有些人确实尝试过这样做),但它所依赖的推论程度,远远超出了进入历史人类视角所需的程度。[44]这并不是因为物种亲缘关系本身,而是因为人类留下了其他动物没有留下的体验痕迹。归根结底,人类对动物体验的描述,也就是说,它们感觉如何,除了我们可以观察到的解剖学事实或生理功能之外,最终都变成关于对人类体验的描述。作为一个物种,我们在本体论上是相互联系的。[45]

人们神话了那种被认为是真正进入他人经历的共情联系,在与动物的交流中,这种联系暴露了真实面目:这是一种试图将自己(过去和现在)的经历投射到其他事物上,以与我们看到的(或认为看到的)相匹配的行为。对于其他人(活着的和死去的),我们至少可以寻找我们对他们情感状态的投射的佐证。在我们自己的文化和时代中,我们可能会发现自己很多时候都

102

103 是对的。当投射到死者时,我们可能会发现自己更多时候是错的。但是,除
了少数例外,动物不会也无法证实我们对它们的投射。[46]我们总是将人类
的特性赋予其他事物,即使我们决定不这样做。[47]

有些人试图将拟人化作为一种美德,认为将动物的同类经验推断为人
类的同类经验是合理的,因为在许多功能方面,我们显然是同类。[48]对于心
理学家和行为学家来说,这仍然存在争议。但是对于历史学家来说,或许就
不那么有争议了,而且事实上可能还很有启发性。尽管"后人类转向"对某
些学科产生了巨大的影响,尤其是人类学和社会学,但它尚未在很大程度上
影响到历史学。[49]历史学家仍然专注于人类的过去,即使他们接受了有望
超越人类的网络理论和主体间性的观点。实际上,这些方法使人类的过去
复杂化了,通过关注社会之外的事物来改变我们讲述的故事,比如生态系统
和物体对人类过去的影响。能动性可以归因于非人类的行动者,但历史学
家往往只对这些能动性感兴趣,因为它们改变了我们讲述的关于人的故事。
因此,人们对动物(或非人类)情感的看法,不仅告诉我们这些非人类因素的
存在,还告诉我们人们对它们的假设和预测。它告诉我们,人们对它们做了
什么,用它们做了什么,为它们做了什么。拟人化是将人类情感投射到动物
身上的一种转变。通过描绘赋予动物的情感,我们实际上是在描绘人类的
情感范畴。它清楚地表明了情感是如何随着时间的推移而变化的。[50]

104 因此,研究人与动物(或物种间)关系的历史大有可为,因为历史上对动
物的记录往往揭示了人类情感想象力的局限性。[51]在许多时期,动物被塑
造成人类的阴暗面,也许代表着我们内心深处披着文明或人性外衣的野
兽。[52]我们可以在古代、中世纪、文艺复兴和现代社会中找到这样的证
据。[53]它的表达方式不同,但结构相似。研究纯粹的情感存在,即没有义务
履行情感规范或社会期望的动物(简而言之,研究没有动态的情感表达过程
存在的可能性),就是揭示那些被标记为人类的情感表达过程本身。通过对
世界上动物经验的描述来想象内心的野兽,表达了对控制人类情感所需的

努力的理解。从柏拉图到现在的文明行为都表现为情感控制,而对野兽的具体构想则阐明了这种控制的本质(文化)。

我曾在其他地方论证过,以这种方式解读动物的历史,揭示了人类内部权力动态的结构和排他性暴力的基本原理。[54]当那些被视为不那么像人类、次人类或非人类的人,因其与动物的密切关系或亲缘关系而被排斥在外时,动物性的概念就成为分析权力日常运作的核心。纵观历史,人类与动物的区别,在很大程度上被认为是一个知识或哲学问题。[55]然而,近年来,人们开始意识到与这种界限划分相关的日常实践,这使得动物问题成为一个具有社会和文化意义的问题。情感史在这方面做出了巨大的贡献,因为对动物"野性"或"自然"的历史理解,是与对动物情感能力(或缺乏情感能力)的理解联系在一起的。实际上,对非人类的建构,无论是受压迫的人类还是动物,确立了它意味着"成为人类"的文化或文明标准,即确立了人类作为情感控制者的形象。

【注释】

[1] D. Goodman，"Public Sphere and Private Life：Toward a Synthesis of Current Historiographical Approaches to the Old Regime"，*History and Theory*，31(1992)：1—20；全面的回顾和细致的修订,参见 S. Gal，"A Semiotics of the Public/Private Distinction"，*Differences：A Journal of Feminist Cultural Studies*，12(2002)：77—95。

[2] 关于"认知",参见 D. Barnett and H.H. Ratner，"The Organization and Integration of Cognition and Emotion in Development"，*Journal of Experimental Child Psychology*，67(1997)：303—316；进一步的修订,参见 J. Plamper，"Ivan's Bravery"，in U. Frevert et al.，*Learning How to Feel：Children's Literature and Emotional Socialization*，1870—1970(Oxford：Oxford University Press，2014)，191—208，at 204—205。情商的定义多种多样。参见 J.D. Mayer and P. Solovey，"The Intelligence of Emotional Intelligence"，*Intelligence*，17(1993)：433—442；D. Goleman，*Emotional Intelligence*(New York：Bantam，1995)。

[3] L. Daston and P. Galison，*Objectivity*(New York：Zone Books，2007).也参见 B. Latour，*Science in Action：How to Follow Scientists and Engineers through Society*(Cambridge，

MA：Harvard University Press，1987）；P. Bourdieu，*Homo academicus*（Palo Alto：Stanford University Press，1988）；T. Kuhn，*The Structure of Scientific Revolutions*（Chicago：University of Chicago Press，1962）；B. Strasser，"The Experimenter's Museum：GenBank，Natural History，and the Moral Economies of Biomedicine"，*Isis*，102（2011）：60—96。

［4］参见 Boddice，Science of Sympathy，137—143。

［5］参见编者的导言：O. Dror，B. Hitzer，A. Laukötter and P. León-Sanz（eds），"History of Science and the Emotions"，*Osiris*，31（2016）：1—18。

［6］关于该领域辩论的总体介绍，参见 T. Dixon，*Science and Religion：A Very Short Introduction*（Oxford：Oxford University Press，2008）。

［7］关于情感的科学知识主张的批判性评价，参见 Gross，*Secret History*。关于知识史危险境地的总体介绍，参见 P. Burke，*What is the History of Knowledge?*（Cambridge：Polity，2016）。

［8］Elias，*Civilizing Process*，402.

［9］Jaeger，*Ennobling Love*.

［10］J. Bourke，"Fear and Anxiety：Writing about Emotion in Modern History"，*History Workshop Journal*，55（2003）：124.

［11］一个突出的例子可能是 G. Dangerfield，*The Strange Death of Liberal England*（1935；Palo Alto：Stanford University Press，1997）。

［12］U. Frevert，*Emotions in History：Lost and Found*（Budapest：Central European University Press，2012）.

［13］Jaeger，*Ennobling Love*，6.

［14］Jaeger，*Ennobling Love*，6.

［15］Jaeger，*Ennobling Love*，7.

［16］Eustace，*Passion*，107—150；Jaeger，*Ennobling Love*，7.

［17］Frevert，*Men of Honour*；A.-H. Maehle，*Doctors，Honour and the Law：Medical Ethics in Imperial Germany*（Houndmills：Palgrave，2009）.

［18］D. Konstan，*Pity Transformed*（London：Duckworth，2001），19.

［19］文献综述见 Boddice，"Manly Mind"；另参见 Bourke，*What It Means*；S. Arnaud，*On Hysteria：The Invention of a Medical Category Between 1670 and 1820*（Chicago：University of Chicago Press，2015）。

［20］参见 Boddice，"Manly Mind"。

［21］经典的文本是 G.J. Barker-Benfield，*The Culture of Sensibility：Sex and Society in Eighteenth-century Britain*（Chicago：University of Chicago Press，1992）。

［22］参见 E.C. Keuls，*The Reign of Phallus：Sexual Politics in Ancient Athens*（Berkeley：University of California Press，1993）。

［23］一般的方法，参见 M.S. Micale，*Approaching Hysteria：Disease and Its Interpretations*（New Jersey：Princeton University Press，1995）；A. Scull，*Hysteria：The Biography*（Oxford：Oxford University Press，2009）；Arnaud，*On Hysteria*；S. L. Gilman，H. King，R. Porter，G.S. Rousseau and E. Showalter（eds），*Hysteria Beyond Freud*（Berkeley：University of California Press，1993）。

［24］参见 R. Boddice，"Hysteria or Tetanus? Ambivalent Embodiments and the Authenticity of Pain"，in Martín Moruno and Pichel（eds），*Emotional Bodies*。

[25] U. Jensen，"Freuds unheimliche Gefühle. Zur Rolle von Emotionen in Freudschen Psycho-analyse"，in U. Jensen and D. Morat（eds），*Rationalisierungen des Gefühls*：*Zum Verhältnis von Wissenschaft und Emotionen 1880—1930*（Paderborn：Wilhelm Fink，2008），135—152；R. Hayward，"Enduring Emotions：James L. Halliday and the Invention of the Psychosocial"，*Isis*，100(2009)：827—838。

[26] 特别参见 S.L. Gilman，"The Image of the Hysteric"，in Gilman et al.（eds），*Hysteria*，345—452。

[27] M.S. Micale，*Hysterical Men*：*The Hidden History of Male Nervous Illness*（Cambridge，MA：Harvard University Press，2008）.

[28] 斯特恩斯夫妇可能是第一个提出这一观点的历史学家。参见 Stearns，*American Cool*，14。

[29] 例如参见 E.L. Milam and R.A. Nye(eds)，"Scientific Masculinities"，*Osiris*，30(2015)。

[30] T. Dalgleish and M. Power(eds)，*The Handbook of Cognition and Emotion*（Chichester：Wiley，1999）；Brady，*Emotional Insight*.

[31] Stearns，*American Cool*，14.

[32] Reddy，*Navigation*，31.

[33] Barnett and Ratner，"Cognition and Emotion".

[34] Aristophanes，*Ecclesiazusae*（Assemblywomen）(391 BCE).

[35] 参见第一章注释[12]。

[36] 在这一点上，Eustace，*Passion* 堪称典范。关于我们的过去和未来的总体评价，参见 B. McElhinny，"The Audacity of Affect：Gender，Race，and History in Linguistic Accounts of Legitimacy and Belonging"，*Annual Review of Anthropology*，39(2010)：309—328。

[37] Eustace，*Passion*，41—43，72—73，299. 关于被征服者的笑声如何挑战殖民胜利者的情感风格的奇特描述，参见 S. Swart，"'The Terrible Laughter of the Afrikaner'—Towards a Social History of Humor"，*Journal of Social History*，42(2009)：889—917。

[38] L. Festa，*Sentimental Figures of Empire in Eighteenth-century Britain and France*（Baltimore：Johns Hopkins University Press，2006）；Bourke，*What It Means*，133—163.

[39] Bourke，*What It Means* 对此进行了精彩的论述。另参见 Boddice，"Manly Mind"；他者化的区别，尤其是通过科学或医学客观性的修辞手法，很容易依附于经验的现象学差异，其中的一个例子（这样的例子不胜枚举）参见 K. Woodrow，G. Friedman，A.B. Siegelaub，M.F. Collen，"Pain Tolerance：Differences According to Age，Sex and Race"，*Psychosomatic Medicine*，34(1972)：548—556。

[40] 代表范例，参见 R. Boddice，*A History of Attitudes and Behaviours toward Animals in Eighteenth-and Nineteenth-century Britain*：*Anthropocentrism and the Emergence of Animals*（Lewiston，NY：Mellen，2009）；B. Sax，*Animals in the Third Reich*：*Pets，Scapegoats and the Holocaust*（New York：Continuum，2000）；E. Fudge，*Perceiving Animals*：*Humans and Beasts in Early Modern English Culture*（Houndmills：MacMillan，2000）。

[41] Boddice(ed.)，*Anthropocentrism*；LaCapra，*History and Its Limits*；G. Agamben，*The Open*：*Man and Animal*（Palo Alto：Stanford University Press，2003）.

[42] Agamben，*Homo Sacer*.

[43] 关于跨学科的覆盖面、进入动物思维的各种方式的精彩介绍，以及始终存在的拟人化风险，参见 J.A. Smith and R.W. Mitchell(eds)，*Experiencing Animal Minds*：*An Anthology of Human-Animal Encounters*（New York：Columbia University Press，2012）。

［44］例如参见 T. Nagel，"What Is It Like to be a Bat?"，*Philosophical Review*，83(1974)：435—450；J. von Uexküll，*A Foray Into the Worlds of Animals and Humans：With a Theory of Meaning*(1934；Minneapolis：University of Minnesota Press，2010)；J. Derrida，*The Animal That Therefore I Am*(New York：Fordham University Press，2008)。

［45］参见 Boddice，"End of Anthropocentrism"，in Boddice(ed.)，*Anthropocentrism*，1—18。

［46］P. Eitler，"Doctor Dolittle's Empathy"，in Frevert et al.，*Learning How to Feel*，94—114；R. Boddice，"Species of Compassion：Aesthetics，Anaesthetics，and Pain in the Physiological Laboratory"，*19：Interdisciplinary Studies in the Long Nineteenth Century*，15(2012)。

［47］参见 L. Daston and G. Mitman(eds)，*Thinking with Animals：New Perspectives on Anthropomorphism*(New York：Columbia University Press，2005)；R. W. Mitchell，H. L. Miles and N. Thompson(eds)，*Anthropomorphism，Anecdotes and Animals*(New York：SUNY Press，1997)。

［48］参见 B. Rollin，*The Unheeded Cry：Animal Consciousness，Animal Pain，and Science*(Oxford：Oxford University Press，1989)。罗林的灵感来自乔治·约翰·罗曼尼斯的比较心理学,后者在行为主义兴起后被人们遗忘了。参见 G. J. Romanes，*Animal Intelligence*，3rd edn(1882；London：Kegan Paul，Trench，Co.，1883)。

［49］例如 D. Haraway，*When Species Meet*(Minnesota：University of Minnesota Press，2008)；N. Taylor and T. Signal(eds)，*Theorizing Animals：Rethinking Humanimal Relations*(Leiden：Brill，2011)。

［50］参见 Boddice，*History of Attitudes*；Bourke，*What It Means*。

［51］参见 E. Fudge，*Brutal Reasoning：Animals，Rationality，and Humanity in Early Modern England*(Ithaca：Cornell University Press，2006)。

［52］笛卡尔是个例外,他在动物身上看到了我们内在的特质,只有人类才能被赋予不朽的灵魂。

［53］参见 Boddice，*History of Attitudes*，25—80。

［54］Boddice，"Manly Mind"：339—340。

［55］参见 R. Sorabji，*Animal Minds and Human Morals：The Origins of the Western Debate*(Ithaca：Cornell University Press，1995)；G. Steiner，*Anthropocentrism and Its Discontents：The Moral Status of Animals in the History of Western Philosophy*(Pittsburgh：University of Pittsburgh Press，2005)。

第五章　实践和表达

进化的表情政治

　　脸上有什么？眼睛是心灵的窗户吗？幸福等于微笑吗？我们怎么知道　106
什么时候的微笑才是微笑？它一直都是一样的吗？身体的其他部位呢？我
们在多大程度上依赖肢体动作来理解我们所看到的一切？这种感觉还依赖
什么？

　　至少在过去的两个世纪里，这些问题一直推动着表情政治的发展。这
些都是至关重要的问题，因为人类的本质发生了变化，这取决于人们如何回
答这些问题。如果微笑是人类幸福的一个普遍指标，而且微笑在任何地方
都是一样的，那么我们就可以声称，我们知道了在任何地方、任何时候，作为
人和人类的一些基本知识。这种观察不仅对生物科学的运作方式至关重
要，而且历史学和人类学也将永远以这种牢不可破的观察为基础，并因此受
到限制。

　　从本书的大部分内容中我们可以清楚地看到，这种观点并不被(大多
数)历史学家或人类学家所接受，而且受到许多生物学家、神经科学家和心

理学家的质疑。但是,有一种主张表情的普遍性的心理学,对情感认识论以及一系列社会和政治后果有着深远的影响。正如我们在语言学家维尔兹比卡那里看到的那样,嘴角上扬(微笑)总是意味着"我现在感觉很好",这一断言允许对人性进行全面的分析——心理学、解剖学、生理学和文化的局限性——并有可能为创造幸福提供一个社会政治议题。如果能让人们笑得更多,那么他们就能更多地感受到"美好"。阿莉·拉塞尔·霍赫希尔德在对情感劳动的研究中,就遵循了这一逻辑,雇主要求员工与客户互动时必须面带微笑,事实上,这确实能让员工获得更多的幸福感或工作满意度。但我们必须非常谨慎,因为我们不仅要质疑微笑是什么,它意味着什么,我们还必须质疑我们是否可以自信地说微笑会带来幸福。这不是霍赫希尔德的论点,因为她的核心观点是对努力的强调,我们在雷迪对人们在特定情境中努力感受正确(即规定的)情感的方式的理解中看到了这一点。[1]因此,更准确的说法可能是,微笑往往先于幸福。至少在某些文化中,微笑是一种身体实践,用来产生与之相匹配的感觉。在这种情况下,微笑可能意味着,"我努力让自己感觉现在有好事发生"。它可能还意味着很多其他的事情,但我们已经远离了普遍的人类概念,也没有能力将情感解读为"面部价值"。

这个话题之所以需要讨论,是因为它的普遍影响,其中一些影响已经在第二章中详细论述过了。保罗·埃克曼是情感表达研究的先锋人物,也是情感普遍性或常见的"基本"情感的主要倡导者。他在 1971 年与华莱士·弗里森合著的文章中,明确主张"面部和情感在不同文化中是相同的"这一观点,并指出有明确的证据表明"特定的面部肌肉模式与特定的情绪之间的关联是普遍的"。文章伊始,他们给出了一些注意事项。他们的论点并不"意味着在面部和情感方面没有文化差异",因为"文化差异会体现在引发情感的环境、情感的行为效果,以及特定社会环境下管理面部行为的表现规则等等之中"。在文章的结尾,他们提到了"情感的前因后果中的文化差异"和"对特定情感的态度的文化差异"。[2]简而言之,他们在关于生物普遍性的争论中,为文化留下了很大的空间。然而,随着时间的推移,文化逐渐地被排除在外,因为埃克曼寻求利用有关情感表达和基本情感的基本观察结果。

我们现在将回到基本情感的话题,但在这里似乎有必要提及埃克曼所接受的学术传统,以及他为了增加其论点的分量而间接提及的科学依据。埃克曼是一场关于人类面部解剖学的长期争论的终点,这场争论聚焦于人类面部解剖学的作用,更重要的是,它为什么会产生这种作用。例如,著名的解剖学家查尔斯·贝尔(Charles Bell,1774—1842 年),在 19 世纪初就想为一些艺术家提供矫正,在他看来,这些艺术家无法表现面部表情和情感。人类的面部构造是这样的,无论它在实践中有多大的可塑性,它所能做的仍然是有限的。解剖学研究揭示了表情机制以及情感在面部表现的逻辑限制。对贝尔来说,重要的是,在 19 世纪初,解剖学是被设计出来的,作为造物主存在的证据。归根结底,这是上帝的形象,其本质是普遍性的。表情的设计是为了实现情感交流,以可预测、可靠的方式将"内在情感"转化为面部表达。上帝已经"为这种交流方式和自然语言做出了系统的规定,这可以从表情的变化中解读出来"。在贝尔看来,"人类心灵中的任何情感都有其适当的标志;甚至人面部的肌肉,除了充当这种语言的器官外,别无他用"。贝尔认为,"经验或任意的习俗"并不能改变这种"通用的语言",因为面部是"心灵的索引,具有与灵魂情感相对应的表达"。[3]

在此,我无意特别讨论 19 世纪的历史认识论。[4]不过,我还是要特别谈论贝尔,因为查尔斯·达尔文对他的工作做出了回应,并且达尔文后来对当代心理学对情感的理解产生了巨大影响。贝尔的影响也给非人类的动物情感的研究方式蒙上了一层阴影,因为"低等动物"的"表情""仅仅是动物自愿或必要行为的附属品"。这种"附属表情"与"动物激情的多样性和程度并不相称"。[5]虽然贝尔的本意是说明动物的激情比表面看起来更加丰富多彩,但从这一观察中得到的启发却是,动物的情感或痛苦表达不应被视为真实情感的标志。在这里,我们找到了行为主义路线的一些根源,行为主义路线认为,动物的面部局限性掩盖了隐藏在内心深处的激情,动物本质上是没有情感的。[6]

贝尔对达尔文的影响是巨大的,但被解读为是负面的。达尔文认为他必须拒绝智能设计论。然而,他没有纠正贝尔工作的这一部分,而是认为有必要纠正全部工作。如果表情不是为了向他人传达情感,那么表情的目的就根本不是交流。达尔文没有为表情在情感社交中的作用找到自然选择的解释,而是提出了完全不同的解释。因此,表情被认为在功能上对某些其他目的有用,这反过来又与某些情感状态相关,但又不是内在的关联。一旦获得并用于实现这些功能,特定的肌肉运动就会通过遗传传递下去。因此,达尔文在情感表达方面的伟大工作并不依赖于他最著名的理论——自然选择,而是依赖于拉马克的(Lamarckian)遗传习惯机制。此外,这种专注于解释表情的方式,使得这项工作与其说是关于情感本身,不如说是关于表情与情感之间的误导性关联。事实证明,要解释表情作为一种进化的普遍现象,达尔文根本不需要情感。[7]

达尔文在其他地方即《人类的由来》(我在其他地方写过)中解释过情感的进化,但《人和动物的感情表达》(*Expression*)的重要遗产是,尽管与贝尔的推理不同,但达尔文仍然同意人类的情感表达是普遍的。他还证实了贝尔关于面部构造的解剖学观察,以及面部做出很多但最终有限的动作的能力。为了支持他的论点,达尔文使用了一组照片,这些照片是由法国神经学家纪尧姆-本杰明-阿芒·杜兴·德·布洛涅(Guillaume-Benjamin-Amand Duchenne de Boulogne)精心制作的,杜兴使用电刺激装置,在受试者脸上人为地制造出生动的"情感"表达,取得了很好的效果。杜兴也受到了贝尔的影响,并追随贝尔的艺术倾向,试图精确地再现自然。[8]经过反复试验,杜兴终于找到了放置电流的位置,从而刺激肌肉,使情感显现出来。特别是一位面部没有感觉的受试者,能够在没有不适的情况下接受电刺激测试,因此他成为普遍情感的代言人。然而,杜兴从未幻想过,他制造出来的表情只不过是他们表达的情感的复制品。为了强调这一点,杜兴只在面部的一侧做出情感表达,让另一侧保持"中立",或者通过同时诱发看似相反的表情(如喜悦和悲伤)制造复合的情感表达。杜兴和贝尔一样,都想证明古典美描绘中的不准确之处。解剖学揭示了真相。

解剖学本身并不包含情感。达尔文在使用杜兴的图像时,经常会将电刺激装置从场景中移除,以便将实验对象描绘成他似乎真的在经历这种情感。在达尔文《人和动物的感情表达》的其他图像中,受试者被用来模拟面部表情,然后达尔文在朋友和同事间传播这些表情,以证实表情是普遍存在的。其中一幅是悲伤的画面,或者更确切地说是面部上半部分假装悲伤的画面。正如达尔文所指出的,由于"全神贯注于尝试",这个女人面部的下半部分表现出了完全不同的情感。[9] 在贝尔之后,这些关于表情极限的实验、人体解剖学的进化,以及情感表现可以通过人工再现的程度,与情感本身并无多大关系。尽管这些作品被广泛用于讨论人类的情感,但其初衷只是为了讨论表情,并且充分意识到所描绘的与情感无关。

面部、身体和基本要素

埃克曼的灵感来自"情感理论"先驱西尔万·汤姆金斯(Silvan Tomkins)。情感理论假设了一种超越历史的生物学,其中某些"情感"与面部的某些表情有关,这里的"情感"是明确用来指代天生的、内在的、固定的和自动的情感行为的代名词。通过对情感行为的基本要素进行生物学分析,将这种生物性置于身体的外部也是合乎逻辑的。面部成为人类永恒的传输器。这种理论认为,我们与生俱来就具有这种情感技能,其中包括九种情感:喜悦、兴奋、惊奇、愤怒、厌恶、反感(dissmell,对难闻气味的反应)、痛苦、恐惧和羞愧。虽然人们承认文化会影响并调节这些情感及其面部表情,但情感行为

111

的基本要素仍被认为是与生俱来的。

情感理论很受欢迎,这是有充分理由的。在某些方面,它对人的本质提出了一种平等主义的观点。它允许研究人员在大脑中寻找情感的来源,就好像情感是客观存在的一样。它还允许研究人员以面部为基础来分析体验。根据汤姆金斯最初的想法,情感是自动发生的,但由于面部对自动刺激的反应方式,它们只是被体验为情感。这是威廉·詹姆斯理论的精妙再现:我们不是看到一条蛇,感到恐惧,然后逃跑,而是看到一条蛇,逃跑,然后因为逃跑而感到恐惧。然而,在汤姆金斯看来,面部是情感线索的主要区域,

112 它告诉大脑什么是体验。无论历史学家会提出怎样的特殊性,情感理论家都会认为,人类的基本生物学特性和与生俱来的自动情感系统是保持不变的。

汤姆金斯在 1964 年首次发表这一领域的研究成果,早于我们现在对大脑可塑性、微进化和表观遗传学以及对感官刺激反应的历史性变化的认识。[10]这方面的大部分内容将在下一章中介绍。然而,这部作品产生了巨大的影响。例如安东尼奥·达马西奥(Antonio Damasio)在其普及性的著作中,就提出了"生物体本质上是固定不变的"这一核心观点,不过他关注的重点不是面部,而是身体内部的生理机能。[11]2015 年,我目睹了一位研究莎士比亚的学者的演讲,他认为可以将当代新闻媒体对极端组织"伊斯兰国"的接受程度,与伊丽莎白时代英国观众对《哈姆雷特》的接受程度直接联系起来,理由是人类的内分泌系统几千年来都没有改变,这种影响是自动产生的。这种观点已经出现在出版物中,威胁到了人文学科的本质,尤其是情感史的本质。当人文学科的学者屈服于神经生物学的某些影响,却没有足够的经验或知识来挑战它们时,我们最终得到的是抛砖引玉式的分析,这些分析提出的问题多于提供的答案。[12]

113 然而,情感理论与保罗·埃克曼之间的联系更为深远。埃克曼本人曾写过,汤姆金斯的见解对他的研究产生了影响,真正打开了通往基本情感和

普遍表情的大门。[13]尽管从人类学到神经科学等各个领域都取得了进展，并且这些领域稳步推进对情感的生物社会性或生物文化性的丰富理解，但情感理论基本上是通过保罗·埃克曼延续了下来。

当埃克曼编辑并推出 2003 年新版的查尔斯·达尔文的《人和动物的感情表达》时，很明显，他试图立即将知识和认识论联系起来。埃克曼是达尔文情感理论的某种解释的继承人。这篇严厉的社论是为了纠正达尔文，使他跟上埃克曼所看到的最新知识。这是一个令人震惊的举动，它强调了埃克曼自身工作中最有声誉的知识基础，同时又否认了我们所了解的情感史的可能性。当然，进化科学允许历史观的存在，但仅限于极其长远的时期；事实上，这个时期是如此之长，以至于完全超出了历史学家的研究范围。

引人注目的是，就在威廉·雷迪的《感情研究指南》出版两年后，埃克曼在他编辑的达尔文一书的序言中宣称，"知识氛围已经改变了"，科学与达尔文的普遍主义更加紧密地联系在一起，而不是埃克曼所认为的"文化相对主义者或社会建构主义者"的生动想象。当然，文化在"我们管理情感的尝试、对情感的态度，以及对情感的语言表述"方面发挥了一定的作用，但这并没有削弱"表达确实显示出普遍性"这一更为重要的观点。[14]埃克曼对身体与世界、表达与情感模糊、感觉规则与感觉之间的动态关系等所有概念都视而不见，因为他坚持将"社会建构主义者"作为贬义词。雷迪进入这一领域本身就是在"反对建构主义"的标题下进行的，但这并没有阻止他继续前进。

然而，埃克曼的贡献并不止于普遍的表情。从逻辑上讲，这些表情与一系列普遍的情感状况相关联，埃克曼将其称为"基本情感"。在这里，埃克曼与杜兴和达尔文大相径庭，并与贝尔关于人类情感通过面部自然传达的最初论点达成了和解。埃克曼不再需要贝尔的智能设计。他可以提出他认为达尔文应该在《人和动物的感情表达》中提出的论点。是的，情感表达与情感交流息息相关。人类通过自然选择进化出了情感表达，而且在任何地方都是一样的。因此，埃克曼的《人和动物的感情表达》是达尔文没有写出的达尔文式著作。

在埃克曼的研究中,有多种基本情感随着时间的推移而变化,但主要的六种情感包括愤怒、厌恶、恐惧、快乐、悲伤和惊讶。文化似乎掩盖了基本情感的普遍性,在埃克曼看来,这就像一层难以穿透的面纱,覆盖了全人类共有的情感。关于基本情感的概念有许多批评意见,但这一观点得到了广泛的支持,并使埃克曼声名鹊起,不仅成为一名科学家,还成为一名政府承包商和某种程度上的媒体名人。

埃克曼深信"人不可貌相",再加上可以测量面部细微动作的精密计算机技术,他开始从事测谎工作,特别是在机场安检中进行视觉筛查,并进入了好莱坞。他的微表情理论和识别说谎者的能力,是福克斯电视剧《别对我说谎》中卡尔·莱特曼(Cal Lightman)一角的原型,埃克曼也因此入选《时代周刊》2009 年全球 100 位最具影响力人物。[15]

情感史学家必须了解埃克曼的研究成果和一般的情感理论,并能够对其提出有效的质疑;否则,情感史就会被一种反驳其可能性或严重限制其范围的大众科学所困扰。在早期的情感史研究中,彼得·斯特恩斯准备接受这样的观点,即人类可能存在某种普遍的情感或情感背景,但却发现在表达方式上存在着如此多的文化差异,以至于这种普遍性被认为几乎没有意义,更不用说有实质性的价值了。然而,埃克曼无疑会反驳说,即使是斯特恩斯也错了,他所发现的多样性只是想象出来的。在我看来,作为历史学家,我们自己的经验数据表明,大量的情感体验既不符合普遍表达模式,也不符合基本情感模式,但这还不够。我们还应该知道如何质疑埃克曼及其追随者的数据和方法。[16]奇怪的是,用来质疑埃克曼的方法是可转移的技能:它们是更广泛地研究情感史的一个值得效仿的范例。实际上,埃克曼的研究成果已经成为一种历史资料。我们可以解读其情感认识论,研究其情感视角,并分析以它的名义兴起的情感、社会和政治实践。

埃克曼研究的核心是面部,以及人们识别他人面部表情作为情感状态指标的能力。在这一点上,他与达尔文一样感到兴奋,因为摄影(以及后来的录像)可以捕捉到稍纵即逝的表情,而且捕捉到的任何东西都可以被任何人识别。困扰达尔文的方法论缺陷,同样困扰着埃克曼。1976年,埃克曼出版了"面部情感图片"系列照片:一套110幅六种基本情感表达的图片。[17]这些图片是白人演员表演艾克曼认为普遍存在的情感表达。需要明确的是,这些图片本身没有描绘任何情感;它们描绘的是模拟的情感表达,并保持足够长的时间以便拍摄。仅这一点就应该引起我们的高度重视。如果这些表情在不同的文化中,都能被识别为愤怒、厌恶、恐惧、快乐、悲伤和惊讶的等同物,尽管在这些情况下,它们只是伪装,那么"面部表情与它应该代表的情感有关"这一理论,就会出现重大缺陷。

　　正如克利福德·格尔茨在1973年指出的那样,要分辨抽搐、眨眼和滑稽模仿的眨眼之间的区别,需要对文化和情境背景有深刻的了解。[18]就像演员一样,无论是埃克曼用来制定一个普遍表情的方案,还是达尔文用来模拟悲伤,任何为了表现出不存在的东西而排练的面部表情,都说明了人类面部表情在欺骗、掩饰和阴谋方面的有效性。就滑稽模仿的眨眼而言,它所传达的信息取决于谁事先知道什么。参与阴谋的人能够辨认出这个姿势所表达的意思,而没有参与的人则会产生错误的印象。达尔文那张半幅悲伤皱眉图也是如此。我们可以事先假设,那些在没有任何背景知识情况下,看到这幅图的人可能会认出悲伤,但显而易见的结论是,悲伤并没有一个普遍的标志,只是人们不善于区分真实的体验和伪装的体验。这张图片特别能说明问题,因为图片中只有演员的半张脸。正如达尔文告诉他的同伴那样,演员很难掌握悲伤的整个面部表情,因此只能通过局部来表现。呈现局部面部表情时所涉及的社论,揭示了人类在多大程度上依赖于整个面部和身体其他部位的视觉线索来了解发生的事情。在生活中,我们很少面对脸部、额头、下巴和孤立的眼睛,也很少需要单独解读它们的视觉线索。此外,达尔文指示演员表现出悲伤的样子,这一事实凸显了任何此类方法中内在的循

116

117

环论证。悲伤的形象，或任何其他情感，都被假定在表演之前就已经存在了。

同义反复也是杜兴摄影实验的特点。虽然电刺激装置产生的龇牙咧嘴的表情并不是完全可以预测的，但杜兴对情感类别的概念化却是可以预测的。他制造出来的表情符合预先设定的情感语言，比如"恐怖"。同样，荒谬之处在于，实验对象没有表现出他以如此典型的方式所表达的任何情感。但更糟糕的是，杜兴制造的任何不符合既有情感类别的表情都被忽略了。"我不知道这个表情意味着什么"，这种说法没有任何意义。实验继续进行，直到表情与事先形成的预期相符为止。[19]

埃克曼的照片也有同样的缺陷。它们既不能代表情感，表情是表演出来的，也不能为预先决定的情感集留下任何修改的空间。埃克曼的照片也因为完全是白人面孔而受到批评，这导致新的照片中包括了日本人的面孔。即便如此，情感类别也是由事实决定的。埃克曼的模型没有为不确定的表情留有余地。[20]情感识别实验中的参与者被引导做出预期的反应。

所有这些都不包括这样一个事实，即人类在日常交往过程中，不会把面部表情定格在我们所谓的"最佳表情"状态。表情和手势是流动的、稍纵即逝的，涉及身体各个部分从一个地方到另一个地方的移动。表达的定义不是试图达到一个固定的表情点，而是一个面部和身体变化的过程，再加上语言和声音，并在一定的语境中进行。所有这些都让我们有机会理解或误解他人的情感状态，或者被误导或混淆。摄像机会说谎。摄像机一直在说谎。在人类表情进化科学的政治学研究中，情感表达的照片构成了重要的资料库，如果说这些照片教会了我们什么的话，那就是人类也会说谎，而且说谎说得很好。

总之，任何手势本身都不一定能说明什么问题。对于历史学家和心理学家来说，留意萨特（Sartre）处理情感的方法可能会很有用，他强调了意义在所有情感中的重要性。他告诉心理学家，情感"作为一种物理现象是不存在的,因为身体不可能是情绪化的,不能为自己的表现赋予意义"。只有通过意义,即对表情的含义及其评价方式进行评价,我们才能真正研究情感。[21]

说了这么多,我们只知道,在20世纪下半叶的某个时刻,某些心理学家对某些人类学家在社会建构主义世界观方面的极端做法持否定态度。他们的研究目标基于一个相反的假设:所有人类共享一套基本情感,人们对这些基本情感的表达也遵循普遍规律。自然被强烈地认为是一个决定性的原因,无论面具、服装和习俗文化如何编织在这种自然之上,都不会改变或实质性地影响自然。以这一理论为名,某些科学实践受到质疑,而另一些拥有大量资金的科学实践则被用来改变安全筛查方法,将面部特征分析纳入其中。根据先天/后天、普遍主义/建构主义的观点进行区分,不同领域的研究人员在研究情感是什么的问题上,站在了截然相反的对立面。

只有随着人类学和文化研究对生物文化的理论洞察,以及社会神经科学家对大脑的深入研究,普遍主义和建构主义的二元对立才开始出现裂痕。它的主要论断是,不存在先天或后天,两者总是兼而有之,总是相互交织和动态地影响着身体和世界,以至于"先天"和"后天"这两个词都变得毫无用处。这个故事尚未结束。旧阵营中仍有坚持者。但这是20世纪后期情感史的一条潜在(尽管是粗略的)叙事线索。重要的是,在身体层面和实践层面,人们认为什么是情感。情感的认识论基础的变化和情感的社会基础的变化,共同影响着我们的体验。

丹尼尔·格罗斯在其《情感的秘史》一书中,对流行的神经生物学进行了彻底的批判。我们必须在此加以区分,并明确指出,格罗斯主要针对的是安东尼奥·达马西奥等人所表达的粗略生物学观点,并与汤姆金斯、埃克曼等人建立了联系。从根本上说,他质疑这类作品缺乏社会理论,也没有任何人文学科方面的经验。尤其是达马西奥的研究,被认为是"情感脑科学在误入社会现实时如何出错"的范例。[22]格罗斯指责达马西奥的研究"剥离"了情感表象和情感表征的"社会属性",尽管它具有跨学科的价值。[23]意义被

119

剥离了语境。社会发展被简化为进化的力量。[24]在《情感的秘史》一书中，格罗斯主要基于对情感分配的修辞管理，重新构建了一个情感的社会基础和政治经济模型：

> 与其一直纳闷，为什么要花那么长的时间才把人类的同情心扩展到妇女、奴隶、非欧洲人、穷人、残疾人等，我们不如追溯一下诸如骄傲、谦卑、怜悯和同情等术语的历史，看看它们是如何被调动起来用于战略目的的；例如，某些社群是如何通过宣称自己对这种同情心拥有垄断权，从而将其扩展到其他人身上的。[25]

120　这是托马斯·迪克森、保罗·怀特（Paul White）和我接过的接力棒；但第一圈是托马斯·哈斯克尔（Thomas Haskell）在20世纪80年代完成的，尽管当时他并未有意识地规划情感史的发展路线（见第七章）。[26]在奔跑和传递接力棒的过程中，这种方法得到了发展，尽管格罗斯作品中的最后一句话隐含着这一进步。推动情感史或使情感社会化的不仅仅是语言和概念的历史，更确切地说，是这些语言被"调动"起来的方式。语言的作用是什么？人们利用、通过和因为这些语言做了什么？修辞边界的划定和重新划定，与实践的可能性交织在一起。情感是有定义的，是的，但仅限于情感实践完成时才有定义。

实践理论

尼基·哈雷特（Nicky Hallett）在2013年出版了一部关于17世纪和18世纪宗教团体中的感官的著作，主要目的之一是研究"写作实践本身如何塑造了……修女的感官"。她探讨了"在文本化的压力下"，"她们的体验以及她们的理解"被重新加工的程度。[27]这是情感分析的核心问题，如果我们采取广义的观点,即情感话语包括言语之外的所有表达形式,如手势和书写。哈雷特发现,"表现与体验"之间存在一种"互动"关系,我们可以说是动态关系,这与其他研究相呼应,这些研究抵制任何超越历史的生物物质的概念,即在文化影响之前,感觉、情绪和情感就存在于其中。[28]这里的推理非常直截了当:既然不可能在文化框架之外产生感知或表达情感,那么也就不可能在没有文化嵌入的评价框架下产生感知或表达情感。尽管允许构建经验的生物机制无疑是存在的,但如果没有语境,这些机制的运作实际上是毫无意义的。而且,正如我在本书的不同部分所记录的那样,其中一些机制也是在文化的熔炉中锻造而成的。情感(或情绪)和表达不是两件事,而是一个过程。实践,包括身体实践(如手势),是这一过程的标志。

121

关于这方面的研究目的,最清晰的表述来自莫尼克·希尔(Monique Scheer)2012年发表的一篇颇具影响力的文章。[29]文章的核心是一种随意地遵循皮埃尔·布尔迪厄理论的研究方法,它试图打破将所有情感都视为心灵产物的心理主义,以及将所有情感都视为身体产物的生物主义。作为必然结果,希尔还通过强调身体的历史性和世界性,消解了有意识和无意识之间的区别。通过专注于情感实践,心灵、身体和世界无时无刻不被牵连其中。在其他学科中,表达、表征和准则,与所谓的"真实"情感之间的区分也随之瓦解了。正如许多其他情感史学家一样,我们必须摒弃这样一种观念:情感在身体或心灵中的存在是客观的,与文化表现的动态无关,这一点被驳回。正如我所论证的疼痛是一种应用于刺激和反应的特定配置的价值一样,将情感视为大脑的输出也是至关重要的。[30]

希尔详细阐述的实践理论认为,我们在世界上实际所做的事情,比如实践,是人类创造经验工作的一部分。借用心灵哲学的一个分支领域——延展认知理论(Extended Mind Theory),希尔赞同"经验和活动"不是"独立的现象"的观点。经验是"我们所做的事情,我们用整个身体而不仅仅是用大脑所做的事情"。[31]与萨拉·艾哈迈德等文化理论家一样,希尔认为内心感

122 受和外在表达的概念,只是作为情感实践的效果而出现的。实践创造了这种情感知识,并使我们意识到这一点。如果认为这种由内到外的运动过程是普遍的、自动的或不受影响的,那么它就毫无意义。此外,"实践也可能根据历史和文化上特定的习俗和情境,创造出看似独立于心灵、自我或主体的身体表现"。[32]情感体验在一定程度上是对动作或行为的处理和转换。但不仅如此,情感也不能简化为动作或行为本身。实践理论不是简单地对威廉·詹姆斯的表述的回归,而是对认知、身体和社会理解的混合,不是关于情感是什么的问题,而是关于情感的作用。

　　重要的是,希尔将实践理论应用于情感,使我们从雷迪对有意识的自我管理的理解,以及神经史学对自动情感作为普遍生物学背景的概念的坚持,转向了对人类神经可塑性的叠加。在很多方面,神经史学的研究方法都将情感史向前推进了很多(因此,接下来的章节将对此进行讨论),但它只有在其他情感史研究框架内才能以一种连贯的方式发挥作用,前提是首先采用希尔的方法。这里的基本要素是对有意识/无意识二元对立的理论的否定,因为尽管实践理论确实"包括有意识的、深思熟虑的行为,但它也包括,甚至强调,在没有太多认知关注的情况下执行的习惯性行为。……主体(或行为人)并不被视为先于实践,而是实践的产物"。[33]这种观点将自动行为重新定义为与雷迪等人对有意识行为的分类一样,都是人在世界上的产物。关于自我的经验历史证明了这一观点的正确性,这些历史表明,"自动"实践包括人们将注意力"分配给思想、感觉和知觉的'内在'过程"的方式。希尔记录了"内在性、自我反思性、独特的感觉和思维能力",这些都是现代西方自我概念特质的标志,"在特定的社会和文化背景下,这些特质得到了强

123 化"。[34]这种强化的场所是身体(包括作为神经物质的心灵):"身体的物质性不仅为实践的能力、倾向和行为模式提供了场所,也是实践赖以运作的'物质'基础。"[35]

　　从事感官史研究的学者认为自己与情感史有关,尽管情感史学家在很

大程度上并没有真正认识到这一学术研究,但他们已经做出了同样的论断。在希尔发表这篇开创性文章的前一年,马修·米尔纳在一本关于英国宗教改革时期感官的巨著中,提出了大致相同的论点。这一论点并不需要特别向布尔迪厄或其他理论家求助,事实上,不求助他们可能更有吸引力。对实证证据的解释本身就足以令人信服:

> 16 世纪的改革始终是对行为和宗教习俗的监督和规范,希望信仰能够得到改变。尽管如此,新教义是在旧教义及其实践的基础上进行解释的。类似的行为呈现出不同程度的灰色阴影,就像授圣职时的按手礼一样,这往往会使人们模糊地认为,当传统手势只是被重新置于新的语境中,而没有被戏剧性地改变时,实际上并没有发生什么不同的事情。这正是非正统主义者反对伊丽莎白时代教规的核心所在,他们反对的不是教义本身,而是实践。当我们意识到礼仪文本与教义论著和教义问答一样,都是信仰的命题,只有在实际的宗教实践中得到信徒的认可和拥有时,实践阻碍或促进信仰的产生和改变的力量才会显现出来。[36]

实现内驱化是一个产生自动性的过程。那种自然、姿势、表达、感觉和信念的感觉,都是通过实践产生的。这在很大程度上解释了,在智力推理层面抽象的改变,或者正式的或非正式的新行为规范的改变,为何会产生如此大的破坏性。仅以礼仪变革为例,它不仅标志着神学的转变,而且有助于在感官和情感层面——在感觉层面——通过实践实现自我的解构和重塑。在任何时候,"知性之身"或"正念之身"都是不可或缺的。[37]同样,这个概念将在下一章以更大的效力再次出现。现在,我们只需指出,任何坚持生物自动过程的观点,即"文化自由"的简略说法,都必须受到质疑。人们"在动作、姿势、手势和表情的微妙之处都得到了极大的练习,这些将他们与他人联系在一起",这些技能也"向他们传达着自己的身份"。希尔坚持认为,这种实践"既不是'自然的',也不是随意的",而是"遵循了一个人在社会领域中所处位置的一种习得的技能"。[38]我对此稍加修正,因为说某物不是自然的,就预设了另一物可能是自然的。事实上,该理论甚至推翻了自然与文化之间隐含的对立。与此相反,合乎逻辑的结论应该是,自从人类出现以来,我们就认识到人类是自然-文化的生物。从进化的角度来看,我们是生物文化的产物。当我们在我们的文化背景下进行互动、情感交流或情感表达时,我们是在实践一种习得的、情境化的、共享的情感行为,当情感表达过程运作良好时,这种行为感觉就像是自然而然的。

其他人的表达

如果埃克曼等人认为他人的情感真的写在脸上这一点是错误的,那么当我们看到他人的情感时,我们会怎么做呢?回答这个问题对于情感史学家来说至关重要,因为很多时候,我们对情感的了解仅限于一张图片、一张照片或一段描述。我们如何解读它们?当我们感同身受时,我们在做什么?涉及哪些因素,共情是否具有历史意义?当他人表达情感时,无论是口头上还是手势上,我们都可能在日常互动中了解他们的感受。在诸如音乐表演、足球比赛、抗议游行、宗教仪式等共同经历中,我们可能会觉得我们都在感受同一种情感。我们似乎都生活在彼此的情感之中。[39]

125　　　对共情的神经科学研究声称已经找到了共情作用的机制,并发现这种机制是我们所有人共同拥有的。研究人员在猴子身上发现了所谓的"镜像神经元",它会随着对他人的运动活动做出反应而激活。当猴子看到某些动作时,大脑的反应是反映这些动作的体验,就好像猴子自己做出了这些动作。由此推断,我们通过他人的手势线索进入他人的情感。面部表情成为了解他人内心情感体验的窗口。运动神经元与情感之间的关系被假定为,我们对他人动作的接收与其相关的感觉相联系。因此,我们能感受到他人的感受。镜像神经元的解释力被大大夸大了:"情感镜像神经元系统,使我们能够瞬间理解他人的情感,这是产生共情的必要条件,而共情是我们大多数更为复杂的人际关系的根源。"[40]

那么,这是否意味着共情是一种与生俱来的普遍现象呢? 这样的结论当然很方便,但它会对情感史项目产生严重影响,而且我们有充分的理由对此表示怀疑。神经科学研究发现,大脑中的神经"镜像"使共情成为可能,这也表明,对自我以外的情感的解读仍然是通过自我来调节的。在 2004 年的一篇文章中,德凯蒂(Decety)和杰克逊(Jackson)阐述了"人类共情的功能结构"。[41]拉里·麦格拉斯(Larry McGrath)总结了共情在这项研究中所依赖的系统,如下所示:"自我和他人的共同表征""从他人视角出发的认知能力"(想象力),以及"'淡化自我视角,允许评价他人视角'的调节机制"。[42]

换句话说,共情情况下发生的事情是动态的,不仅取决于对方的情感表达,还取决于接收者的认知处理。在这里,情感风格和情感表达过程的问题再次出现,因为共情的前提是了解所遇到的情况,或者至少能够从过去的经验中推断出所遇到的情况。[43]共情功能在特定的情感范围或带宽内发挥作用,其功能取决于对情感知识系统的归属。[44]不合时宜的时间和地点,要么无法激活共情,要么完全误读他人的想法。这不仅为我们生活中的普遍共情设置了社会障碍,而且更具体地说,它为我们的历史分析设置了障碍,我们必须小心跨越。

历史学家经常会设身处地为历史行动者着想。这种做法是可以理解的。我记得读到达尔文的门徒乔治·约翰·罗曼尼斯(George John Romanes)写的一长串信件的结尾。随着最终夺去他生命的脑瘤的恶化,他的书信也充满了对自己死亡的感慨。当他的字迹开始潦草,他向他的通信者道歉,解释自己对视力和运动能力衰退的苦恼。一个人只有亲身经历了一件事,才能真正理解它。读到他亲笔书写的关于他身体状况的恶化,让人感动,我们很容易深受感染,一点也不困难。尽管如此,在分析过程中,我对这些信件的情感反应必须被搁置,因为我不能假设我的反应是正确的,无论我有多么感同身受。为了理解语境中的共情可能是怎样的,我不得不补充一下困扰罗曼尼斯生活的宗教怀疑,以及他的通信者在科学界和宗教界两极分化的信念。我必须了解死亡的背景、意义和接受方式,以及它与年龄的关系,还有罗曼尼斯本人对这些事物的理解。总之,无论我对罗曼尼斯亲口讲述自己的死亡有何感受,我的感受与罗曼尼斯本人,以及他周围那些失去他的人的感受,即使不是完全不同,也是不同程度的不同。重建那个情感世界是可能的,也是必要的。我们无法事先从根本上理解疾病、病痛、死亡和悲伤的经历。正如我们必须在当下学会对自己感同身受一样,我们也必须以不同的方式学会对过去的自己感同身受。

此外,我们的共情能力似乎应用得并不均衡。2012 年的一项研究发现,认知上的先入为主会对受试者对悲伤的共情程度产生负面影响。与此同时,那些被告知专注于共情的受试者,被发现对所面临的"悲伤"有更强烈的刺激反应。没有接受具体指示的对照组则介于这两者之间。[45]因此,共情取决于注意力,正如我们对自身痛苦的情感反应一样,无论是社会上的痛苦还是身体上的痛苦,都会因我们对它的关注程度而改变。想一想那句古老的箴言:悲伤的人应该"保持忙碌"。这可能不会最终减轻痛苦的根源,但根据神经科学研究,作为实用建议,它还是有一定道理的。

历史学家可以利用这种观察。我们暂且不谈共情本身的问题,正如我们所看到的,共情的具体概念结构只存在于 20 世纪和 21 世纪,但我们可以假定,在其他时期确实存在着共同的痛苦和共同的情感。如果不进行背景研究,我们无法确定这种分享会产生怎样的影响。如果共情需要经验(在某种程度上,人们必须知道或能够推断出自己正在观察的事物)和注意力,那么历史上的共情例子,显然会因具体情况的不同而大相径庭。共情反应的含义及其实际意义也是不稳定的。例如,我们不能假定共情是人性本善的关键。无论是历史记录还是神经科学研究,都没有证实这种说辞。

正如艾伦·扬(Allan Young)所指出的,关于共情的神经科学研究一直由一种假设主导,事实上是一种强大的范式,即共情是规范性的,能带来积极的社会互动,从而使社会运转良好。非规范性个体,如精神病患者,据说是没有共情能力的。[46]然而,功能性神经影像学数据表明,共情"机制"往往在那些以他人痛苦为乐的人身上起作用。共情没有任何隐含的道德意义,也不等同于人类社会进化的"社会黏合剂"。然而,利他主义进化论的观点是如此强大,以至于很少有人对扬所说的"共情残忍"进行研究,甚至是与之密切相关的"幸灾乐祸"(Schadenfreude)的研究也是少之又少。[47]总之,即使镜像神经元和共情心理是生物学上确定无疑的东西,但它们的激活所导致的后果也是无法预知的,而且它们的激活也不是恒定不变的。关于共情的进化生物学解释并不倾向于承认这种可变性。这并不是说,令人惊讶的共情历史可能不会为社会发展的进化史添砖加瓦,但乍一看,这些历史一定会对社会发展的进化史提出严峻的挑战。从历史上看,共情及其松散的对应概念,比如同情和怜悯,既指向社会解体、排斥、阶层化和沙文主义,也指向凝聚力、互惠和共同体建设。[48]

所有这些都提出了一个具体的问题:当我们观察那些在绘画、素描、挂毯、雕塑和摄影作品中捕捉到的过去的表情时,我们会看到什么? 回顾艺术史,它提供了追溯到世界文明之初的面部和肢体动作的记录,我们会发现大量的面部表情,这些表情的存在可以被解释为透露了作品的情感内容。理解这些表情需要付出努力。查尔斯·贝尔等人的现实主义修正主义,给整个艺术史蒙上了一层阴影,因为他们在表达的可能性上犯了"错误"。通过展示人类面部的局限性以及某些情感的"正确"表达,贝尔证明了过去的大师们在技术上的无能和欺诈行为。贝尔以极大的勇气和胆识,根据自己对情感与面部之间关系的理解,将绘画或雕塑的质量降低到逼真的程度。因此,贝尔在情感史上占据了一席之地,但他的艺术史分析还需要进一步

129

发展。

我想在这里明确一点,在提出一种"解读"艺术作品以获取其情感内容的方法时,我特别希望为情感史学家提供一些引导。我认识到,艺术有多种观赏方式,任何一件作品都存在于当下,并对观众产生影响。我感兴趣的不是观众在此时此地对历史艺术作品的反应,而是历史艺术作品如何成为作品创作的时间和地点的情感表现的有价值的证据。因此,我的艺术史研究方法涉及历史解读。与其他资料来源一样,我建议我们在开始时不要假定情感的描绘是人为的或错误的,而是假定它具有其自身的"真实性",也就是说,它们代表了它们想要代表的东西。如果我们不能轻易理解这种意图,如果我们不能轻易读懂这种表情,如果这种表情在我们看来是错误的或不正确的——所有这些都是我们的问题,而不是艺术作品的问题。我们的工作就是克服这些问题。

一个现成的例子来自对基督教殉教者的长期描绘,这些殉教者往往以
130 各种可怕的方式殉教。[49]我们该如何看待这样一个事实,即殉教者的面孔通常有些茫然,也许是凄惨的,但很难表现出人们可能会认为的(目前认为的)尖叫的痛苦和可怕的恐惧? 要在语境中解读艺术作品,我们必须具备文艺复兴时期艺术史学家迈克尔·巴克森德尔(Michael Baxandall)所谓的"时代之眼":一种全面考虑艺术作品产生时的文化和政治背景的观察方式。[50]为了理解基督教殉教者,或基督作为"悲哀之人"的面部表情所代表的意义,我们需要知道其创作的时间、创作的可能原因、为谁创作以及它被接受的接受框架。例如,在宗教改革前的欧洲天主教徒中,将殉教者的痛苦描绘成美德的忍受是非常重要的。接受痛苦并甘愿受苦是像基督一样的标志。积极追求痛苦的苦行文化为这种意象提供了背景,它激发了人们对基督受难的效仿。由于感官刺激所带来的意义是情感体验的核心,我们应该得出结论:这种忍受痛苦的体验方式,与普通的牙痛或当代世俗发达社会中的任何一种疼痛的体验方式都不相同。

基督教殉教者面无表情的面孔并不是错误的，也不是错误呈现的虚假的宣传作品。相反，它们清楚地表明了一种情感风格，一种规范性的情感规则。当把它们放在宗教纪律和禁欲主义的文本叙述语境中时，我们必须赋予它们有时间限制的"真实性"。我们无法通过假设我们自己的当代表达地图和共情普遍性，获得中世纪和近代早期宗教生活的情感纬度。要进入艺术史中的情感表达，就必须接受共情教育。我们自己的经验并不一定存在于其中。我们与过去之间有一堵"同理心之墙"。[51] 然而，这并非不可逾越。 131 我们可以学着用过去行动者的方式去"观察"。林恩·亨特（Lynn Hunt）在试图获得"革命体验"的过程中，最终呼吁的正是这一点：革命意象（以版画的形式）"通过无意识的身体情感和有意识的身体感受，对身体产生直接的影响"。[52] 希尔可能会反对说，这里的二元论是错误的，即历史上无意识的稳定的身体情感，与历史上偶然的有意识的身体感受之间的对立是错误的。身体也是文化语境的一部分。要知道，巴克森德尔并不是在谈论"时代视觉"，而是在谈论"时代之眼"。毕竟，视觉感官如果没有生理上的眼睛作为其一部分就什么也不是，眼睛是生物身体和历史可变的感官系统中的一部分。身体对情感描绘的反应，取决于对描绘内容的隐性理解。为此，它们不能脱离对所见事物的有意识感受。

这种讨论将情感与感官、身体与心灵以及它们所处的世界相互联系在一起，使我们朝着开发一种能够充分整合所有这些因素的方法论迈出了一步。现在是时候告别自己的感官，考虑他人的感官了。

【注释】

［1］Hochschild，"Emotion Work".

［2］Ekman and Friesen，"Constants"：129.

［3］C. Bell，*Essays on the Anatomy of Expression in Painting*（London：Longman, Hurst,

Rees，and Orme，1806），88.

［4］我在《同情的科学》(*Science of Sympathy*)一书中对此进行了详细探讨。

［5］Bell，*Essays*，85.

［6］众所周知，C.劳埃德·摩根最早提出了这一看法，被称为"摩根法则"：C.L. Morgan，*An Introduction to Comparative Psychology*（London：W. Scott，1894），59。

［7］Darwin，*Expression*；Gross，"Defending the humanities"；Boddice，*Science of Sympathy*，35—37；Dixon，*From Passions*，159f.

［8］关于杜兴，参见 A.M. Drouin Hans，"Des électrodes pour une âme fantôme：l'anatomie de Duchenne de Boulogne"，*Ludus Vitalis*，18（2010）：89—122；S. Dupouy，"Les visages électriques de Duchenne de Boulogne"，*Annales historique de l'électricité*，8（2010）：21—36。

［9］Darwin，*Expression*，182.

［10］S.S. Tomkins and R. McCarter，"What and Where are the Primary Affects？Some Evidence for a Theory"，*Perceptual and Motor Skills*，18(1964)：119—158. 情感理论的完整表述可参见 S. S. Tomkins，*Affect Imagery Consciousness*，4 vols（New York：Springer，1962—1963，1991—1992）。

［11］达马西奥的影响也是巨大的，但他的著作对历史学家的意义却值得商榷，这正是因为他的著作隐含着对历史性的身体/心灵的根本抵制。此外，他的著作以神经生物学为重点，倾向于解释感觉与情感的机制，以理解情感是什么，情感如何定位。而历史学则为了解释事物的含义和事物的作用，倾向于相反的方向。达马西奥的主要作品有 *Descartes' Error：Emotion，Reason，and the Human Brain*（New York：Putnam，1994）；*The Feeling of What Happens：Body and Emotion in the Making of Consciousness*（San Diego：Harcourt，1999）；*Looking for Spinoza：Joy，Sorrow，and the Feeling Brain*（San Diego：Harcourt，2003）；*Self Comes to Mind：Constructing the Conscious Brain*（New York：Pantheon，2010）。更多评论可参见 Gross，*Secret History*，29—39。

［12］例如，参考罗斯·金的断言："神经科学的最新进展表明，情感是对环境变化的非自愿化学反应的结果……这表明情绪具有普遍性，因为它们属于身体的前意识变化。看来，肌肉运动甚至可以引起内分泌的排泄，进而引起某些情绪……。一些现代'人文主义者'，如丹尼尔·格罗斯（Daniel Gross）在其论战性的（因此很受欢迎的）《情感的秘史》(*The Secret History of Emotion*)中，认为人文科学的事业因此受到了威胁。但他们不必担心，只要我们注意到安东尼奥·达马西奥对'情绪'（身体在肌肉-内脏-内分泌层面的非意识调整）和'感觉'（对这些情绪的有意识体验或意识）的重要区分。对于情绪，我们几乎无能为力；情绪是身体进化的结果。但一旦进入意识领域，感觉就可以被调节……"这种说法轻率地无视了格罗斯等人的著作中对达马西奥方法的大量批评。希望本书这样的著作能帮助学者们避免这种新詹姆斯式的还原论，对流行科学不加批判的接受，并避免在分析时有意或无意地坚持二元对立的立场。参见 R. King，"Plays，Playing，and Make-believe：Thinking and Feeling in Shakespearean Drama"，in L. Johnson，J. Sutton and E. Tribble(eds)，*Embodied Cognition and Shakespeare's Theatre：The Early Modern Body-Mind*（New York：Routledge，2014），27—45，at 34。

［13］P. Ekman，"Silvan Tomkins and Facial Expression"，in E. V. Demos（ed.），*Exploring Affect：The Selected Writings of Silvan S. Tomkins*（Cambridge：Cambridge University Press，1995），209—211.

［14］P. Ekman，"Introduction to the Third Edition"，in C. Darwin，*The Expression of the*

Emotions in Man and Animals(London：HarperCollins，1998)，xxxv.

[15] 保罗·埃克曼国际股份公司声称，"接受过埃克曼培训的员工在发现高风险乘客方面的效率要高出 50 倍"，www.ekmaninternational.com/paul-ekman-international-plc-home/news/ekman-trained-staff-are-50-timesmore-effective-at-spotting-high-risk-passengers.aspx，访问日期：2016 年 12 月 14 日；"2009 年时为 100 倍"，http://content.time.com/time/specials/packages/com-pletelist/0,29569,1894410,00.html，访问日期：2016 年 12 月 14 日。

[16] 对埃克曼有力的挑战，破坏了基本情感的整个基础，参见 Feldman Barrett，"Natural Kinds"；"Emotion Paradox"。

[17] P. Ekman and W. Friesen，*Pictures of Facial Affect*(Palo Alto：Consulting Psychologists Press，1976)。

[18] Geertz，"Thick description"，6—12.

[19] 我感谢奥特尼尔·德洛尔在 2014 年 10 月于日内瓦举行的"情感的身体"(Emotional Bodies)会议上提出这一观点。

[20] P. Ekman and D. Matsumoto，"Japanese and Caucasian Facial Expressions of Emotion and Neutral Faces"(San Francisco：San Francisco State University，1988)。

[21] J.-P. Sartre，*Sketch for a Theory of the Emotions*，trans. Philip Mairet(London：Routledge，2002)，11—14，esp. 10.

[22] Gross，*Secret History*，29.

[23] Gross，*Secret History*，32.

[24] Gross，*Secret History*，32—36.

[25] Gross，*Secret History*，178—179.

[26] T. Haskell，"Capitalism and the Origins of the Humanitarian Sensibility"，part 1，*American Historical Review*，90(1985)：339—361.

[27] N. Hallett，*The Senses in Religious Communities*，*1600—1800*：*Early Modern "Convents of Pleasure"*(New York：Routledge，2013)，21.

[28] Hallett，*Senses*，22. 例如参见 F. Bound Alberti，"Medical History and Emotion Theory"，in F. Bound Alberti(ed.)，*Medicine，Emotion and Disease*，xiii—xxix。

[29] Scheer，"Emotions"。

[30] Boddice，*Pain：A Very Short Introduction*；源自 R. Melzack，"Evolution of the Neuromatrix Theory of Pain"，*Pain Practice*，5(2005)：85—94。

[31] Scheer，"Emotions"：196.

[32] Scheer，"Emotions"：198.

[33] Scheer，"Emotions"：200.

[34] Scheer("Emotions"：200)在此参考了 C. Taylor，*Sources of the Self：The Making of the Modern Identity*(Cambridge：Cambridge University Press，1989)，以及 R. Porter(ed.)，*Rewriting the Self：Histories from the Renaissance to the Present*(London：Routledge，1997)。最近的作品更深入地探讨了不断变化的自我实践，为这一理论增添了令人信服的实质内容。参见 Eustace，*Passion*；Sullivan，*Beyond Melancholy*。

[35] Scheer，"Emotions"：200.

[36] M. Milner，*The Senses and the English Reformation*(Farnham：Ashgate，2011)，346.

[37] Scheer，"Emotions"：201.

[38] Scheer，"Emotions"：202.

［39］共情已成为多学科研究的对象。有关概述（不包括历史），参见 E.-M. Engelen and B. Röttger-Rössler, "Current Disciplinary and Interdisciplinary Debates on Empathy", *Emotion Review*, 4(2012):3—8。关于包括历史在内的跨学科尝试，参见 U. Frevert and T. Singer, "Empathie unde ihre Blockaden: Über soziale Emotionen", in T. Bonhoeffer and P. Gruss(eds), *Zukunft Gehirn: Neue Erkenntnisse, neue Herausforderungen*(Munich: Beck, 2011), 121—146。

［40］G. Rizzolatti and C. Sinigaglia, *Mirrors in the Brain: How Our Minds Share Actions and Emotions*, trans. Frances Anderson(Oxford: Oxford University Press, 2006), 190—191.

［41］J. Decetey and P.L. Jackson, "The Functional Architecture of Human Empathy", *Behavioral and Cognitive Neuroscience Reviews*, 3(2004):71—100.

［42］L.S. McGrath, "Historiography, Affect, and the Neurosciences", *History of Psychology*, 20(2017):129—147.

［43］参见 Scheer, "Emotions": 214, and *n* 101, 102, 103。

［44］例如参见 B.M. Hood, *The Self Illusion: How the Social Brain Creates Identity*(Oxford: Oxford University Press, 2012), 63—70; A. Young, "Mirror Neurons and the Rationality Problem", in S. Watanabe, L. Huber, A. Young and A. Blaidsel (eds), *Rational Animals, Irrational Humans*(Tokyo: Science University Press, 2009): 55—69。

［45］L.T. Rameson, S.A. Morelli and M.D. Lieberman, "The Neural Correlates of Empathy: Experience, Automaticity, and Prosocial Behavior", *Journal of Cognitive Neuroscience*, 24(2012):235—245.

［46］S. Baron-Cohen, *Zero Degrees of Empathy: A New Theory of Human Cruelty*(London: Allen Lane, 2011); 参照 A. Young, "Empathy, Evolution, and Human Nature", in J. Decety, D. Zahavi and S. Overgaard(eds), *Empathy: From Bench to Bedside*(Cambridge, MA: MIT Press, 2011), 21—37。

［47］A. Young, "Empathic Cruelty and the Origins of the Social Brain", in S. Choudhury and J. Slaby(eds), *Critical Neuroscience: A Handbook of the Social and Cultural Contexts of Neuroscience*(Oxford: Blackwell, 2012), 159—176; 关于幸灾乐祸，参见 W.W. van Dijk and J.W. Ouwerkerk(eds), *Schadenfreude: Understanding Pleasure at the Misfortune of Others*(Cambridge: Cambridge University Press, 2014)。

［48］例如参见"The Sympathy Ideology of the Early Eugenicists", in Boddice, *Science of Sympathy*, ch. 6. 另参见 K. Ibbett, *Compassion's Edge: Fellow Feeling and Its Limits in Early Modern France*(Philadelphia: University of Pennsylvania Press, 2017); Konstan, *Pity Transformed*。

［49］Moscoso, *Pain*, 12—18; 另参见 M.B. Merback, *The Thief, the Cross and the Wheel: Pain and the Spectacle of Punishment in Medieval and Renaissance Europe*(London: Reaktion, 2001); E. Cohen, *The Modulated Scream: Pain in Late Medieval Culture*(Chicago: University of Chicago Press, 2010), 227f.。

［50］M. Baxandall, *Painting and Experience in Fifteenth-century Italy: A Primer in the Social History of Pictorial Style*(Oxford: Oxford University Press, 1988), 29—108.

［51］该表述借用自 A.R. Hochschild, *Strangers in Their Own Land: Anger and Mourning on the American Right*(New York: The New Press, 2016), 5。

［52］L. Hunt, "The Experience of Revolution", *French Historical Studies*, 32(2009):671—678, at 677.

第六章　体验、感官和大脑

稍事休息

你感觉如何？这个问题看似平常，实际上却极其复杂。我们把它当作 一种平淡无奇的询问，这既证明了我们在语境中处理经验的方式，也说明了我们在处理难题时通常很少进行反思。它既是关于我们的健康状况、我们在特定时刻的情感倾向、我们对某个主题或事件的看法的问题，也是对我们的判断力（即"你怎么想?"）的一种探询，还是对我们感官的字面调查，涉及三个层面。例如，在牙科手术期间，它可能会要求我们确定某一时刻的疼痛程度。它还可能会要求我们对另一种感官体验进行评级或评估：你对巧克力蛋糕、噪音水平和景色的感觉如何？从字面上看，这也是对我们感觉的一种探究。让我们理解世界的机制是什么？所有这些概念上的混淆，再加上语义上的重叠，使"感官"一词同时包含了感觉和认知，这表明感官研究具有丰富的可能性。此外，它还表明，感官理应成为情感史的一部分。

感官史的研究取得了重大进展，其中大部分与情感史有关，但情感史学家却很少真正注意到这一点。例如，1989 年，戴维·豪斯（David Howes）有力地论证了感官与"情感体制"的关系,并证明了某些感官尤其是嗅觉,从18世纪中叶开始变得更加强大,而视觉在辨别(看到)社会等级的动态方面变得不那么敏锐了。[1]此后不久,阿兰·科尔班明确地提出了一种激进的感官史,它将在一定程度上通过进入历史行动者的感官世界,构建声音景观和嗅觉地图,但重要的是,试图重建特定历史时期感官对这些刺激的特定调适。换言之,必须认真对待"感官模式的历史性"。[2]耳朵、眼睛和鼻子的功能,或者至少是大脑对这些器官信号的解读,不能被理解为与历史无关。感官在过去是受条件制约的,就像我们制约自己的感官一样。大气中存在有气味的微粒物质或可听频谱中存在振动,并不会自动导致某种特定的气味或声音的评价。我们对这些事物的情感反应,取决于我们所处的时间和地点,以及我们的身份和习俗。

与情感、激情、感伤等一样,感觉和感官也有一段历史,既是文化史,也是身体史。就像情感一样,人们在感觉到某种东西时所产生的想法,会影响到所感觉到的东西以及所感觉到的东西的意义。对感官体验的评价使感官具有意义,而对情感的评价又使情感具有意义,两者的历史在概念上有很大的重叠。当然,从根本上说,情感和感官都是大脑的输出,而不是存在于某个地方的物质。例如,视觉是由眼睛处理的,但并不是眼睛的特质。视觉是视觉刺激经过大脑处理,并转化为视觉体验后的结果。与其他感官一样,视觉体验从来都不缺少或脱离情感评价认知过程。我们的视觉并不是中立的。看到令人毛骨悚然的小丑而感到恐惧,并不是一个视觉与恐惧无关的连续过程,而是一系列相互交织的过程,其中情感评价与视觉处理结合在一起,而所有这些也都与文化体验紧密相关。

因此,我们所看到的(以及我们所闻到的、尝到的、听到的和触摸到的)并不是客观存在的。我们与感知对象的关系,就像我们与情感对象的关系(我们的联想)一样,是由大脑填充的。康斯坦丝·克拉森(Constance Classen)在一项广泛的人类学调查中,得出结论:"符号导向的主要感官媒介在不同文化中差异很大,只能在特定文化的背景下理解,而不能通过一般化的外部感官范式来理解。"[3] 在不同的地方,感官之间的相互关系和层次结构会有所不同,这将极大地影响人们认识和评价世界的方式。正如克拉森所说:"感官模型是概念模型,感官价值是文化价值。一个社会的感官方式就是它的理解方式。……感官价值不仅构成了一种文化的体验,而且表达了它的理想、希望和恐惧。"[4] 这一观点支撑了皮耶罗·坎波雷西(Piero Camporesi)的工作,他深入研究了中世纪和近代早期意大利的感官世界。植物、动物和地球本身都被拟人化,以便与人类建立同情而敏感的关系,人类在播种、种植和收获的同时,"会考虑到植物的情感需求,它们深沉而狂热地渴望爱和陪伴"。存在的希望和恐惧,植根于对人类赖以生存的无生命体的感官认识,以及与它们之间有意义的情感关系。这种关系"与我们目前对植物世界的冷漠和漠不关心大相径庭"。[5] 对于历史学家来说,感官和情感一样,都是他们的研究对象。

这一领域已经有了大量的研究成果,其中大部分都明确地与情感史联系在一起。例如,罗伯特·尤特(Robert Jütte)在开始研究从古代到网络空间的感官史时,就提到了情感史的共同出发点——吕西安·费弗尔和诺贝特·埃利亚斯将心态和行为方式分别与意义的细微差别、人类处理感官体验的方式以及情感行为联系在一起。[6] 更重要的是,他在开始研究时就指出,历史学家必须摒弃"感官知觉的'自然性'的先验假设",即我们应该将身体本身视为历史。[7] 长时间来看,某些感官的敏锐度发生了明显的变化,这些变化是由于人类的身体和认知与所生活的世界的互动发生了变化而形成的。我们用以定位自己的物品以及赋予我们生活意义的物品,会影响我们对它们的体验。从情感和感官的角度来看,是否存在印刷文本、谁能获得这些文本,以及获得这些文本的便捷程度都很重要。口述传统中的人类感官世界可能与文本传统形成鲜明对比,就像我们周围的感官世界正在被网络体验所改变一样。媒介不仅仅是信息。媒介创造世界,或者更准确地说,媒

135

介允许人类大脑创造世界。

奇怪的是,尤特还从马克思的一些有意义的段落开始,这些段落呼应了建构主义的观点。[8]我们可以将这些观点从其最初的政治议题中提取出来,并看到马克思关于人类为了自身目的而建构世界的理解,事实上与某些神经科学、生物文化学对体验创造的理解相吻合。马克思认为,"显而易见,人类的眼睛欣赏事物的方式不同于未开化的、非人类的眼睛;人类的耳朵不同于未开化的耳朵等等",凭借他对历史主义的独特理解,同样显而易见的是,处于社会发展的不同阶段和社会规模的不同时段的人,对世界的感知也有所不同:"负担沉重、穷困潦倒的人对最好的戏剧没有感觉;矿物商人只看到矿物的商业价值,而看不到它的美和特性;他没有矿物学的意识。"[9]每个人都以自己的方式思考、感知和感受世界,这就使马克思和我们超越了传统的五种感官:

136
　　　　只有通过客观地展现人类本质存在的丰富性,才能培养或产生主观的人类感性的丰富性(感知音乐的耳朵,感知形式之美的眼睛,简而言之,能够满足人类需求的感官,肯定自己是人的本质力量的感官)。因为不仅是五种感官,还有所谓的精神感官、实践感官(意志、爱等),总之,人类的感官,感官的人性,是凭借其对象,凭借人性化的本性而产生的。五种感官的形成是迄今为止整个世界历史的结晶。[10]

在这里,马克思既瓦解了自然/文化的二元对立,也推进了情感史和感官史的研究,其源头正是人类体验所围绕的物品和关系——物质世界和人际交往。一个物品在某种程度上是有意义的,而对另一个人而言,同样的物品可以通过不同的方式被感知为有意义,这种可能性是无穷无尽的,这让我们有理由既从历史上也从政治上探讨这个话题。我说的"政治"并不是粗略意义上的"政治",我们也不需要赞同马克思的政治议题。相反,这是说马克思和大多数历史学家一样,把人作为其史学实践的中心。他明白生命的情感意义，正如我们努力通过情感史来理解的那样，作为人类感官的体验感知，与物质条件和世界的社会现实紧密相连。一个人的客观现实与其主观现实是不可分割的。毕竟，除了主观的视角之外，没有其他方式可以感知世界，但这种视角总是嵌入世界本身。正如马克思所总结的那样，这个结论在神经科学上是合理的，"在人类历史中发展起来的天性——人类社会的起源——是人类的真实本性；因此，通过工业发展起来的天性，即使是以异化的形式出现，也是真正的人类学的本性"。[11]

观察和感知的方式，告诉我们塑造人类体验和人类对现实的感知的动 137 力。如果我们能够进行这样的分析，那么彼时彼地的感受，将告诉我们权力结构、社会分层、常规和仪式的制度体系，以及身份和归属的变化无常等主观现实。我们的资料来源是这样一些平凡琐碎的内容：比如人们对高桌和低桌食物味道的报道；城市人鼻子里的污水味和穷人鼻孔里的香水味的描述；虔诚者在祭坛上看到圣体时的证词，以及寻欢者在歌舞剧中看到肉体时的证词；节日活动参加者在音乐声中的狂欢，以及当地中产阶级对噪音污染的抱怨。总之，正如克拉森所言，"感官价值是社会价值，感官关系也是社会关系"。[12]

在某些方面，马克思的观点是在一长串类似的观点之后提出的，这些观点尽管以五种感官为主，但却将人的本质置于第六感官——一种内在的感官，一种常识——之中。[13]在英语中，我们使用"常识"（common sense）这一短语，似乎是指人们普遍理解的东西，但在这里，"感觉"（sense）一词的字面意思值得我们思考。它是一种理解，但并非源于知识；相反，它是一种简单的感知。至少从笛卡尔以来，当然也包括在此之前的漫长岁月里，就有一种判断形式的概念，它是人类自我的核心，能够理解和处理来自传统感官的感觉信息，并为行动提供动力。无论这种总体意义上的理解是位于头脑、内脏还是灵魂，它通常都被赋予一种力量，即把客观世界与自我（自我本身就是一个偶然的范畴）联系起来，并赋予人类体验世界的行动和意义。因此，

12 世纪熙笃会改革家克莱沃的伯纳德(Bernard of Clairvaux),将五种感官分别与爱的类型联系起来,每一种配对最终都源自灵魂的本质。[14]正如理查德·纽豪瑟(Richard G. Newhauser)在谈到中世纪时所总结的那样,"感觉

138 不仅是被保护的,而且是被引导的"。就像现在一样,这种通过认知来传递感觉的过程及其评价输出都是"解释性的",而不仅仅是自然的。[15]

这种心灵、情绪、感觉三位一体的观点可能也适用于笛卡尔,这与人们所接受的笛卡尔将心灵与身体、灵魂与肉体割裂开来的观点背道而驰。虽然笛卡尔的二元论会带来一些重大影响(下文将以痛觉为例作总结),但应该指出的是,笛卡尔本人对感觉与灵魂的关系有着复杂的看法。其中最关键的是,他观察到发生在身体上的事情也发生在他身上,或者换句话说,他的自我感知并没有冷漠地脱离身体的机制。恰恰相反,心灵与身体有着共情的关系,能够认同身体的感受。用笛卡尔自己的话来说,笛卡尔式的人是身体与心灵的结合体,而不是分离的飞行员和船只。[16]

这种内在感官的存在提醒我们,我们所知的感官在历史上是不稳定的,它仅限于五种。几个世纪以来,诸如常识、想象、记忆的内在感官,以及精神感官都在发挥作用。承认过去的认识论不止有五种感官,却因为这些认识论是"错误的"而否定这种看法,这在历史学上毫无用处。恰恰相反,人们对正确认识的理解,影响着他们所从事的实践活动,也影响着他们对周围世界的评价。亚里士多德认为常识位于心脏,但后来却转移到了大脑,这一点很重要。[17]出于同样的原因,当代政治理论家艾琳·曼宁(Erin Manning)毫无讽刺意味地告诫我们,"偏离对感官的常识性解读",这一点也很重要。[18]我们可以通过知识的转变过程,描绘常识从心灵到大脑的过程,这也是一个实践的转变过程,进而描绘对世界的情感评价的变化。此外,曼宁还提醒我们,感官体验的影响是生理性的,我将在"神经史学"的标题下再次论述这一点。

无意识

我们现在所谓的共情的缺失，在其他时候则被解释为道德上的缺失。 139
从历史上看，各种类型的人或职业都被认为容易缺乏同情心，不仅无法察
觉他人的情感倾向，也缺乏察觉他们情感倾向的能力。表面上看，缺乏同情
心是一种感官缺失。它让手脚皮肤硬化，无法感受到刺激。然而，对缺
乏同情心的指责很少是对感官缺失的指责。相反，这种感官缺失与情感缺
失和道德后果有关。外科医生是缺乏同情心的典型代表，人们认为外科医
生接触鲜血和疼痛会使他们变得冷酷无情，因而在道德上受到怀疑。[19]
屠夫这一职业因其无法与被屠宰的动物建立情感联系，以及血液与厌恶感
之间的脱节，他们也被认为是缺乏同情心的。他们的职业，通俗地说，使他
们在生死攸关的问题上，失去了担任陪审员的资格，因为人们认为他们更
有可能做出有罪判决。这一点没有历史事实依据并不重要，重要的是，它
在民间知识中有历史依据，因为与这类职业的互动受到了这种知识的
影响。[20]

　　缺乏同情心和道德怀疑之间的联系，在童年时期的冷酷行为和成年后
的残忍行为之间的长期关系中得到了回应。至少从托马斯·阿奎那（Thomas
Aquinas）时代开始，威廉·霍加斯（William Hogarth）的艺术作品和伊曼努
尔·康德（Immanuel Kant）的演讲就经常提到，童年时期对动物的残忍行为
会导致成年后的犯罪，这个观点在整个 18 世纪末和 19 世纪不断地重
复。[21] 18 世纪 50 年代，众所周知，霍加斯将幼稚的虐待动物行为与谋杀罪 140
行和肆无忌惮的科学好奇心联系在一起，正是这种好奇心使得解剖成为可
能。文明本身受到了那些没有感情的人的威胁。关键是让孩子们意识到，
他们在支配笨拙的动物时需要温柔仁慈，这样他们才能认识到周围其他人

的痛苦。童年时虐待动物与成年后的暴力和攻击行为之间的关系至今仍被引用,被称为"毕业假说"。[22]虽然从来没有(事实上,人们不禁要问:怎么可能有?)对照研究来证实这种关系,但对其真实性的坚定信念,导致了许多政治、立法和社会干预,以防止民众变得缺乏同情心。

例如,我们不应将动物福利运动的兴起,视为文明进化和社会进步的自然发展,而应将其视为对感官和情感的特定历史判断,以及应如何控制与之相关的实践和价值判断。[23]将动物福利的支持者视为具有道德倾向的人,就是将敏感、同情(或共情)、社会实践以及社会实践的对象(动物)混为一谈。相反,认定一个"冷酷无情"的人无法获得同情机制,就是认定他缺失感觉、情感,进而缺失道德。在文明社会中,"感觉"一词往往包含上述三个方面,其同义词是"人性"。至少从18世纪开始,人类作为一个整体的标签,就与感官和情感特质联系在一起,这一事实应该引起情感史学家的极大兴趣。[24]

141　　然而,正如科尔班提醒我们的那样,我们必须知道谁是我们的资料来源。通常情况下,对行动者迟钝的评判充满了情感和道德上的直率,用科尔班的话来说,这些评判来自那些"必须标明自己与所讨论对象之间的距离"的人。[25]此外,当这些评价被写下来时,我们必须对目标受众进行评估,而目标受众通常可能被认为与作者具有相同的印记。因此,其结果并不一定是历史行动者或整个社会的感觉/情感/道德内涵的真实表现,而是其他历史行动者对这一内涵的社会文化判断。为了进行某种验证,我们还需要听取那些被贴上迟钝、残忍和不道德标签的人的意见。遗憾的是,历史记录中关于这些人的内容,远远少于他们的谴责者。我很幸运地找到了一些,这也可以说是现代主义者的特权。但是对于那些追寻更久远历史的人来说,希望可能就更渺茫了。

不过,在处理历史资料中人际判断的动态时,我们可以采取批判意识和反思的态度。正如科尔班指出的,任何历史学家都可以采取"预防措施",了解任何特定时期的"感官系统的表征及其运作方式"。[26] 证据遵循其所处时代的逻辑,很少有哪个时期不通过医学文献透露情感或感官理论的秘密。简而言之,我们可以通过理解感官和情感的认识论的变化,理解行为和判断的社会动态。在任何特定的时间,行动者所了解的情况,都会影响到他当时的行为、他的感受、他对待上司或下级的方式,以及他将如何评价宜人或恶臭的气味、优雅或邋遢的景象、精致或简陋的菜肴。这里的关键是我们能够理解评价,因为只有在这里,也只有在这里,我们才能理解感觉以及与感觉对象相关的情感意味着什么。这就是经验的历史。

例如,我们必须知道如何质疑我们对词语的简单理解,因为这些词语的含义可能已经改变得面目全非了。正如康斯坦丝·克拉森提醒我们的那样,味觉(taste)"曾经意味着'触摸'",德语中的"味觉"(Taste)一词就证明了这一点。她接着说,嗅觉(scent)意味着"感受",而听觉(hear)意味着"观看"。[27] 如果这还不足以迫使我们进入不同时间、不同地点构建现实的知识和思想的世界,那么克拉森的以下观点肯定会让我们信服:

> 我们在英语中用来指代情感和智力的许多术语都有其感官基础。例如,"悲伤"(sad)曾表示心满意足,"快乐"(glad)最初意味着闪耀。"睿智"(sagacious)来自拉丁语中的嗅觉灵敏,"圣贤"(sage)同样来自拉丁语中的味道。即使是笛卡尔关于知识排他性的声明"我思故我在"(Cogito ergo sum),其字面意思也是"我行动起来,所以我在"。因此,只要思维依赖于语言,我们思考时使用的许多词语的感官基础就表明,我们不仅思考我们的感官,我们还通过感官思考。[28]

但现在应该清楚的是,尽管感官、情感和智力之间的关系存在广泛的稳定性,但这种关系的精确构成却远非稳定。当然,根据情感史学家的推测,我们对这种关系的看法的不稳定性,也会反映在我们对它的感知和感受上。

142

痛苦、大脑和神经转向

上述推测是借用神经科学关于突触发展的"可塑性"的知识。并不是所有的情感史学家都在进行"神经转向",事实上,也有一些情感史学家会提请人们注意情感史与神经史之间的区别,甚至是矛盾。[29] 我们有必要暂时转向神经史学(这可能是一个新词汇),因为神经转向似乎很可能只会在人文和社会科学领域,尤其是在历史学领域中变得更加突出。[30] 由于神经史学和情感史学都没有固定的研究方法论或公认的实践准则,因此,尽管某些因素有可能会将它们分开,但我们仍有空间来尝试将它们结合起来。

神经史学的基本原则是文化书写自然。虽然莫尼克·希尔不是这个领域的热心支持者,但她还是指出了该领域的一个关键方面,她说:"如果功能性磁共振成像(fMRI)扫描显示了情感的神经相关性,那么这些扫描结果就必须被解读为'使用过的'大脑的图像,即由特定文化的实践所塑造的大脑。"[31] 事实上,"文化书写自然"这一表述包含了自然与文化的二元对立,神经史学家可以而且或许应该摒弃这种二元对立。不过,它确实提供了一个图像,使核心理论论点易于理解。如果把大脑想象成一个固定的生物实体,在其中进行着由物理和化学过程决定的活动,而这些活动自人类成为人类以来就一直在进行,那么就无法有真正记录大脑及其过程的历史。但是,如果把大脑想象成一个生物器官,它在一定程度上是由它所处的世界创造的,那么就会出现两种情况:世界在我们理解我们是谁的过程中具有了新的显著重要性,大脑也会因为它是一个语境对象而成为历史。

有些历史学家对第二种情况感兴趣。他们将大脑本身视为研究对象,想知道它是如何工作的,以及曾经是如何工作的。这样的历史学家并不多见,尽管他们在神经科学领域的同行不计其数。然而,对于大多数熟悉这种研究方法的历史学家来说，它是两者的结合，并着眼于新的经验史的潜力。神经生物学的研究对象是整个人类，因为身体、大脑、感官和情感都在其研究范围之内。神经生物学的最新发展直接影响着情感史，使得历史学家无法忽视神经科学。虽然许多人对此感到不安，但人文学科与人文科学之间的和解与积极合作已经开始，我们有充分的理由希望我们的研究能够目标一致。

144

对神经和大脑的研究一度是为了揭示人体的内部机制。人们认为，感官和情感、痛苦和创伤、心理障碍和精神疾病的秘密，都存在于神经、脊髓和大脑这些人体器官的具体功能属性和布局中。再加上肾上腺素和可的松等荷尔蒙分泌物、化学信息传递、阿片类药物和大麻素系统以及免疫系统，随着时间的推移，人作为一个化学机械实体的图景出现了，以可预测的方式对刺激做出反应。人类机器正在缓慢而坚定地揭示其秘密。至于还存在哪些秘密，取决于人们的看法，要么时间会揭示它们，要么就会有神来之笔（*deus ex machina*）。

至少从 20 世纪 60 年代开始，神经科学家就发现人类的行为不一定是可预测的。没有一种绝对的刺激/反应关系，能让我们把人归结为机械的。从这一点出发，许多领域的神经生物学研究，都试图解释人类经验的变迁和变化，寻找我们的现实是如何作为大脑的输出而构建的，而不是大脑简单地处理外部现实的刺激。换句话说，任何动作、感觉和身体与世界的接触，都无法自动产生某种特定的经历。

这似乎有违直觉。你可能会说，如果我用锤子敲到拇指，它就会疼，我就不会继续这样做了：刺激、经验和行动之间存在着可预测的关系。但是，现在的神经科学研究反对的恰恰是这种平庸的例子。重要的是我何时、如何、为何锤击，我以前做过多少次，在何种情况下做过。例如，一个经验丰富的木匠在捶打自己的拇指上千次后，在这一时刻体验到的疼痛和焦虑，可能不会像第一次挥舞锤子的孩子，或者靠灵巧双手谋生的魔术师那样强

145 烈。同样,有许多证据确凿的案例表明,枪击受害者没有意识到自己中枪
了。[32]在中枪的那一瞬间,有时甚至在之后很长一段时间内,他们都称自己
没有疼痛感。造成这种情况的原因是多方面的,我们稍后再谈。我们只需
指出,神经科学家现在倾向于同意历史学家的观点,即经验——我们在特定
时刻的现实——是在大脑中构建的,并依赖于大量即时处理的信息,其中一
些是生物信息,但大部分是文化和语境信息。

　　然而,我们还可以更进一步地说,婴儿时期的神经和突触发育,似乎对
日后生活中体验刺激的方式有着重要影响。一项关于触觉的科学研究表
明,婴儿在幼年时期受到父母令人安心的抚摸,会降低患焦虑症、慢性疼痛
和抑郁症的风险,也会降低患心脏病、肥胖症等看似社会经济疾病的风
险。[33]相反,遭受过剧烈痛苦的婴儿,在以后的生活中患焦虑症的风险会增
加,并且更容易患上慢性疼痛综合征。[34]

　　触摸作为一种有意义的行为,比如一次爱抚、一记重拳的动态互动,直
接影响着身体生理应激反应的发展方式。皮质醇是身体的应激激素,在受
伤时可以作为免疫反应,但皮质醇过多、持续时间过长,身体就会向自己开
战。[35]我们的身体是在出生后被塑造和构建的。我们在身体被塑造的同
时,也在情感上被塑造:情感并不是孤立存在的,而是大脑功能发展的一部
分。此外,几十年以来,神经科学家一直试图将情感功能置于大脑的特定
部位,将恐惧与杏仁核联系起来,这只是最常见的说法,但是现在,神经科
学家在研究人脑情感活动的功能性磁共振成像扫描时,开始对他们看到的
146 东西产生了怀疑。[36]然而,正如丽莎·费尔德曼-巴雷特(Lisa Feldman-
Barrett)和她的团队发现的那样,我们完全有理由相信,在构建情感体验的
过程中,整个大脑都会被调动起来,而实现这一构建过程所需的大部分突
触发育都是在出生后进行的。[37]

　　神经可塑性涉及对大脑的理解,这在很大程度上是通过使用功能性磁
共振成像进行实验来实现的,它改变了我们对感官身体和体验意义的理解。

虽然功能性磁共振成像技术的准确性最近受到了重大挑战[38]，但神经科学研究的一些发现为人类体验（尤其是痛苦体验）提供了精确的解释，这些解释仍然大有可为。我们可以这样概括我们对大脑认知的转变：（至少）自笛卡尔时代以来，神经科学一直受到一个关键假设的困扰，即大脑处理身体的传入体验感觉，引起各种可以被称为"行动"的反应。换句话说，大脑在体验中的作用，是接收来自外围的感官信息并做出反应：外围（皮肤）发出寒冷的信号，行动中枢发出靠近火源的指令；外围（脚部的痛觉感受器）发出疼痛的信号，行动中枢发出将脚从火边移开的指令；外围（眼睛中的眼部传感器，贯穿全身并到达脊髓的疼痛纤维）发出恐惧的信号，行动中枢做出寻求帮助和救济的反应。一直以来，不同的化学级联都会自动触发对感觉的反应，在神经刺激剂或神经阻滞剂的作用下，清洗大脑和神经系统，使大脑对发生的事情有清晰的认识。在这种情况下，寒冷、灼痛和身体受伤的可怕景象等有意义的体验都是客观存在的。它们从外界传递到大脑，大脑会采取适当的行动。就大脑对这些体验做出的判断而言，它是有局限性的，因为寒冷、疼痛和恐惧是世界上的客观存在。

147

这种关于感觉、判断和行动的观点已被推翻，其场景可以重写如下。体验是传出的，而不是传入的。它是大脑的输出。大脑接收到的任何感官信号本身都不是体验，而只是感觉。体验必须在大脑中并由大脑产生。判断是这种输出的一部分。因此，外围（皮肤）发出温度下降的信号，大脑对此进行解读，从而做出"我很冷"的定性判断，其行动就是靠近火源。外围（脚部的痛觉感受器）发出受伤的信号，而不是疼痛，大脑会根据包括体验和环境在内的一系列因素将其解释为疼痛，然后行动中枢发出指令，将脚从火边移开。外围（眼睛中的眼部传感器，贯穿全身并到达脊髓的神经）发出受伤的信号和图像——一只起泡并流血的脚，大脑可能会将其解释为可怕，从而寻求帮助和救济。在每种情况下，大脑都会产生寒冷、疼痛和可怕的体验。这些都是对温度和受伤的无价值感觉以及受伤后与伤口有关的感觉的转化。

在这里,我对每个例子都添加了谨慎的注释。之所以这样做,关键在于理解为什么将体验解释为大脑输出可能是正确的。人们体验客观存在的方式并不相同。在一个温度为 21 摄氏度的房间里,有些人会觉得热,有些人会觉得冷,有些人会觉得恰到好处。无法解决的问题是,每个人对温度的感受都是正确的。同样更重要的是,受伤的经历也不尽相同。即使是神经系统功能"正常"的人,同样的伤害性刺激也会导致不同类型和程度的痛苦,包括完全没有痛苦,以及对这种体验的不同反应,从坚忍的忍耐到对痛苦的彻底放弃。[39]

148 　　至于恐惧,可以肯定的是,引起恐惧的物体必须通过教导和体验才能成为恐惧的对象。那些通常以某种原始的方式被认为是可怕的东西,比如蛇和蜘蛛,已被证明在婴儿看来是中性的,他们必须从别人那里学习这些生物的可怕之处。[40]甚至对自己受伤的身体感到恐惧或害怕的景象或感觉,在某些情况下也可能是无关紧要的。我很快就会回到这一点,但我首先想详细说明为什么我们似乎天生对自己受的伤害感到恐惧和痛苦。所有这些对历史学家的意义将在适当的时候变得清晰起来。

　　当我们受伤时,我们是如何以及为什么会感到痛苦——事实上,如果我们真的会感到痛苦的话——这是理解神经可塑性的关键所在,因为它说明了人们是如何将自己想象成身体的,或者当我们的身体发生了什么事情时,我们是如何说明它是发生在我们身上的。要理解痛苦或其他感官体验如何起作用,关键在于将体验与世界中物体的内在属性分离开来。无论我们身体周围受损的神经处于何种状态,我们的痛苦都不是这种损伤所固有的。相反,神经科学家现在认为个体有一个"神经矩阵",它产生了身体的"神经信号"。这就是我们身体的"图像"或"模式",我们将其理解或解释为我们的自我。神经信号始终存在,是由基因编程的,但也具有可塑性。神经信号利用大脑从外围接收到的感官信息创造经验。这些信息根据一系列变量,既为神经矩阵提供养分,又制造神经矩阵。来自皮肤、视觉和听觉的感官输入是其中的一些变量。这些变量与情绪和情感交织在一起,而情感和情感本身就是在文化和文化体验中产生的。

　　身体各个部位本身被赋予了特定的意义或价值,它们被组织成手势、动作和姿势也是如此。正如我们看到的,许多这些动作和姿势本身就是对文化规范和体验的回应。所有这些都在大脑中被处理,根据罗纳德·梅尔扎克(Ronald Melzack)最初提出的神经矩阵理论,并被编排成交响乐输出,最终形成我们所熟知的身体自我。[41]这就是当我们受伤时,我们如何知道损伤是我们的原因。神经矩阵的神经信号印记的破坏,被记录为异常。这种异常根据我们的语境和经验,很可能会引起恐惧。这是痛苦的伴随物之一。

　　这些理论的主要意义在于,它们为高度个性化的现实体验提供了可信度,而这些体验曾让那些原本期望在客观物质世界中找到现实的研究人员感到困惑。例如,那些幻肢痛患者,几个世纪以来一直困扰着医生。[42]尽管患者的肢体已经被截除,但他们感到被切断的肢体仍然存在,有时甚至感觉这个地方极其疼痛。现在,这种现象被理解为神经信号紊乱的结果。[43]人们期待从截除的肢体得到的信号没有出现。这种反应是一种神经活动模式,体验为截除的肢体的灼痛。毕竟,身体自我的神经矩阵仍然包含着身体上失去的肢体。此外,神经矩阵可能会命令截除的肢体移动,由于没有来自外围的调节反应,这种命令会被不断强化。这通常表现为缺失肢体的肌肉痉挛。尽管对此仍有一些争议,但一般认为这些痛苦和体验与受伤部位无关,而是与大脑的输出有关。

　　对于幻肢痛患者来说,失去肢体的体验和其中的疼痛都是真实的。治疗包括试图改变神经信号,从而改变这种现实。换句话说,解决方案与大脑可塑性有关。这方面的研究已经证明,人们可以有目的地控制大脑中与身体疼痛相关的部分。类似的实验表明,即使不进行相关的运动,与运动功能相关的大脑活动也可以再现。实际上,人们可以在脑海中体验打网球。在可控的情况下,神经科学家正在探索,他们能在多大程度上为我们经常谈论

149

150

的事情提供证据。我们能否控制自己的情感、对感官刺激的情感反应,以及与运动相关的大脑活动?答案是我们有很强的控制能力。[44]这意味着我们对世界的体验,在某种程度上受制于我们的自主控制。即使不受控制,我们所感知的现实也是大脑的输出。这种观察表明需要对医学史进行修订,将过去行动者的痛苦体验作为关于痛苦的历史偶然性的真实陈述加以考虑。我以各种方式主张重新评估历史文献资料中的痛苦,以及当代医学实践中作为情感的痛苦。[45]在任何地方,情感史、感官史和神经转向,都不可能以如此富有成效的方式结合在一起。

为什么我把痛苦称为一种情感?受到尼古拉·格拉赫克(Nikola Grahek)的启发,我可以用另一种方式来表述:如果痛苦不伴有情感,那就根本不是痛苦,因为如果没有情感评价,就只有受伤、炎症或排斥。[46]我们从对痛觉缺失症患者的研究中了解到这一点,痛觉缺失症是一种罕见的疾病,其特征是个体无法感受到疼痛。重要的是,这不是一种麻醉状态。痛觉缺失症患者对触觉、热感、压迫感等都能感知,但对这些感觉的情感评价却不活跃。在功能性磁共振成像扫描仪下,大脑可以检测到与受伤有关的感官刺激,但大脑中预期会显示痛苦体验情感部分的内容却缺失了。患有这种疾病的人,可能不会意识到受伤的威胁或危险情况,因为他们对受伤漠不关心。因此,当他们受伤时,他们不会保护受伤部位。他们不会跛行,也不会避免使用骨折的手臂。为了让身体痊愈而让人处于痛苦中的生理恢复迹象,并不会被大脑进行情感处理。因此,患有痛觉缺失症的人往往寿命较短。[47]他们的身体磨损被加剧了。尽管如此,不能说他们以一种有意义的方式在"承受痛苦"。没有情感,就没有痛苦。

疼痛状态下大脑中情感处理的重要性,在其相反的情况下即完全没有身体受伤的疼痛实验中得到了证实。主要由娜奥米·艾森伯格(Naomi Eisenberger)和她的团队进行的社会排斥测试表明,被冷落的感觉与身体受伤的感觉具有非常相似的神经情感反应。[48]对大多数人来说,被欺负、被排斥或失去亲人,本质上都是与身体受伤类似的情感刺激。因此,感到疼痛根本不取决于机械或生理上的紊乱。当这两方面的研究轨迹交织在一起时,我们可以得出这样的结论:痛苦的意义来源于情感。反过来,这也意味着痛苦的意义与情境相关。它有助于我们理解,根据不同的情境,痛苦可以是愉悦;[49]它可能是神圣运动或极度虔诚的标志;[50]当我们的情感注意力被其他事情所吸引时,痛苦可能被完全避免。对历史学家来说,这确实是一种变革,因为我们不能再相信通常作为痛苦迹象的东西,即武器或刑具,或伤口和伤害。相反,我们必须在语境中审视这些迹象,对照那些声称在看似痛苦的环境中并不痛苦的人的证词,以及那些即使在没有明显痛苦迹象的情况下也声称痛苦的人的证词。我们可以借鉴萨拉·艾哈迈德的反思性观察:

> 当我感到痛苦时,我就会意识到我的身体成了我的居住地或栖息地。因此,痛苦与我们如何居住在这个世界上,以及我们如何与构成我们居住地的表面、身体和物体建立关系息息相关。我们的问题不再是什么是痛苦,而是痛苦带来了什么。[51]

痛苦存在于这个世界上,它由我们对发生在我们身上的事情的情感评价所决定。它并不像人们常说的那样,是人类的普遍现象。因为它是可评估的,所以痛苦不能仅仅归结为生理现象。如果没有理解正在发生事情的意义这一动态过程,没有随之而来的恐惧、焦虑或苦难,痛苦就不存在。

另一方面,在有恐惧、焦虑或苦难的地方,我们可能也会寻找痛苦,为那些并不总是被直接接受的痛苦经历赋予新的生命。身体、情感、心灵和感官之间的关系,往往在人类对疾病或与药物接触的描述中阐述得最为清晰。例如,我们可以追溯从古至今的癔病史,这将形成一个厚厚的病症目录,根据组织这些病症的各种概念,对身体和精神的失调进行不同的排列。例如,在古代,癔症的字面意思是指子宫在体内游荡,导致患者的过度激情。然

152

而,正如杰瑞·托纳(Jerry Toner)所指出的那样,这种完全是物理性的假说也有感官上的治疗方法:"将恶臭的熏蒸剂放在妇女的鼻子下,以驱赶子宫上升,而将芳香剂涂抹在阴道内,以吸引子宫下降。"尽管托纳认为,身体内部流动的概念是"对任何形式的女性社会流动所带来的危险的隐喻",但我们不应怀疑,古代医生确实相信子宫是流动的,身体的紊乱可以在激情的骚动中显现,而感官的应用可以将各部分恢复到正确的位置。[52]这并不是要否认这一隐喻,而是要再次强调女性不稳定性的具体表现形式。

后来关于癔症的论述,以不同的方式重新阐述了身体、激情和感官之间的关系,但这种关系仍然保持不变。到19世纪对癔症进行临床研究时,对子宫实际运动的重视程度有所降低,但女性性行为异常与身体和精神障碍之间的联系仍屡见不鲜。换句话说,自慰或滥交等令人憎恶的行为,比如过度的生理刺激凸显了某些抚摸或接触的危险,可能会导致激情爆发和身体痉挛。节制性欲可以减少歇斯底里症的生理和情感表现。

由此得出的推论是,歇斯底里症是一种文化背景下的真实痛苦表达。它的特殊表达形式可以被看作一种规定性的脚本,遵循这种脚本就更有可能得到治疗。这并不是说这种指令是被有意识地执行的,而是说它是一种偶然的情感表达过程的一部分,在这个过程中,歇斯底里症行为与社会痛苦联系在一起。虽然某些医学观点认为,歇斯底里症是一种"假想"的病症,甚至指出治疗歇斯底里症的庸医行径是其脱离"真实"的医疗条件的证据,但如果将歇斯底里症视为一种情感表达过程,这些治疗的效果还是有道理的。以身体实践为基础获得医疗干预,等同于对一种医疗问题的权威认可和证实:情感上的成功。毫无疑问,这本身就是一种解脱。

因此,在这样的病理学和治疗中,认真致力于探索补救措施的实际效果变得越来越重要。在哈维尔·莫斯科索(Javier Moscoso)所称的"希望的道德经济"中,经验史学家和医学文化史学家认真对待当代对安慰剂效应的研究,并探究这种效应的历史迭代是如何产生的。[53]安慰剂并没有什么神奇或神秘之处，尽管我们确实不完全了解，是什么导致了安慰剂效应在不同时期和不同受试者身上的变化。[54] 我们的身体充满了内源性的疼痛缓解系统，这些系统既可以被理解为天然镇痛剂，也可以被理解为影响调节剂。一些镇痛药物通过刺激我们自身的止痛系统发挥作用，安慰剂也可以被认为是以同样的方式起作用。如果医生（或被赋予医学权威的人）和病人，都相信某种程序、药物、应用或实践能有效减轻疼痛，那么它就很有可能会减轻疼痛。因此，研究历史语境中疼痛的感觉，就是研究语境中情感意义的生成。从语境中研究疼痛缓解，就是研究对某些药物或程序的医疗功效的文化信念，与我们对内在缓解系统功能的了解之间的联系。

神经史学

实验研究的运用，其中许多都发生在医学背景下，辅之进化生物学研究，打破了自然/文化的二元对立。历史学家的关键论点是，通过自然选择而产生的进化适应性，与其他用途捆绑在一起，这些用途超出了适应性选择的最初原因。这方面的例子被称为"外部适应性"（exaptations）。羽毛就是这样一种外部适应性的例子，人们认为羽毛是为了调节体温而被选择的，但它后来又具有了一个最根本的额外优势，就是有利于飞行。

然而，外部适应性并不局限于这种生理特征。文化本身也可以被视为一种外部适应性。例如，拉里·麦格拉斯举例说，性即是如此。繁殖可能是选择使性成为人类生活一部分的进化原因。但是，正如他所指出的，性也"巩固了社会纽带，再现了文化欲望"，这两者都超出了对性的自然选择解释，但它们本身又成为进一步选择的因素。[55] 由此得出的结论是，文化是进化的产物，成为进一步选择的"自然"世界的一部分。大脑，以及大脑产生的任何东西，都无法逃脱这些力量的影响。麦格拉斯总结如下："对于神经史学的研究者来说,构成文化关系的重复行为会相互影响大脑的可塑性,这一过程被称为'鲍德温效应'(Baldwin effect)。神经元与社会环境相连。文化的变迁是在大脑不断进化的过程中发生的,也是通过大脑不断进化而实现的。"[56]这里还需要补充一个基本动态,即大脑的持续进化发生在文化变迁的过程中。它们互为因果。[57]

让我们把这些线索结合起来,看看它们为什么与历史学家,尤其是情感史学家如此相关。如果说文化关系真的塑造了大脑,想想在日常互动的熔炉中产生的数百万个新的突触连接,那么我们就不能想当然地理解不同文化过去的经历是什么样的。我们当然不能假定,我们自己的经验记录适合用来判断历史行动者的感受。神经生物学的知识告诉我们,缺失的肢体感觉像是存在一样,而实验也表明,即使世界上没有客观发生的事情,大脑也会对经验进行处理,这些都进一步加深了我们的疑惑。更为复杂的是,我们不能仅仅从通常所说的"进化时间"的角度来思考人类的进化。人类的生命在微观进化层面上不断演变,因此我们不能假定,当代纽约儿童的神经系统发育与 18 世纪纽约儿童的神经系统发育遵循相同的过程。文化适应和创新,包括技术变革,从根本上改变了人类的行为和互动方式。这种实践和交流方式的变化,不可避免地会影响大脑的发育。从根本上说,我们就是我们所处世界的一部分。我们是生物文化的产物。

156　　从情感体验的可能性角度来思考这些观察。一项新技术,比如印刷机、蒸汽机、互联网,在神经层面改变了我们什么?这种改变的影响是什么?同样,迄今为止未知的咖啡因、酒精或鸦片的摄入会产生什么影响?正如丹尼尔·斯梅尔、麦格拉斯等人所指出的那样,我们有可能把这些东西看作伴随着精神治疗实践而来的精神兴奋剂:印刷机意味着新的阅读实践;蒸汽机意味着新的工作、旅行、计时等实践;互联网意味着新的通信、组织、识别等实践。在食物、饮料和药物中摄入新的化合物意味着新的社会结构,不仅是生产和供应的社会结构,而且还是消费的社会结构。

麦格拉斯认为,"研究精神治疗实践的变迁,是神经史学家将生物学和文化结合起来的雄心所在"。[58]但是,如果"神经系统的调节是制度得以建立并在漫长的时空中扩展的主要手段",那么我们也必须认真考虑反向命题:建立新的制度和新的实践是调节神经系统的主要手段。[59]斯梅尔在2008年提出的项目正是为此而努力,它显然与情感史有着深刻的交集。它不仅解释了新的情感是如何出现(和消失)的,而且还解释了作为情感输出核心的神经复合体,在多大程度上直接与社会实践和社会制度联系在一起。

在这里,我有必要对斯梅尔构建的神经史项目进行评价,以便它既能为情感史学家所用,又能为情感史学家所接受。主要的障碍是,斯梅尔坚持的基本情感模型对情感史学家来说没有吸引力。在接下来的内容中,我想说明我们如何能够将神经史学从这一模型中解脱出来,或者必须将神经史学从这一模型中解脱出来,并在此过程中保持斯梅尔的观点在其他方面的基本完整。斯梅尔首先将自己定位在对情感的进化理解上,这种理解以稳定的生物人类为前提,他说:"我们所做的许多事情,都受到行为倾向、情绪、情感和感觉的深刻进化历史的影响。"以此,他犯了阻碍神经史学发展的分析错误。他接着说: 157

> 这些身体状态并不是意识中神秘飘忽的幽灵。神经心理学和神经生理学的最新研究表明,它们是生理实体,位于大脑的特定部位,是自然选择的结果。其中一些,包括情感,是相对自动的,与生命管理的其他领域——基本的新陈代谢、反射、痛苦、愉悦、驱动力、动机——没有什么不同,所有人类大脑都会对其进行常规处理。[60]

从表面上看,这可能听起来很公平,但情感史学家可能会反对这种观点,即情感和痛苦以及其他事物,都是由一种自然力量"赋予"的,并且基本上是自动运作的。斯梅尔确实在适当的时候进行了澄清,但"自然"和自动化的概念仍然占据着主导地位,这就暗示了人类的先天背景,随之又引出一个问题:没有文化的人类是什么?"荷尔蒙和神经递质……有助于确定情感的真实感受"的说法,以及对"不可忽视的普遍生物学基础"的坚持,进一步证明了这种生物决定论。[61]为什么不呢?如果我们完全拒绝这种基础呢?在大脑具有可塑性的世界里,当赋予存在意义的东西如此受文化束缚时,它的普遍性有多大?斯梅尔本人也让我们有理由提出这个问题,因为他指出,"由倾向和情感塑造的行为往往是可塑的,而不是与生俱来的"。这意味着,即使是"普遍的生物学基础"也有其细微差别:"基本的社会情感几乎肯定是普遍的。然而……在不同的历史文化中,它们的作用是不同的。"[62]他接着强调并正确地指出,"生物学和文化研究从根本上说是一致的",因此任何"识别'人类本性'的探索"都是徒劳的。[63]这两门学科都认为,"种族或身份认同等事物没有什么本质或原始的东西",这在很大程度上取决于归属感或非归属感。[64]

这种分析的问题仍然是目的论的问题。这是基本情感分析在方法论上的一个弱点,或多或少地困扰着每一个提出这种分析方法的人。我们首先从一个(通常在英语中)已知的"厌恶"概念开始,这个概念的生理和手势符号被映射到其他文化背景下的人群身上,当这些人表现出与"厌恶"相关的生理符号和表情时,就会被说成是"厌恶",即使所讨论的当地概念值得进行深入的概念分析,并且与英语语境中厌恶的"规范"表述没有任何语境或经验上的相似之处。承认社会情感"在不同的历史文化中起着不同的作用",这使得"厌恶"是"普遍的"这一说法,无论其背景、迹象和体验如何,都是毫无意义的,甚至是混淆视听的。像斯梅尔那样调侃,"同样的厌恶,不同的对象",是将一种偏好的和先验的概念定义强加给生理过程,事实上,在某些文化中,这个生理过程并不需要用与之相关的情感体验标签来定义。[65]单纯的生理学没有任何意义。这种分析也许是20世纪生理学实验的遗留问题和后遗症,它决定将情感定位于生理过程。因此,这种分析或多或少明确地将生理过程与情感本身联系起来,如果有必要将情感视为依赖于文化背景的动态体验,那么这种分析就令人困惑了。

显然,在这一点上,"情感"意味着两种不同的东西,而这正是斯梅尔著作中的矛盾所在。对于情感史学家来说,情感不能简化为其生理过程,我们或许应该抵制这种变动。如果我们遵循雷迪的观点,那么厌恶相关的具体表现的生理过程,与厌恶相关的文化规范之间是一种动态的关系。说它是自动的,只是使用了另一种简化方法,掩盖了生理反应在多大程度上受到刺激物的文化约束,以及在多大程度上受到表达代码的影响,这些代码反过来又调节或改变它们。转化始终是存在的,始终是一个过程。即使是一些学者所说的"基本"反应也是经过协商的,无论是通过有意识的努力自我管理,还是通过人类在文化中自动和不可避免地进行的自我管理。在斯梅尔看来,"人类历史的神经史视角是围绕突触的可塑性建立的,这种突触将普遍的情感(如厌恶)与特定的物体或刺激联系在一起,而可塑性则允许文化将自身植入生理学"。[66] 麦格拉斯只是认为,上述可塑性的存在削弱或反驳了对普遍性的暗示,从而有可能从根本上否定普遍情感。[67]

鉴于斯梅尔强调不同文化"利用"生理刺激的方式多种多样,我们很难理解为什么要保留基本的情感模型。我们应该能够重新诠释斯梅尔的以下论述,更好地体现人性即人类文化这一事实:"鉴于厌恶等情感的可塑性,普遍认知或生理特征与特定历史文化之间的互动从来都不是简单的。"[68] 当历史学家从超越历史的分析范畴入手,然后试图解释其中显而易见的历史主义时,他们的工作就会变得困难重重。只要把这句话中的"普遍"一词删除,并在"厌恶"一词周围加上引号,我们就能对情感史学家和神经史学家所面临的问题做出有效的评价:"鉴于'厌恶'等情感的可塑性,认知或生理特征与特定历史文化之间的互动从来都不是简单的。"通过将自己从基本情感的束缚中解放出来,我们可能也会发现自己更有能力开始应对这些情感。

这一立场也有助于斯梅尔对神经史学的其他方面采取更为一致的方法。正如他所说,虽然某种生理状态的能力是普遍存在的,但这并不意味着

159

我们每个人都必然拥有这种能力。激素需要大脑中的受体才能发挥作用，特定受体的存在往往取决于"发展和经验"，而"发展和经验"又取决于"文化规范"。[69] 此外，生理状态并不决定人的行为。斯梅尔承认了这一事实，但起初他似乎将生理与行为之间的关系表述为一条单行道："人类的行为规范，经过适当的内化，允许人们忽视或凌驾于做事时可能有的倾向或情感体验。"为了举例说明这一点，他指出："很少有人会当场屈服于他们偶尔对非伴侣产生的欲望。"[70] 的确如此。但行为的改变必然也会改变生理状态。在情境中被体验为欲望的生理状态，可能很快就会成为渴望、羞愧和内疚、单恋和悲伤的根源。与行为改变有关的一连串体验，并不是在生理欲望的稳定背景下发生的，我们也不能假定这一连串体验中的所有情感体验，都有其相应的生理指标作为先导。我们始终处于情感的双向作用中。斯梅尔也承认这一点。事实上，这是神经史学的一个指导原则："文化实践可能会产生深远的神经生理学后果。"[71]

一些历史学家已经开始探讨此类问题。[72] 最近，朱莉娅·伯克（Julia Bourke）将神经史学的方法应用于隐士指南写作，特别是里沃的艾尔雷德（Aelred of Rievaulx）的《包容性研究所》（De Institutione Inclusarum，约1160年）。她认为指南是一种"手段"，通过它，隐士可以追求"一种情感目标——一种神秘的结合，在这种结合中，隐士被神性所包容"。[73] 对于神经史学家来说，分析文本实践的精神作用并不罕见："所有的阅读都会在一定程度上塑造读者的内心世界，无论读者是否意识到这一点。"在这种情况下，"虔诚的阅读……是一种有意识的努力，利用阅读书面文本的行为，构建一个具有精神意义的内部空间，并将有用的图像和情感状态填充这个空间，以服务于宗教目标"。[74] 在此，我想对这种并不罕见的神经史学意义上的内在追求作一细微的补充。如果阅读实践塑造了读者的内心世界，如果正如我们从情感疼痛体验的医学研究中看到的那样，体验是大脑的输出，那么内在与外在之间的距离就被消除了。对内心世界的塑造就是对世界的塑造。被神性包容并不是一种完全内在的体验。在这种情况下，神性是存在的。特别是，努力产生博爱（caritas，此处译为"同情"），与当代神经科学实验中对努力引导共情的方向的研究有关，观察发现，随着时间的推移，两种意义上（做和重复）的实践会导致更自动化的反应。[75]

　　林恩·亨特提出了类似的方法来重新诠释法国大革命，她首先指出，"体验不是一个中性词"。[76]体验自身既不能简化为一个完全不连贯的实体，充斥着话语的线索和纠缠，也不能简化为一个完全连贯的理性事物。亨特从神经科学的角度阐述了自我的构成和体验的功能，重新编织了一张历史之网。自我"不是一种生理物质"，但它以"物质"为基础。自我"不只是一种话语效果"，而是"一种活动"。[77]大脑"有意识或无意识地对体验进行组织、分类和管理，随着时间的推移，创造出我们称之为身份的凝聚力和连续性，这种身份从来都不是固定不变的，但却是真实存在的，更不用说对于在这个世界上的生存是至关重要的"。[78]她可能思考得更为深入。如果说大脑"组织、分类和管理体验"，就意味着体验存在于外部，由大脑以某种方式加以整理。那么更好的说法是，大脑自身是基于对来自世界的刺激的组织、分类和管理来构建体验的。在事件、物体和关系中，并没有固有的体验感受。它们都必须被制造出来。

　　亨特追求的是有意识与无意识、理性与感性之间的复杂关系，但并没有将这些区别完全割裂开来。尽管她的论点具有历史性，但她对"硬接线"这一人类神经系统永久性的东西的随意使用，使她能够表明自我具有普遍的"共情"能力。个体不是孤立的存在，而是社会性的存在。更重要的是，这种社会本质根植于个体身体的生物学。麦格拉斯尤其批评亨特不强调自我调节的方式，并认为神经史学家普遍抛弃了"历史行动者的积极贡献"在大脑活动中的作用。他声称，他们依赖的是一种"自动的情感概念"，即"精神药物通过大脑直接产生情感，而不受认知输入的影响"。他指出，这样做的风险在于"生物化学改变有可能脱离历史行动者赋予其情感体验的

162

意义"。[79]

亨特的神经史学干预是对早期著作的一种解释。[80]正如伯曼(Burman)指出的,亨特的神经史学转向,为法国大革命中出现的"社会导向的个人情感"提供了解释模型:如果要赋予这一分析的普遍性以充分的政治意义,那么就是语境中的同情或共情。简而言之,亨特关于书信体小说这种新的文学形式影响的论点,可以通过神经生物学来解释,因为这种形式允许跨越社会鸿沟、超越直接亲属关系和共同体范围进行情感投射。用伯曼的话说,"新的文学形式寄生于一种人类已经存在的能力,并将其扩展到亲密关系圈之外;它提供了一种新的方式,让人们在社会层面感受到个体的意义"。[81]因此,在亨特后来的文章中,才有必要引用"硬接线"(hardwiring)。然而,正如我们所看到的,这种语言存在着过度推断普遍生物学基础的巨大风险。如果我们真的要着手进行神经史学研究,以探寻历史行动者的感受,那么"硬接线"总是给我们提供了一个简单的选择,即利用现代主义的心理学范畴,通过过滤我们现在的经验推断过去的经验。这正是费弗尔所警告的。此外,它还忽略了一个显而易见的技巧。

当我们研究神经史或情感史时,我们到底在做什么? 我们的最终目标不是大脑的历史,也不是神经系统的历史(至少对我们大多数人来说不是)。我们的目的是了解体验的感受以及它们的动机。我们正在把情感作为原因和结果来研究。我们正在研究情感的"景观",以便更好地理解为什么社会的运作方式彼此截然不同,并随着时间的推移而变化。总之,我们的神经史视角不是针对"来自内部的历史",而是针对世界之间以及世界内部的互动所创造的世界。情感的历史,即向外投射的运动的历史,正是我们要寻找的。为此,神经史学的见解告诉我们的只是:当历史行动者说"感觉是这样的"时候,我们不必将其转化为当代的心理人物,不必将其视为隐喻,也不必将其视为历史记录的空谈而不予理会。相反,如果体验是历史性的,因为大脑是文化创造的——一种外部适应性——那么我们就必须相信历史行动者

163

的言语。要做到这一点,就必须在语境中根据其他情感陈述、身体或手势的语言、互动和交往的语言,以及历史行动者活动和存在的感官世界来解读情感陈述。在这方面,我们至少可以追随亨特:

> 革命、现代性、资产阶级社会、我们自己的全球化时代,这些都不能仅仅由经济体系、政治结构或话语表述网络强加于人,无论是文字表述还是视觉表述。它们必须通过个体自身的学习、生活、体现和感受来获得。[82]

神经史学的方法从根本上告诫我们,我们可能不知道,也无法假设某个历史时刻会发生什么。我们不能期望用自己的经验框架来解释它。但是,我们可以通过严谨的历史研究,从历史行动者本身作为相互联系的个体网络的角度解释这一点。[83] 我们可以重建他们的经验框架,包括那些推动突触发展的情境实践,以及那些洗涤历史记忆的心理学影响。如果过去的经验看起来陌生、奇怪、似乎难以置信,但又可以通过经验得到验证,那么我们的历史分析和解释能力就有望大幅增强。

164

遗传学和表观遗传学

　　遗传编程和遗传倾向是当代热门话题。我们是怎样的人,这是我们的 DNA 决定的。这充其量是一种片面的说法。基因表达取决于一系列因素,包括化学因素、环境因素以及文化因素。几乎没有证据表明,行为是由基因决定的。我们不是——当然我们的情感也不是——由 DNA 决定的。

　　很少有历史学家将遗传学纳入他们的史学实践。斯梅尔已经将其作为更广泛的“深度历史”项目的一部分,他在确定历史学家应在哪些方面参与遗传学辩论时做得很好。在什么情况下,我们可以说进化生物学不是变革

的主要因素,而文化才是变革的主要因素? 这一点是显而易见的:

> 如果没有特定的发育经验,仅靠基因不足以建立深层语法或心智理论。这些发育经验不仅包括环境因素,也包括文化因素。因此,文化实际上可以在人体内"编程"。由于文化的变化,原则上,不同时代的人类心理也会大相径庭。[84]

到目前为止,一切都很顺利,但斯梅尔在"基本恐惧、冲动和其他倾向"的设定上为进化心理学留出了让步的空间。然而,这仍然是循环论证,并恰恰引出了经验的问题。他问道:"你是否和大多数人一样,有些害怕黑暗? 我们远古的祖先肯定也害怕黑暗。那些在夜间行动更为谨慎的人,成功地超越了他们无所畏惧的同龄人,这种轻微的选择压力导致了最终继承的恐惧黑暗的认知模块。"[85]紧接着的一条推理,推翻了夜间恐惧在某种程度上是先天的、基本的、自然的谨慎这一暗示:"现在已经收集到足够的证据……表明南方古猿和古人类实际上有充分的理由害怕黑暗。"[86]理由充分吗? 仅凭这一点,我们就可以看出,在夜晚发生碰撞的体验会导致一种有利于生存的环境,在这种环境中,黑暗的危险会被传递下去。基于对夜间捕食者危险的了解,想象这种养育行为所带来的对黑暗的恐惧,要比想象基于"有充分理由"的拉马克式传播机制容易得多。此外,尽管斯梅尔的说法与此相反,但处于"现代社会和人口条件"下的许多人,也就是文明社会中的人,都有切实的、完全正当的理由继续害怕黑暗。[87]

如果有人追问,斯梅尔很可能会同意这种替代性解释,因为他的论点本来就倾向于这个方向。神经史学家在努力寻求平衡的过程中,并不总是很清楚生物学、遗传固定性和文化发展之间的界限。在找到替代方案之前或除非找到替代方案,假设后者不是更好吗? 正如斯梅尔所说,"神经史学的方法表明,随着时间的推移,认知模块的社会分布可能会发生重大变化,这是文化而非生物遗传的结果"。[88]只要心理会随着环境的变化而变化,只要

165

人类文化具有适应性,我们就可以描绘出作为生物文化存在的人类情感的微观进化史。

我们还可以沿着遗传学的路线走得更远。表观遗传学的新研究有可能对历史学产生深远的影响。随着遗传学家对父母的经历如何影响后代基因表达的认识不断加深,我们就越有可能了解表观遗传学的历史。在这里,我们讨论的不是拉马克意义上的后天特征的遗传,也不是 DNA 中可遗传的实质性变化。相反,表观遗传学研究的是遗传物质的蛋白质包装,以及环境和经验对这种包装的作用如何影响基因表达。我们开始认识到极端的经历,尤其是长期的经历,如饥荒、战争和贫困会对后代产生影响,进而影响基因表达和身体的生理应激反应。[89]虽然很难确切地说这种影响会如何改变个体层面的经验,但我们或许可以在社会层面上看到这种影响的迹象,观察联想的形成、解释以及经验的调解和记录的方式的总体变化。

随着遗传学的社会转向,历史学家也可以转向遗传学。例如,压力的历史似乎提供了一条富有成效的探索途径,因为这一概念既有情感内涵,也有生理内涵,两者之间存在着必然的联系。[90]如上所述,我们知道婴儿时期的痛苦体验,会直接影响成年后身体处理生理压力的方式和体内皮质醇的分泌,婴儿时期的痛苦与成年后焦虑症的发生有关。[91]个体表型的发展并不遵循简单的计算机程序或确定的遗传密码序列。[92]我们作为个体的表达方式与我们所处的世界有很大关系。表观遗传学的影响有望进一步发展这项研究,因为我们强化了以情感为核心的生物文化历史的可能性。[93]

总之,神经科学和遗传学为历史学家提供了工具,使他们能够在最基本的层面上将其应用于历史记录和经验。过去的感官世界将我们引向对人类情感进行全面的历史化,也就是说,对人类本身进行历史化。这些方法也为我们提供了挑战那些认为人类情感具有永恒性的人所需要的工具。曾经,历史学家和神经科学家之间可能只有最微弱的联系,而现在,他们似乎将成为惺惺相惜的知识盟友。

166

167

【注释】

［1］ D. Howes，"Scent and Sensibility"，*Culture，Medicine and Psychiatry*，13（1989）：
81—89.

［2］ Corbin，*Time*，183. 科尔班是该领域之父，其起源于年鉴学派，他的开山之作是 *Le miasme et la jonquille*（Paris，Aubier-Montaigne，1982），1986 年被译为 *The Foul and the Fragrant*（Cambridge，MA：Harvard University Press）。

［3］ C. Classen，*Worlds of Sense：Exploring the Senses in History and Across Cultures*（London：Routledge，1993），135.

［4］ Classen，*Worlds of Sense*，136.

［5］ P. Camporesi，*The Anatomy of the Senses：Natural Symbols in Medieval and Early Modern Italy*，trans. Allan Cameron（Cambridge：Polity，1994），20—21，195—196.

［6］ R. Jütte，*A History of the Senses：From Antiquity to Cyberspace*（Cambridge：Polity，2005），11—12.

［7］ Jütte，*History of the Senses*，8. 戴维·豪斯以几乎相同的措辞呼应了这一框架，"Introduction：'Make It New!'—Reforming the Sensory World"，in D. Howes（ed.），*A Cultural History of the Senses in the Modern Age*（London：Bloomsbury，2014），1—30，at 28。

［8］ Jütte，*History of the Senses*，9—10.

［9］ K. Marx，"Private Property and Communism"，*Economic and Philosophic Manuscripts of 1844*，vii，viii.

［10］ Marx，"Private Property"，viii.

［11］ Marx，"Private Property"，ix.

［12］ Classen，*Worlds of Sense*，136.

［13］ Hallett，*Senses*，7.

［14］ R.G. Newhauser，"Introduction：The Sensual Middle Ages"，in R.G. Newhauser（ed.），*A Cultural History of the Senses in the Middle Ages*（London：Bloomsbury，2014），5.

［15］ Newhauser，"Introduction"，12.

［16］ R. Descartes，*Mediation on First Philosophy*（1641；Cambridge：Cambridge University Press，1996），56.

［17］ Aristotle，*De Anima*，425a27—432b29.

［18］ E. Manning，*Politics of Touch：Sense，Movement，Sovereignty*（Minneapolis：University of Minnesota Press，2007），xiv.

［19］ 这种说法的真实性取决于历史环境。参见 M.S. Pernick，"The Calculus of Suffering in Nineteenth-century Surgery"，The Hastings Center Report，13（1983）：26—36。

［20］ 这一观点可能源自 Mandeville，*Fable of the Bees*（1714）。有关该神话及其影响的详细介绍，参见 L.G. Stevenson，"On the Supposed Exclusion of Butchers and Surgeons from Jury Duty"，*Journal of the History of Medicine and Allied Sciences*，9（1954）：235—238。

［21］ Boddice，*History of Attitudes*，25—120.

［22］ 例如 J. Wright and C. Hensley，"From Animal Cruelty to Serial Murder：Applying the Graduation Hypothesis"，*International Journal of Offender Therapy and Comparative Criminology*，47（2003）：71—88。

［23］ Boddice，*History of Attitudes*；R. Preece，*Brute Souls，Happy Beasts and Evolution：The Historical Status of Animals*（Vancouver：UBC Press，2005）；E. Griffin，*England's*

Revelry：A History of Popular Sports and Pastimes，1660—1830（Oxford：Oxford University Press，2005）.

[24] 参见 Haskell，"Capitalism"；N.S. Fiering，"Irresistible Compassion：An Aspect of Eighteenth-century Sympathy and Humanitarianism"，37(1976)：195—218；M. Barnett，*Empire of Humanity：A History of Humanitarianism*（Ithaca：Cornell University Press，2011）；B. Taithe，"The 'Making' of the Origins of Humanitarianism?"，*Contemporanea*，3(2015)：489—496。

[25] Corbin，*Time*，187.

[26] Corbin，*Time*，189.

[27] Classen，*Worlds of Sense*，8.

[28] Classen，*Worlds of Sense*，8—9；关于"聪慧"(sagacity)的政治用法，参见 R. Boddice，"The Historical Animal Mind：'Sagacity' in Nineteenth-century Britain"，in Smith and Mitchell(eds)，*Animal Minds*，65—78。

[29] 具体参见 McGrath，"Historiography"。

[30] 特别参见 F. Callard and D. Fitzgerald，*Rethinking Interdisciplinarity across the Social Science and Neurosciences*（Houndmills：Palgrave，2015）；D. Fitzgerald and F. Callard，"Social Science and Neuroscience beyond Interdisciplinarity：Experimental Entanglements"，*Theory，Culture & Society*，32(2015)：3—32。

[31] Scheer，"Emotions"：219.

[32] P. Wall，*Pain：The Science of Suffering*（New York：Columbia University Press，2000），5—7.

[33] M. Meany，"Maternal Care，Gene Expression，and the Transmission of Individual Differences in Stress Reactivity across Generations"，*Annual Review of Neuroscience*，24(2001)：1161—1192；I.C.G. Waever et al.，"Epigenetic Programming by Maternal Behavior"，*Nature Neuroscience*，7(2004)：847—854；参照 Manning，*Politics of Touch*，xi。

[34] G.G. Page，"Are There Long-term Consequences of Pain in Newborn or Very Young Infants?"，*Journal of Perinatal Education*，13(2004)：10—17.

[35] 参见 Melzack，"Evolution"。

[36] 参见 Plamper，*History of Emotions*，209—212；A. Eklund，T.E. Nichols and H. Knutsson，"Cluster Failure：Why fMRI Inferences for Spatial Extent Have Inflated False-positive Rates"，*Proceedings of the National Academy of Sciences of the United States of America*，113(2016)：7900—7905.

[37] 除本书引用的费尔德曼-巴雷特的其他作品外，参见 J. Beck，"Hard Feelings：Science's Struggle to Define Emotions"，*The Atlantic*，24 February 2015，这篇文章评论了费尔德曼-巴雷特的相关工作。

[38] Eklund et al.，"Cluster Failure".

[39] Wall，*Pain*，59—78.

[40] Smail，*Deep History*，137.

[41] Melzack，"Evolution".

[42] D.B. Price and N.J. Twombly，*The Phantom Limb Phenomenon：A Medical，Folkloric，and Historical Study：Texts and Translations of 10th to 20th Century Accounts of the Miraculous Restoration of Lost Body Parts*（Washington DC：Georgetown University Press，1978）；J. Bourke，*The Story of Pain：From Prayer to Painkillers*（Oxford：

Oxford University Press, 2014), 153—154; J. Bourke, "Phantom Suffering: Amputees, Stump Pain and Phantom Sensations in Modern Britain", in Boddice (ed.), *Pain and Emotion*, 66—89; W. Witte, "The Emergence of Chronic Pain: Phantom Limbs, Subjective Experience and Pain Management in Post-war West Germany", in Boddice(ed.), *Pain and Emotion*, 90—110.

[43] Melzack, "Evolution"; 参照 A. Vaso, H.-M. Adahan, A. Gjika, S. Zahaj, T. Zhurda, G. Vyshka and M. Devor, "Peripheral Nervous System Origin of Phantom Limb Pain", *Pain*, 155(2014):1384—1391。

[44] F. Zeidan et al., "Mindfulness Meditation-related Pain Relief: Evidence for Unique Brain Mechanisms in the Regulation of Pain", *Neuroscience Letters*, 520(2012):165—173; A. Cair, "Regulation of Anterior Insular Cortex Using Real-time fMRI", *Neuroimage*, 35(2007):1238—1246; R.C. deCharms et al., "Learned Regulation of Spatially Localized Brain Activation Using Real-time fMRI", *Neuroimage*, 21(2004):436—443; S. Haller, N. Birbaumer and R. Veit, "Real-time fMRI Feedback Training May Improve Chronic Tinitus", *European Radiology*, 20(2010):696—703.

[45] Boddice(ed.), *Pain and Emotion*, 1—10; Boddice, *Pain: A Very Short Introduction*.

[46] N. Grahek, *Feeling Pain and Being in Pain*, 2nd edn. (Cambridge, MA: MIT Press, 2007).

[47] Wall, *Pain*, 50—51.

[48] N.I. Eisenberger, "Does Rejection Hurt? An fMRI Study of Social Exclusion", *Science*, 302(2003): 290—292. 另参见 G. MacDonald and L. A. Jensen-Campbell (eds), *Social Pain: Neuropsychological and Health Implications of Loss and Exclusion* (Washington DC: American Psychological Association, 2011)。

[49] 例如参见 J.R. Yamamoto-Wilson, *Pain, Pleasure and Perversity: Discourses of Suffering in Seventeenth-century England*(New York: Routledge, 2013)。

[50] 例如参见 M. Berbara, "'Esta pena tan sabrosa': Teresa of Avila and the Figurative Arts", in J.F. van Dijkhuizen and K.A.E. Enenkel(eds), *The Sense of Suffering: Constructions of Physical Pain in Early Modern Culture*(Leiden and Boston: Brill, 2009):267—297。

[51] Ahmed, *Cultural Politics*, 27.

[52] J. Toner, "Introduction: Sensing the Ancient Past", in J. Toner(ed.), *A Cultural History of the Senses in Antiquity*(London: Bloomsbury, 2014), 4.

[53] J. Moscoso, "Exquisite and Lingering Pains: Facing Cancer in Early Modern Europe", in Boddice(ed.), *Pain and Emotion*, 16—36, at 31.

[54] K.T. Hall, J. Loscalzo and T.J. Kaptchuk, "Genetics and the Placebo Effect: The Placebome", *Trends in Molecular Medicine*, 21(2015):285—294; A. Tuttle et al., "Increasing Placebo Responses over Time in U.S. Clinical Trials of Neuropathic Pain", *Pain*, 156(2015):2616—2626.

[55] McGrath, "Historiography": 4.

[56] McGrath, "Historiography": 4.

[57] 在这里,重要的是要强调动态性,而不是对"循环"的因果关系提出质疑;参照 J.T. Burman, "History from within? Contextualizing the New Neurohistory and Seeking Its Methods", *History of Psychology*, 15(2012):84—99, at 91。

[58] McGrath, "Historiography": 5.

［59］McGrath(引用富勒的话)，"Historiography"：5。

［60］Smail，*Deep History*，113.

［61］Smail，*Deep History*，113—114.

［62］Smail，*Deep History*，114.

［63］Smail，*Deep History*，125.

［64］Smail，*Deep History*，124.

［65］Smail，*Deep History*，115.

［66］Smail，*Deep History*，115.

［67］McGrath，"Historiography"：*passim*.

［68］Smail，*Deep History*，115.

［69］Smail，*Deep History*，115.

［70］Smail，*Deep History*，116.

［71］Smail，*Deep History*，117.

［72］例如参见 C. Berco，"Perception and the Mulatto Body in Inquisitorial Spain：A Neurohistory"，*Past and Present*，231(2016)：33—60；E. Russell(ed.)，"Environment，Culture，and the Brain：New Explorations in Neurohistory"，*RCC Perspectives*，6(2012)。有关批判性评价，参见五篇文章，均载于"Focus：Neurohistory and History of Science"，*Isis*，105(2014)：100—154。

［73］J. Bourke，"An Experiment in 'Neurohistory'：Reading Emotions in Aelred's De Institutione Inclusarum(Rule for a Recluse)"，*The Journal of Medieval Religious Cultures*，42(2016)：124—142，at 126.

［74］Bourke，"Experiment"：126.

［75］Bourke，"Experiment"：132.

［76］Hunt，"Revolution"：672.

［77］Hunt，"Revolution"：673.

［78］Hunt，"Revolution"：673.

［79］McGrath，"Historiography"：6.

［80］L. Hunt，*Inventing Human Rights：A History*(New York：Norton，2007).

［81］Burman，"History"：89.

［82］Hunt，"Revolution"：678.

［83］Burman，"History"：96.

［84］Smail，*Deep History*，131.

［85］Smail，*Deep History*，139—140.

［86］Smail，*Deep History*，140.

［87］Smail，*Deep History*，140. 劳拉·李·唐斯(Laura Lee Downs)在她的文章"If 'Woman' is Just an Empty Category, Then Why am I Afraid to Walk Alone at Night? Identity Politics Meets the Postmodern Subject"，*Comparative Studies in Society and History*，35(1993)：414—437 中，针对社会科学中的后现代转向，对夜间威胁这一太过合理和具体的感知进行了论战式的处理。

［88］Smail，*Deep History*，144.

［89］R.K. Silbereisen and X. Chen(eds)，*Social Change and Human Development：Concepts and Results*(London：Sage，2010)；E. Jablonka and M.J. Lamb，*Evolution in Four Dimensions：Genetic，Epigenetic，Behavioural，and Symbolic Variation in the History of*

Life(Cambridge，MA：MIT Press，2005)．

[90] 芬兰坦佩雷大学历史系正迅速成为此类工作的中心，目前大部分作品只有芬兰语版本。例如参见 V. Kivimäki, *Murtuneet mielet*：*Taistelu suomalaissotilaiden hermoista 1939—1945*(Helsinki：WSOY，2013)。

[91] Page，"Long-term Consequences"．

[92] 例如参见 N. Véron and A. H. F. M. Peters，"Tet Proteins in the Limelight"，*Nature*，473(2011)：293—294。

[93] 例如参见 P. Cheung and P Lau，"Epigenetic Regulation by Histone Methylation and Histone Variants"，*Molecular Endocrinology*，19(2005)：563—583。

第七章 空间、场所和物品

情感的结构

在柏林犹太博物馆的主楼层上，有一扇门通往一个空间：这是一个由 168
20米高的墙壁围成的空间，顶部非常狭窄地向外敞开。白天，我曾站在这个
被称为"大屠杀塔"的建筑里。我无动于衷，是这个空间里众多人中的一员，
抬头仰望上方，不知道自己会有什么感觉。设计博物馆的建筑师丹尼尔·
里伯斯金(Daniel Libeskind)声称，建筑内各种各样的空隙，代表着"在柏林
犹太人的历史中永远无法展示的东西：人类化为灰烬"。[1]根据博物馆的资
料，"许多参观者在大屠杀塔内都会感到压抑或焦虑"。[2]显然，这样的设计
是为了唤起某些感觉。参观者暴露在自然环境中，但又被完全封闭起来。
在幽闭恐怖的环境中，开放只是一个遥远的承诺。

我第一次去的时候，感觉很轻松。其他人在那里聊天、拍照、挥舞着旅
游指南，阅读着我们所处空间的官方介绍，都给我带来了安慰。因此，几个
月后，我再次来到这里，没有丝毫惧怕。当时是冬天，外面一片漆黑。我带
着一位客人来到了大屠杀塔。当门打开时，一束光照亮了站在里面的人，但

169 当门关闭时,里面瞬间变得漆黑一片。我立刻迷失了方向。没有人说话。我不再知道周围有多少人,也不知道他们在哪里。我不再知道门在哪里,唯一的出口在哪里。一种强烈的恐慌感袭上了我的心头。我呆呆地站在原地,急切地盼望有人来或有人走,好让我知道门在哪里。似乎这样僵持了很久之后,一束光再次照亮了房间,我飞快地穿过了它。

这就是设计空间的力量,但这种力量是如何发挥作用的呢? 在这种情况下,这座建筑附带了一个明确的脚本,而我也意识到了这一点。第一次我没有读懂脚本,但第二次,在不同的条件下,我完全读懂了。我脑海中预先植入的画面是毒气室、火葬场、屠杀室。暗示的力量,加上环境的力量和建筑的效果,产生了情感表达的成功。这是我在博物馆里经历过的最深刻的体验。

到目前为止,在本书中,情感规范和情感表达的关键动态过程,一定程度上仅局限于人与人之间的互动。情感规范的行为主体可以被描述为制度性的,但隐含的假设是,它们不仅靠自身的惯性维持,还靠引导和控制它们的人来维持。然而,人类生活的世界是一个比这更复杂的结构。我们的网络和互动发生在生活的空间和场所,以真实的建筑和大厦为背景,涉及各种各样的物品:平凡的、珍贵的、艺术的和其他的。从有形的意义上讲,情感表达动态的结构,在一定程度上位于我们周围世界的物理建筑中。只要空间、场所、建筑和物品本身具有历史性,那么它们的特征以及与之相互作用的方式,就会成为理解语境中情感风格的特殊性的核心。[3]我们不禁要问:"情感在哪里?"或者,从字面上看,"情感是如何建立的?"此外,情感与空间之间的关系是什么?[4]

170 米歇尔·福柯(Michel Foucault)对监狱和学校的研究,显然是一个切入点,因为在监狱和学校中,社会互动是由制度空间的结构所规定的。建筑物体现了社会的权力结构。从字面上看,它将人们置于适当的位置,并引导着社会交往的方式。[5]根据这样的推理,建筑规划可以有意识地设定情感体制。空间的"氛围"是由其自身结构的逻辑决定的。情感表达过程中的文化因素被嵌入建筑结构。一个人的情感表达实际上是根据他在酒吧的哪一边或办公桌的哪一边界定的。一个人的行为受到他所处位置的明确划分的限制。

事情并非如此简单,也许这是不言而喻的。正如我们在其他形式的情感表达过程中看到的那样,规范不能决定行为,尽管它确实会影响行为的接受方式。建筑的意图往往无法与建筑建成后(用一个更好的词来形容,那就是"建筑活了")人们的感受相吻合。规范可能会以各种方式被违反,空间的使用目的可能与设计目的不同,建筑和空间规划的内部逻辑也可能被使用者打破,他们的行为可能与设计意图背道而驰,也可能抵制设计师强加给他们的流程。规范也可以是多元的,甚至是相互矛盾的。[6]根据我的记忆,我所在学校的校规集中规定了学生在学校里可以做什么,不可以做什么:靠左行走;不要在走廊里奔跑;不要在衣帽间玩耍;不可以玩球;不可以跳长绳,等等。这么多的规定,显然都是由建筑本身发出的,似乎违反这些规定就会把安全的空间变成不安全的空间,从秩序变成混乱。我们可能都知道,权威并非如此简单,当一个人觉得没人注意时,或者即使有人注意,出于一种反抗精神,所有这些规则都会被轻易违反。

尽管存在违规行为本身,但与违规行为相关的感受,仍然与相关空间规定的期望相关联。用简·哈姆莱特(Jane Hamlett)的话来说,"因此,空间和物理世界代表了情感体验的一个重要维度。空间的封闭或限制也是情感生活的基础,因为空间的安排往往决定了身体的位置及其相互之间的关系"。[7]建筑历史学家将这类空间描述为"活动场所",这个标签捕捉到了人们在空间中的活动方式,这些活动与空间设计及其附带的权威机构所固有的期望相互冲突或彼此一致。[8]罗伊·科兹洛夫斯基(Roy Kozlovsky)认为,更集中地研究建筑与情感表达过程的关联方式,将使雷迪的"情感正统空间与情感避难所的二元模式"复杂化。[9]事实上,这种复杂性已在意大利

171

法庭和丹麦离婚听证会等不同场合得到了体现。[10]正如上面所提到的，如果没有人注意，规范性空间也可以成为避难所。此外，建筑和其他建筑空间往往不是单一用途的，而是以各种方式容纳多种社群和动态，在不同的房间，甚至可能在一天中，规范都在变化。

172 科兹洛夫斯基本人通过考察第二次世界大战阴影下的儿童游乐场、医院和学校，展示了这种可能性。表面上看似"自由"的游戏受到了游戏空间的限制，科兹洛夫斯基指出，人们有意识地引导儿童服从，同时营造出"纪律"源自"儿童内心"的错觉。[11]美学作为社会实践动态的一部分，与建筑设计息息相关。当然，从字面上看，美学指的不是美，而是感觉。战后的改革者们看到了通过引导情感来塑造情感的可能性。学校空间为运动提供了可能性——身体在运动中表达艺术情感，这将使孩子们摆脱"恐惧、压抑和攻击"。[12]

  在第二次世界大战刚刚结束时，建筑空间可以让人们摆脱恐惧的感觉非常重要。在新成立的德意志联邦共和国，波恩政府大楼的建设在概念和象征意义上都充满了不确定性，既要体现国家固有的权力，又要避免在大楼前引起公民的恐惧。正如菲利普·尼尔森（Philipp Nielsen）所言，政府关于民众"不是在权力面前畏缩，而是……在情感上认同权力"的构想，在新首都的政府建筑设计中发挥了重要作用。国家要"以谦卑的姿态面对公民"，这可以通过新结构的简朴和明显的多样性来实现，以避免人民的愤怒、恐惧或怨恨。[13]至于这是否真的奏效，人们是否真的通过这些空间感受到了民主缔造者的谦卑，还有待解释。然而，这个问题和策略是一项更大的研究工作的一部分，旨在探讨情感在新的民主政体建设中的作用，特别是在新产生的民主公民情感倾向形成中的作用。[14]在其他不同的政治和文化背景下，这一研究动力已得到认可，并有广阔的前景。

173 "城市规划旨在创造情感"这一核心主张，与另一主张联系在一起，即这种规划"以特定时间和地点的情感知识为基础"，通过构建物质现实来"稳定和延续"这种情感知识。玛格丽特·佩尔瑙（Margrit Pernau）关于莫卧儿时代的德里提出了这些主张,并且带有通常的限制条件。[15]规范性意图仅限于设计者所涉及或重视的群体。在这样的空间里,被排斥者的情感体验无疑总是不同的。此外,政治动态和文化结构都不稳定,导致设计空间的感知、感觉和感受方式发生变化。情感知识的历史性实质上已融入景观之中。它就在我们身边。

杰夫·雷曼(Geoff Lehman)和迈克尔·温曼(Michael Weinman)进行了一项惊人的分析,展示这一事实对于西方文明中最具标志性的建筑——雅典帕特农神庙来说是多么深刻。他们的目的是要了解帕特农神庙设计师的意图,但在这个过程中,他们不得不解开几个世纪以来对这座建筑的不同解读。雷曼和温曼精心构思,论证了这座建筑所体现的和谐与对称、美与真、理性与非理性等理念,从而体现了希腊人的基本理想,让那些从感官层面欣赏这座建筑的人能够领悟到这些理想。帕特农神庙将可测量的和不可测量的、构成一个整体的不同元素结合在一起,使该建筑成为一个存在论上的挑战,通过其比例,它指向人体和人类,指向数学的理性和和谐的非理性,指向音乐和舞蹈,指向身体和灵魂的运动。雷曼和温曼承认,比例、对称、和谐和测量问题是"理论性的",属于"数学范畴",但它们也是"直接经验的问题。在帕特农神庙前,观众或朝拜者将这座建筑视为一个完整的存在,同时直接、直观地被构成该建筑的各个相关部分之间的比例关系所吸引,这些部分的比例关系在视觉上类似于音乐中的和谐所产生的效果"。[16]

尽管如此,雷曼和温曼不得不努力从不同的资料来源中收集并整理这一分析,其中一个问题是,在帕特农神庙的建造和古典鼎盛时期之后的几个世纪里,那些观看帕特农神庙的人并没有以这种方式体验这座建筑。随着知识的转移和变化,随着文化的变迁,体验也随之改变。那么,是否有一个通用的理论框架来理解空间与情感之间的关系呢?从历史的角度来看,这种方法仍在发展之中,但已经有了明确的开端。安德雷亚斯·莱克维茨(Andreas Reckwitz)以格诺特·波默(Gernot Böhme)的"气氛"理论为基础,捕捉到了"空间安排在其使用者的感官身体中激起的情感氛围",将"私人实践与家庭,政治实践与行政办公室、议会大楼、崎岖街道或游行场地,经济实践与工厂、购物中心的创意阁楼、亚文化性实践与暗室和巡游区,或教育实践与教室和图书馆"联系在一起。[17]这并不是说情感只是从空间投射到人身上,而是说"当空间被其使用者实际占有时",情感就形成了:

> 因此,气氛总是与实践载体的特定文化敏感性和关注度相关联,与感知、印象和情感的特定敏感性相关联。常规做法大多依赖于气氛与敏感性之间的完美契合,类似于皮埃尔·布尔迪厄提到的习性与场域之间的理想契合。……这样的空间环境构成了社会和文化再生产的关键组合,尤其是情感关系的再生产。[18]

175　我在分析19世纪晚期生理学实验室中极为平常的情感气氛时,虽然没有使用完全相同的措辞,但也在追求这一目标。实验室中,日常的科学实践是在专门设计的空间中进行的,以便集中注意力研究生理学工作的实践,这有助于消除任何道德或美学方面的疑虑。厌恶不是生理机能的一种选择。[19]然而这是关键所在,建筑商、建筑师和设计师的意图只是故事的一部分。莱克维茨提到的建筑使用者的实际占用,有可能重新构想情感或气氛空间。即使是最精心的设计和最好的意图,就像帕特农神庙一样,气氛最终也不是内置的,而是通过使用的动态才能显现出来。

　　这就引出了更多的问题。如果气氛与敏感性、习性与场域、感觉与感觉规则之间并非"完美契合"呢? 在不稳定的空间、极限的空间以及目的和权威存在争议的空间,会发生什么? 在重新定位的地方,在相互竞争的影响力边界,当情感景观对不同的人,有时对同一个人,在不同的时间具有不同的象征意义时,会发生什么? 迄今为止,这个问题很少受到关注,尽管已经有人在更大的范围内制定了一种方法。我们的关注点必须缩小,以想象情感体制内部的具体情感冲突地点,尤其是在这些体制不稳定的情况下。

情感的地域性

　　紧随帝国史之后的全球史的兴起,给整个历史学带来了新的挑战,但这一挑战对情感史而言尤其重要。从一开始,情感史就很清楚,情感史并不以国家为边界,尽管民族主义仍然是人们非常感兴趣的话题。对民族情感或国家层面的情感共同体的研究,已经取得了丰硕的成果,无疑还将继续推动新的研究。威廉·雷迪本人的奠基之作,就是以现代民族国家的出现为基础的,他所提供的模式为人们在这一层面探索情感归属与非归属的潮流提供了范例。

　　然而,问题仍然是,当国家利益重叠时,或者当国家包括不正式属于它的人民和社区时,或者当他们的身份不是公民身份时,会发生什么? 许多研究从人际关系、政治动态、社会体制、身份认同、制度、经济学等角度探讨这些现象。迄今为止,情感史很少有机会在地方观念的交汇点上直面情感认同的挑战。凯拉·乔吉(Kyra Giorgi)通过比较葡萄牙语、捷克语和土耳其语的例子,指出了在情感概念无法翻译的情况下,情感翻译在概念上的困难,但是,在不同民族文化之间发生情感交汇时,所面临的挑战就更大了。[20]

　　2014 年,斯蒂芬妮·奥尔森对英国未来公民在第一代义务教育阶段,以及第一次世界大战前三十年帝国主义盛行时期的情感形成进行了研究,该研究有力地证明了通过引导孩子的情感指南来引导其道德指南的作用。无论孩子在情感形成中有多大的自主权,他们所处的环境对他们的影响都是不可否认的,这种环境的特点是青少年期刊和各种青年组织传递一致的信息。尽管这是在国家背景下发生的,但它得出了一个矛盾的结论,即相同的情感认同既可以解释 1914 年的大规模军事志愿主义,也可以解释其对立

176

面——回归温暖家庭、寻求安全庇护,但分析的戏剧性在于,英国大都市的情感形成策略在殖民地印度的移植。在这里,情感教育策略输出时变幻莫

177 测的兼容性,恰恰凸显了不同地方情感语境的特殊性。当地的语言、习俗、宗教、政治,以及最重要的是,与英国公民相比,英国臣民的次等地位,必然迫使正规和非正规的教育尝试中的信息发生变化,殖民地改革者也意识到情感和道德品质视情况而定。因此,培养情感需要对变幻莫测的环境保持敏感。[21]

这一实证研究之后,克里斯汀·亚历山大(Kristine Alexander)和凯伦·瓦尔加尔达进行了理论阐述,其中也包括亚历山大本人关于女童子军运动中国际主义的研究,以及瓦尔加尔达对丹麦传教士在印度的情感遭遇的调查。[22]这里的前提是,情感史标准术语清单中的现有理论工具,无论是"情感共同体""情感体制"还是"情感风格",都无法解决任何特定情感技能是如何形成的,更不用说在特定地点和空间的情感形成过程中的利益竞争了。重要的是,这在很大程度上引入了年龄范畴,认为它对理解情感认同形成的过程至关重要。此外,它还着重强调了地点和空间的关键性政治因素,这些因素体现了儿童所遇到的相互同情和竞争的影响,他们必须适应这些影响,才能成功地管理情感表达过程。从国家等模糊的实体到操场、教室或客厅等特定场所,所有场所都成为影响儿童情感认同的竞争场所。奥尔森、瓦尔加尔达和亚历山大将这些交汇点称为"情感边界"。[23]

178 考虑到雷迪在"指南"中公开使用地理隐喻,将情感表达过程建立在特定地点和空间的基础上,这是有道理的。雷迪和罗森宛恩都承认情感共同体或情感体制的重叠,但没有详细探讨这种重叠点的高风险,尤其是儿童这一庞大群体,不能完全说他们符合或拒绝特定社群或制度所规定的情感准则。情感边界是情感指南的字面和物理场所,虽然可以说所有的历史行动者总是处于某种情感边界或其他地方,但当这些行动者年轻时,尤其是当这些行动者所处的地方在情感认同或忠诚方面具有相互竞争的政治和/或社

会利益时,这些地方的可见性就更加明显。情感边界的证据可以从其他规范性文件的竞争性文献中获得,这些文献对行动者提出了不同的情感要求。这种情况可能发生在一个地方,比如殖民地的教室,在那里,学术和信仰的期望可能会发生冲突;也可能是在两个地方之间,比如学校和家庭,或者教堂和家庭,在这两个地方,情感规范的来源在文化上是不相称的。获取处于边界地带的行动者的指南策略具有挑战性,这或许最适合能够接受口头证词的现代主义者。但是,自我文件和其他书面资料确实为其他时期的分析提供了可能,使历史学家能够揭示历史行动者处理高风险情感的方式,努力在情感规范的不稳定环境中寻找自我;它们也许会掩饰思想情感,但往往会在多个方向上感受到情感的亲缘关系,并被拉扯得支离破碎。[24]

　　在情感边界这一概念出现之前,我曾把这种被拉向不同方向、不知该感受什么或如何感受的体验描述为"情感危机"。[25]这既是一种个体现象,也是一种集体现象,但在那些情感形成竞争激烈的地方,即那些情感边界最容易被察觉的地方,研究这种现象的时机似乎特别成熟。全球性的力量、相遇、交流、转移和翻译,使得情感概念和情感体验变得模糊不清,讨论与引导这些概念和体验,应该能够创造出动态的历史,在这种历史中,情感实践与地方的联系最清晰地揭示了身份形成的熔炉。

179

联想心理学

　　最早的心理学家可以追溯到 19 世纪末,他们对物品与情感、情感倾向及反应的关联方式有一定的了解。任何物品本身都没有内在的意义,但物品在空间中的构造方式、被置于叙事中的位置、与超越其本身的事物,以及与过去经历的关联方式,都赋予了物品一定的意义。这种意义可以是个人构建的,但在情感共同体中,也可以在集体层面进行类似的解释。一件物品与整个共同体的价值相关联的方式,在仪式、话语、集体行动和实践中得到证实。在宗教团体中最容易看到这一点,例如,圣杯、圣物盒、圣书等,都会被立即理解为代表着某种有意义的共同信仰情感。这些物品是共同情感的熟悉切入点。享有共同情感的人,往往会抽象地将这些物品与情感本身联系起来,似乎将情感的来源寄托在这些物品上。

对于那些试图在特定共同体中规定情感模式的人来说,将物品与所期望的情感联系起来的仪式,是一种积极寻求的机制,以确保相关共同体的稳定。正如米尔纳在讨论宗教改革弥撒时所描述的那样,这些物品与其他情感规范的指标相结合,既有话语性,又有实践性,以确保反应的可控性和可预测性。更重要的是,有证据表明,这种规范是教会有计划、有意识地对所需体验类型的组织和安排:

180   使用物品、语言和行动来操纵、利用或控制易受影响的身体之外的因果关系和能动性过程,以防止伤害或带来利益,这指向一个高度合理化的系统,该系统意识到人类经验中所涉及的利害关系。[26]

然而,我们也可以肯定,无论权威如何规定,长期存在的联系,主要是根据个人经验或对过去经验的集体记忆而存在的。这种联系绝不仅限于宗教世界。例如,朱莉-玛丽·斯特兰奇(Julie-Marie Strange)注意到,在维多利亚时代晚期和爱德华时代的工人阶级家庭中,父亲的椅子引起的情感共鸣。这些椅子是父亲空间的物质体现,"促进了身体上的接近和多重感官上的亲密",它们"在情感的非语言导航中起着重要作用"。父亲的椅子不仅是家庭空间的性别象征,也是其"情感动态"的典型代表。[27]这种分析可以扩展到任何时期或任何地方的日常生活中,在这些时期或地方,生活空间中的物品、设计和方向的共性,有助于巩固与物质本身以及使用物质的人之间的身份和情感关系。

记忆可能来源于个人的直接经验,也可能来源于对"生活"在日常世界理解中的他人经验的认识,记忆还延伸到痛苦和/或恐惧的事物。例如,大卫·休谟和亚当·斯密都强调,手术器械具有引起恐怖和恐惧的力量,这并不是因为这些器械本身的任何东西,而是因为它们的预期用途。休谟写道:

> 如果我在现场观看任何一场可怕的外科手术,可以肯定的是,甚至在手术开始之前,器械的准备、绷带的摆放、熨斗的加热,以及病人和助手的焦虑和担忧的种种表现,都会对我的心灵产生巨大的影响,并激起我最强烈的怜悯和恐惧之情。[28]

因此,休谟将同情的机制归结于物质世界,而非人类心灵的任何内在品质: 181
"他人的任何情感都不会立即呈现在人的意识中。我们只能感觉到它的原因和影响。从这些原因和影响中我们推断出这种情感,因此,这些引起了我们的同情。"[29]斯密也认为,由于"手术器械"的"直接效果"是"痛苦和折磨,所以看到它们总是让我们不高兴"。[30]

然而,奇怪的是,在这种情况下,某些物品的联想是可以超越事物本身的变化的。例如,在托马斯·埃金斯(Thomas Eakins)对《格罗斯诊所》(*The Clinic of Dr Gross*,1875 年)的描绘中,外科医生在手术中挥舞着一把带血的手术刀。这幅画是根据画家的直接经验创作的,展示的是股骨骨髓炎的手术。一群医科学生冷静地看着,甚至百无聊赖。然而,在背景中,手术对象的母亲因无法忍受鲜血淋漓的手和手术钢刀而惊恐地转过身去。对于理解这幅画的紧张气氛至关重要的是,手术是在麻醉下进行的,这在当时仍然是一个相对新颖的现实。因此,患者不会感到疼痛。此外,新的外科技术意味着患者正在接受一个相对较小的手术,而在之前的几十年里,他可能要接受截肢手术。这幅画展示了科学进步背后大众情感的滞后性,清楚地表明了母亲的惊恐是不合时宜的。它呼吁人们从情感上重新审视血液和手术刀的关联,从而将这些物品等同于文明的进步。然而,埃金斯的画无意中却产生了相反的效果,通常会引起类似于那个畏缩妇女的情感反应,而不是对冷静的手术进展点头认可。在这一时期,评论家们担心越来越多有影响力的人,他们的柔情会被磨灭或钙化,并通过对血腥场面的反感来表达自己的美好情感,这种情况并不少见。[31]

关于艺术作品情感效果的争论,也与这一讨论密切相关,因为在埃金斯的画作中,评论的反应就好像看到了一场真正的手术。人们的反应是看到了鲜血和手术刀,当然,他们看到的只是颜料涂成这样或那样,颜色各异。19 世纪末和 20 世纪初,绘画开始推动对艺术情感的理论探索。问题的核心在于,一件物品本身是否能够承载任何情感的分量,或者说,一件物品所蕴含的显而易见的情感,是否首先是由观众赋予的,然后观众才会接收到这种情感的反射,就好像它来自物品本身一样。这种物品与情感的关系,推动了早期关于共情的讨论,共情可以被理解为不是与自我之外的事物的情感联系,而是对外部事物的感知,事实上,这种感知完全由个人产生。这就是对共情悖论进行更广泛思考的基础:无论共情在情感实体之间的传递和接收表现如何,最终都只是个体的神经输出。一致性是可以被检查和确认的,但总的来说,体验身外之物的感觉,无论如何都是自我创造的一种幻觉。[32]

这种推理可以适用于一般物品,这些物品在语境中似乎承载着情感的分量,但一旦脱离语境,它就毫无意义了。约翰·斯泰尔斯(John Styles)通过伦敦弃婴医院档案中的 5 000 多件物品探讨了这一现象,这些物品最初伴随着 1741 年至 1760 年间被送往该医院的婴儿。当人们将其视为一个存放悲伤、羞愧、希望和爱的宝库时,它不过是一堆小玩意儿。但是,当失去、悲伤、苦难、贫困和绝望的故事被重新引入这些物品时,在放弃孩子的背景下,它们重新呈现出一种令人难以承受的悲怆。在这种情况下以及在类似的情况下,我们必须谨慎行事。我们的同理心压倒了我们,一想到要放弃孩子,我们就会有一种悲痛的感觉,这种感觉支配着我们如何看待这些物品,从而有可能忽略其意图和意义上的至关重要的细微差别,忽略象征性物品的平淡无奇与某些纪念品内在的多愁善感之间的差别。只有通过了解历史背景,我们才能重新认识这一点。[33]

目标导向和满意度

在萨拉·艾哈迈德关于情感的"文化政治"中,不可能将情感和感觉以及与两者相关的物品分开。情感在与感官相关的物品、场所和空间中"循环"。如果我们接受"情感是情境性的"这一前提,也就是说,情感是因为事物而发生的,那么即使我们向普遍主义者做出了全面让步,并宣布某些情感是人类的基本情感,我们也不能对它们被唤起的情境、原因或影响做出类似的让步。唤起恐惧、欲望或厌恶的,取决于情境、物品、一组墙壁等的意义,而不是对具有普遍特征的物品的固定反应。从艾哈迈德的观点来看,情感的激发并不是因为激发情感的物品本身所固有的任何东西,而是因为我们与之相遇并对其进行评价的方式。这种相遇的概念,将感觉和情感以一种"产生感觉"的"接触"形式结合在一起,其中包括"思考和评价"。[34]

在这一表述中,最重要的是不可避免地观察到,情感是在与其他生命和物品的互动中被感知的。为此,我们的情感世界就是社会世界,因为我们无法想象脱离现实世界的情感生活。即使我们可以提议将一个人完全与他人隔离,这个人也必须存在于某个地方,而这个地方及其特征也将被视为像社会一样。在艾哈迈德看来,感觉是"流通效应",或者说是在语境中与物品(包括其他人)相遇的效果。在流通的过程中,我们从经验的角度感知什么是我们的,什么不是我们的,什么是"内部",什么是"外部"。

通过这种方式,情感就形成了艾哈迈德所说的"表面或边界",将我与你、我们与物质世界区分开来。此外,在社会空间中流通的并不是情感本身,而是形成情感本身的"情感物品"。[35]这样,艾哈迈德或多或少地否定了

183

184

情感传染的概念,即认为情感的传递是单一情感本身的传播,同时也谈到了同情或共情的社会嵌入性,即使我们承认共情的能力是与生俱来的。一个人必须知道如何理解一种情感动态才能融入其中,这里的知识不是明确的或有意识的,或者不一定是有意识的,而是根深蒂固的、习得的、实践的和规定的。即便如此,一个人进入其中,并不是因为他人体验到了这种情感,而是好像自己体验到了:父亲死了;女儿悲痛不已;我知道什么是死亡,也知道羁绊的意义;我理解悲伤的原因;我可以进入悲伤的境界;我和女儿一起悲伤。这样的列表过于整齐、过于简单,也过于按部就班,无法代表一个在事件中似乎只是发生了的过程。但是,它以印象主义的方式描述了共情是如何起作用的,以及社会情感是如何在物品之间的动态中形成的。

用艾哈迈德的话来说,感觉的即时性,比如某人心烦意乱的即时感觉,使我们误以为它们不受经验的影响。我们随身携带着从各种情感情境表面获得的经验累积,以及我们对他人情感的反应,我们似乎只是感觉到这些始终是"识别过程"的一部分。[36] 社会情感是根据共同的情感实践产生的,它的伟大之处在于让我们能够真正地分享一种体验。这种与他人经历相同情感表达过程的感觉令人欣慰和满足,被认为是文明社会生活功能的关键。同样,在共享体验似乎存在障碍的地方,在生活方式与情感边界交汇的地方,可能会出现阿莉·拉塞尔·霍赫希尔德所说的"同理心之墙",这是"深刻理解他人的障碍,会让我们对那些持有不同信仰的人漠不关心,甚至充满敌意",或者对那些情感倾向与我们完全不符的人漠不关心。[37]

185　　此外,正如艾哈迈德所指出的那样,很多时候,人们可能会认为自己知道其他人正在经历什么,结果却发现自己完全错了。发现这种经验的不连续性,可能会令人不安和不稳定。我记得第一次观看 M. 奈特·沙马兰 (M. Night Shyamalan)的《第六感》(The Sixth Sense)时,身边有一大群我不认识的人。虽然我以为我们都在经历着同样的悬疑感,不知道电影里发生了什么,但后来发现,有几位观众以前看过这部电影。随后的谈话显示,这些人是在观察我们看电影，试图判断我们会在什么时候（如果有的话），发现布鲁斯·威利斯（Bruce Willis）扮演的角色其实已经死了。他们是在分享自己的喜剧体验，而我们其他人则以为我们都在分享悬疑和恐怖的体验。破裂的发现感觉有点像背叛，或者至少是嘲笑。我们这个小小的社会分成了两大阵营，一边是被逗乐的人，一边是被排斥的人。最终，排斥是基于一种技巧，它突出了同理心的局限性和其易受影响的一面。

我们与他人和事物之间的关系是复杂的，有着复杂的历史。对满足感的追求可能是新的感官史学的导向因素，但也可能成为其自身的障碍。劳伦·贝兰特（Lauren Berlant）记录了战后的乐观主义或希望以及与之相关的活动，是如何代表对"无法实现的幻想"的有意义的依附。在贝兰特看来，处于现代"美好生活"欲望中心的"目标理念"，恰恰是阻碍人们实现愿望的东西。矛盾的是，它们一方面使人们能够度过长期处于危机中的生活，另一方面又对危机的形成和延续起到重要作用。她说，"由于对结构转型的乐观主义的幻想部分在世界上越来越难以实现，历史的感官发展也姗姗来迟"。简而言之，随着那些希望向上流动的人的梦想变得越来越难以实现，这些梦想在人们的想象中以及在人们与世界的情感互动中变得越来越重要，以至于在不放弃这些梦想的同时，应对这些梦想无法实现的不稳定性成了一种"成就"。[38]

这部欲望史（至少是它的现代史）似乎蕴含着深刻的矛盾，并且具有广 186 泛的影响。萨拉·艾哈迈德提出了一种消极的建构，即幸福实际上是压迫性的，用来"将社会规范重新描述为社会商品"，使许多人不快乐，比如女性、黑人或性少数群体（LGBTQ），并被禁锢在幸福体制中。[39] 但我们也可以用另一种方式来解释它，并表明一些听起来非常悲惨的行为，类似宗教禁欲主义、鞭刑可能是幸福的源泉，因为幸福与这些事情相关联。我们可以假设感觉与对感觉的评价之间存在着根本的脱节，这正是因为评价是文化和语境所决定的。因此，被鞭打所带来的感受取决于被鞭打的裸露皮肤所持的有意义的态度。在一个惩罚或报应的剧场里，控制是缺失的，恐惧是存在的，或者是无处不在的，鞭笞的感觉可能是痛苦的和难以忍受的。然而，不难想象，在一个更有情调的剧场里，在一个由共谋和安全、信任和控制所营造的氛围中，鞭笞的感觉在极端情况下是令人愉悦的。[40]也就是说，痛苦不是感觉所固有的，而是评价所固有的；作为评价的幸福和不幸福，不是依附于固定的联想，而是依附于内在的联想。

正如阿道司·赫胥黎（Aldous Huxley）在《美丽新世界》（*Brave New World*）中所描绘的那样，我们可以想象这样一种情感体制，在这种体制中，情感规范的力量如此普遍，以至于人们在受到一种被视为正常做法一部分的精神药物的影响下，违背自己的利益而自我评价为幸福。自由意志的丧失、批判性思维的减弱、选择范围的缩小等，成了幸福的联想，作为读者的我们理应对此感到恐惧。但是这些反思让我们对自己的幸福有所了解，让我们思考是什么让我们幸福，或者，更确切地说，我们渴望什么，我们认为什么会让我们幸福。金钱、爱情、真相、房子、配偶、狗、孩子、汽车、艺术品：这些事物中没有任何内在的东西能够带来或保证幸福。在获得这些东西的过程中，许多人对现实感到失望，甚至会怀念对已获得之物的渴望。

187　　那么，是什么赋予了物品联想的力量呢？这个问题的答案当然是极其复杂而丰富的，它揭示了幸福背后的动态变化。渴望本身，即追求幸福，是一种有别于幸福的情感状态，并非来自内心。怎么会有对这种或那种联想的自然渴望呢？要发现是谁引导了这种渴望，以及我们在多大程度上疏离了这种强大的力量，就意味着要开始放弃渴望并认识到它的根本政治性质。也许在放弃的过程中，我们会找到幸福。或者，我们会发现幸福并不真正存在，而是发现了满足感的力量。

在艾哈迈德的项目中，这些都是当前政治活跃的一部分，但我们可以通过大致相同的方式，将对幸福或幸福感的追寻导向过去，而且这种感觉也不需要被贴上"幸福"的标签。界定人们何时对自己的生活感到满意的权力结构还有待研究。是谁或什么界定了符合要求的标准？哪些做法会被评价为制造快乐或令人满意，我们可以称之为共谋性顺从，为什么？这些问题也自动提出了它们的对立面，即什么是不顺从，其后果是什么？哪些做法会导致不快乐或缺乏满足感，我们可以称之为非共谋性顺从？艾哈迈德对此有着清晰的认识："'幸福能做什么？'这个问题，与幸福和不幸福在时间和空间上的分布密不可分。追踪幸福的历史就是追踪幸福分布的历史。幸福以各种复杂的方式分布。当然，要成为一个好的主体，就必须被视为幸福的根源，使他人幸福。因此，做坏人就是让人扫兴。"[41]简而言之，幸福、满意、满足，或仅仅是合群的感觉，都与特定共同体或体制中掌握权力的机构或个人所定义的规范性实践和物品有关。

一般来说，一个人的满足感与他在一段时间内的所有情感表达过程的总和有关。以此类推，一个社会的满足感可以说是每个人的满足感的总和。如果个人对规范性情感学的共谋性顺从程度很高，并且也反映在个人的社会互动中，那么这个社会就可以被描述为"幸福"。如果个人的非共谋性顺从或完全不顺从的程度很高，而这又导致整个社会互动充满争吵或恐惧，那么这个社会就可以被描述为"不幸福"。

在我们生活的当下，政治越来越倾向于用幸福感和满意度，来衡量政治体制的成功与否，因此，历史学家似乎有必要从理论上对这种"幸福社会"的说法提出质疑，并通过对过去满意度的研究来表达他们的怀疑。[42]毕竟，一个幸福的社会并不一定符合任何特定类型的体制或共同体，而是取决于那些制定规范的人以及制定规范的方式，在多大程度上促进了社会的共谋性顺从。我们可以在每一种政体中找到稳定时期的例子，在这些时期，我们可以大致得出结论：人民是"幸福的"。幸福或满意与社会民主，或不幸福与暴政之间，并没有明显或永恒的关联。满意度不会自然而然地与一个社会所拥有的人权数量相一致，尽管我们可以衡量这种一致性是如何产生的。相反，满意度取决于特定时间、特定体制下日常满意度实践的完整性。

188

20 世纪 80 年代,托马斯·哈斯克尔从他所谓的"道德庇护"的角度探讨了这一问题。"道德庇护"限定了那些可以讨论的道德问题,同时也限定了那些不能讨论的问题。[43]哈斯克尔正在为 18 世纪人道主义的极为有限的目标寻找答案(为什么它追求的是结束奴隶贸易和虐待动物,而不是西方政体中巨大的财富不均及其社会后果?),但是,对于那些希望了解如何在历史背景下获得满足感的历史学家来说,他的论点却非常有意义,在当代观点看来,这种满足感似乎是极其不可取的。哈斯克尔的理论认为,要采取行动纠正感知到的错误,首先,必须具备能够将错误感知为错误的必要条件;其次,还必须有一套可采用的实践方法来纠正错误。这套实践方法必须达到一定的程度,以至于不使用它们就可能会变得不道德。如果不满足这些条件,正如我们事后所见,"错误"可能仍然处于道德庇护之外。

189

因此,19 世纪最初几十年的改革者,可能会对奴隶贸易的结束(尽管这并不意味着奴隶制的立即终结)和议会禁止虐待动物法案的出台(尽管这并没有对动物所遭受的痛苦总量产生任何重大影响)感到非常满意;尽管绝大多数人的生活状况并没有发生任何改变,但他们会因为知道社会因这些变化而"更加幸福"而感到安心。此外,历史学家还可以指出,在考虑满意度的普遍程度时,往往只有特定政体中相对较少的人被计算在内。在 19 世纪的英国,可以说这与独立的公民身份有关,在这里,具有一定社会地位的人可以找到一个非常满意的群体。由于这些人推动着政治叙事,而政治叙事又为专有行为(实际上是社会实践)制定了社会规范,并定义了绅士行为,诸如道德和身体实践的构成要素,因此他们制定了社会必须遵守的条款。举例来说,把这个时代重新塑造为"不满的时代",而不是"改革的时代",这将是一件有趣的事情。因为政治和社会变革,以及随之而来的情感和道德变革,都源于一种不公正的感觉,即制定政策的人并不代表民众的利益和感受。我们将在最后一章讨论这种是与非。

【注释】

［1］引自 R. Bianchini，"Daniel Libeskind：Jewish Museum—Part 2"，www. inexhibit. com/ case-studies/ daniel-libeskind-jewish-museum-part2/，访问日期：2016 年 11 月 18 日。

［2］柏林犹太博物馆，www.jmberlin.de/en/libeskind-building，访问日期：2016 年 11 月 18 日。

［3］这在很大程度上源于社会地理学的研究。例如参见 G. Bruno，*Atlas of Emotion：Journeys in Art，Architecture and Film*（New York：Verso Books，2007）；H. Jones and E. Jackson(eds)，*Stories of Cosmopolitan Belonging：Emotion and Location*（London：Routledge，2014）；L. Bondi，J. Davidson and M. Smith，"Introduction：Geography's 'Emotional Turn'"，in J. Davidson，L. Bondi and M. Smith(eds)，*Emotional Geographies*（Aldershot：Ashgate，2005），1—16。

［4］有关该主题的介绍，参见 G. Lehnert(ed.)，*Raum und Gefühl：Der Spatial Turn und die Neue Emotionsforschung*（Bielefeld：Transcript，2011）；J. Davidson，M. Smith，L. Bondi and E. Probyn，"Emotion，Space and Society：Editorial Introduction"，*Emotion，Space and Society*，1(2008)：1—3；A. Reckwitz，"Affective Spaces：A Praxeological Outlook"，*Rethinking History*，16(2012)：241—258；K. Vallgårda，"Affekt，følelser og rum-historiefaglige perspektiver"，*Temp：tidsskrift for historie*，5(2015)：175—183。

［5］M. Foucault，*Discipline and Punish：The Birth of the Prison*（New York：Vintage，1995）。

［6］M. Pernau，"Space and Emotion：Building to Feel"，*History Compass*，12(2014)：541—549，at 543。

［7］J. Hamlett，"Space and Emotional Experience in Victorian and Edwardian English Public School Dormitories"，in Olsen (ed.)，*Childhood*，121. 另参见 Reckwitz，"Affective Spaces"：254。

［8］E.C. Cromley，"Transforming the Food Axis：Houses，Tools，Modes of Analysis"，*Material Culture Review*，44(1996). 另参见 R. Kozlovsky，"Architecture，Emotions and the History of Childhood"，in Olsen(ed.)，*Childhood*，100；A.A. van Slyck，*A Manufactured Wilderness：Summercamps and the Shaping of American Youth，1890—1960*（Minneapolis：University of Minnesota Press，2006），xxxi；S. Brooke，"Space，Emotions and the Everyday：The Affective Ecology of 1980s London"，*20th Century British History*，28(2017)：110—142。

［9］Kozlovsky，"Architecture"，in Olsen(ed.)，*Childhood*，100。

［10］Seymour，"Emotional Arenas"：177—197；K. Vallgårda，"Divorce，Bureaucracy，and Emotional Frontiers：Marital Dissolution in Late Nineteenth-century Copenhagen"，*Journal of Family History*（forthcoming）。

［11］Kozlovsky，"Architecture"，in Olsen(ed.)，*Childhood*，102。

［12］Kozlovsky，"Architecture"，in Olsen(ed.)，*Childhood*，112。

［13］P. Nielsen，"Building Bonn：Democracy and the Architecture of Humility"，*History of Emotions—Insights into Research*，January 2014，www. history-of-emotions. mpg. de/en/ texte/building-bonn-democracy-and-the-architecture-of-humility，访问日期：2016 年 11 月 21 日。

［14］T. van Rahden，"Clumsy Democrats：Moral Passions in the Federal Republic"，*German History*，29(2011)：485—504；N. Verheyen，*Diskussionslust：Eine Kulturgeschichte des* "*besseren Arguments*" *in Westdeutschland* (Göttingen: Vandenhoeck & Ruprecht, 2010).

[15] Pernau, "Space": 546.

[16] G. Lehman and M. Weinman, *The Parthenon and Liberal Education* (New York: SUNY Press, forthcoming). 感谢作者慷慨允许我在稿件发表前阅读。

[17] Reckwitz, "Affective Spaces": 254.

[18] Reckwitz, "Affective Spaces": 255. G. Böhme, *Atmosphäre: Essays zur neuen Ästhetik* (Frankfurt am Main: Suhrkamp, 2000). 可参见 B. Anderson, "Affective Atmospheres", *Emotion, Space and Society*, 2(2009):77—81。

[19] Boddice, *Science of Sympathy*, 75—86. 另参见 T. Schlich, "Surgery, Science and Modernity: Operating Rooms and Laboratories as Spaces of Control", *History of Science*, 45(2007):231—256; S. Shapin, "The House of Experiment in Seventeenth-century England", *Isis*, 79(1988):373—404; O. Hannaway, "Laboratory Design and the Aim of Science: Andreas Libavius versus Tycho Brahe", *Isis*, 77(1986):584—610。

[20] K. Giorgi, *Emotions, Language and Identity on the Margins of Europe* (Houndmills: Palgrave, 2014).

[21] S. Olsen, *Juvenile Nation: Youth, Emotions and the Making of the Modern British Citizen, 1880—1914* (London: Bloomsbury, 2014), esp. 117—136; S. Olsen, "Adolescent Empire: Moral Dangers for Boys in Britain and India, c.1880—1914", in H. Ellis (ed.), *Juvenile Delinquency and the Limits of Western Influence, 1850—2000* (Houndmills: Palgrave, 2014), 19—41.

[22] K. Vallgårda, K. Alexander and S. Olsen, "Emotions and the Global Politics of Childhood", in Olsen (ed.), *Childhood*, 12—34; K. Vallgårda, *Imperial Childhoods and Christian Mission: Education and Emotions in South India and Denmark* (Houndmills: Palgrave, 2015); C. McLisky, D. Midena and K. Vallgårda (eds) *Emotions and Christian Missions: Historical Perspectives* (Houndmills: Palgrave, 2015); K. Alexander, *Guiding Modern Girls: Imperialism, Internationalism and the Girl Guide Movement* (Vancouver: UBC Press, forthcoming).

[23] Vallgårda, Alexander and Olsen, "Global Politics", in Olsen (ed.), *Childhood*, 22—26。

[24] 两个特别突出的例子是 K. Vongsathorn, "Teaching, Learning and Adapting Emotions in Uganda's Child Leprosy Settlement, c.1930—1962", 载于 Olsen (ed.), *Childhood*, 56—75, 以及 J. Brauer, "Clashes of Emotions: Punk Music, Youth Subculture and Authority in the GDR (1978—1983)", *Social Justice*, 38(2012):53—70。

[25] Boddice, "Affective Turn", 158—163.

[26] Milner, *Senses*, 347.

[27] J.-M. Strange, *Fatherhood and the British Working Class, 1865—1914* (Cambridge: Cambridge University Press, 2015), 100—103.

[28] 引自 P. Mercer, *Sympathy and Ethics: A Study of the Relationship between Sympathy and Morality with Special Reference to Hume's Treatise* (Oxford: Clarendon Press, 1972), 31。

[29] Mercer, *Sympathy and Ethics*, 31.

[30] Smith, *Moral Sentiments*, 45.

[31] Boddice, *Science of Sympathy*, 65—71.

[32] Burdett, "'Subjective inside'".

［33］J. Styles，"Objects of Emotion：The London Foundling Hospital Tokens，1741—60"，in A. Gerritsen and G. Riello（eds），*Writing Material Culture History*（London：Bloomsbury，2014）：165—172；另参见 M. Zytaruk，"Artifacts of Elegy：The Foundling Hospital Tokens"，*Journal of British Studies*，54（2015）：320—348。

［34］Ahmed，*Cultural Politics*，6—8.

［35］Ahmed，*Cultural Politics*，10—11. 关于目标导向和重新激发记录情感的有趣观点，参见 J. Willenfelt，"Documenting Bodies：Pain Surfaces"，in Boddice（ed.），*Pain and Emotion*，260—276。

［36］Ahmed，*Cultural Politics*，25.

［37］Hochschild，*Strangers*，5.

［38］L. Berlant，*Cruel Optimism*（Durham，NC：Duke University Press，2011）.

［39］S. Ahmed，*The Promise of Happiness*（Durham，NC，and London：Duke University Press，2010），2.

［40］Moscoso，*Pain*，137—164.

［41］Ahmed，*Happiness*，19—20.

［42］参见第一章注释［72］。

［43］Haskell，"Capitalism".

第八章　道　德

道德的情感基础?

190　　由于专业历史学家倾向于拒绝简单的向过去学习或历史重演的表述，因此当被要求证明历史学的作用或价值时，他们往往显得语无伦次。但是在大多数情况下，大多数历史学家都能证明他们所做的事情是正确的，至少对他们自己来说是这样，但在所谓的"边缘"历史分支领域，人们往往会对其产生怀疑，他们认为这些分支领域并没有触及历史意义的真正内涵。几十年来，这意味着有权势的白人，他们的政治、政治体制和外交技巧，才是"真正的"历史，而其他一切都只是学术上的零星点缀。这种对历史重要性的圈定早已不复存在。性别史、种族和民族史、阶级史、身体史和性别史，所有这些在很大程度上都不再是历史学的分支领域，而成为每个历史学家需要了解和需要做的事情的一部分。这些方法所揭示的动态，告诉我们一些"伟人"叙事所没有的社会和文化关系的内容。

　　尽管发生了种种变化，但情感史仍有可能沦为一个无关紧要的分支领域，这对更宏大的史学项目来说并不重要。它似乎有可能被局限于对个人的研究,而且,正如我们所看到的,它面临着一些似乎不可逾越的领域界限的挑战,这些挑战来自那些对情感作为一个研究领域有不同看法的科学界。从某种角度来看,谈论情感意味着忽略历史的真正内涵:理性和行动。本书讨论了许多情感研究的非历史的问题,以及情感作为超历史现象的感知。总之,从某些角度来看,情感对于历史学家而言,代表了一层又一层无关紧要的内容。我们应该已经很清楚,为什么这种看法在很多方面都是错误的: 191
情感是理性的一部分;情感是通过行动产生的。但是,一旦解决了所有的细节问题,我们就会面临一个令人头疼的问题:这样做有什么意义?

在 2009 年的一篇文章中,维莱·基维迈基(Ville Kivimäki)和图奥马斯·特波拉(Tuomas Tepora)以一种比大多数历史学家更直接的方式探讨了这个问题。他们在研究第二次世界大战中男性战斗和暴力动机背后的情感依附时,问道:"情感为什么重要?"难道我们没有社会学、心理学、权力关系和社会动态,来解释人们为什么会这样做(或曾经这样做)吗? 他们提出了一个非同寻常的论点:是爱,而不是恨,让男人们战斗。最后他们提出了一个纲领性声明,我将在此进一步探讨:

> 我们认为,在广泛的历史背景下研究情感,有助于理解各种社会和文化实践,如何创造心态、体验、互动和行为。情感塑造、强化和传递文化意义。他们的分析将焦点转移到个人身上,试图赋予最可怕的历史经验以意义。人类的身份和社群,是建立在爱、依恋、信任和欲望等情感纽带的基础之上,也可以说是建立在它们的对立面之上的,这些情感的对象和模式随着历史和环境的变化而变化。因此,任何一部情感史都要探讨这种错综复杂的人际关系和社群关系的动态、功能和后果。在这个过程中,人类经验的复杂性得以重现。[1]

简而言之,这将情感置于人类意义的核心,因此也是历史学关注的核心。情感绝不仅仅是非理性的噪音,而是人类生活中产生意义的最基本现象。它们是认知过程的一部分,是社会关系的基础,为理性话语增添了色彩,让人感觉到什么是痛苦,什么是快乐,什么是善,什么是恶,什么是对,什么是错。

192　　　无论我们何时何地观察人类的情感现象,这些观察结果似乎都是正确的。情感的运作方式发生了根本性的变化,但毫无疑问,经验的意义,或者换一种说法,经验的价值,始终都是由经验本身所赋予的。如果说情感有一个跨越时空的基本框架,那就是这个框架。然而,现在我们应该清楚,对框架的了解并不能说明对框架内容的了解,因为它总是在语境中得以充实的。无论在人类生物学、大脑活动等层面发生了什么,都是在环境中发生的,而环境本身也在塑造这些生物过程。在此我们有必要重申一下,这里不存在先天/后天的差异,只有生物文化动态。表达情感所需要的努力就是文化中的身体和心灵的相互作用。正如雷迪所说,"正是在这里,而不是在某种假定的基因编程的'基本'情感中,可以建立一种具有政治意义的普遍的人的概念"。[2]

　　　是的,人类努力感受的政治相关性,与制定人类应该感受的规范的权力结构密切相关或相互抵制。但我还想说的是,在这个普遍的框架中,也存在着道德相关性。雷迪认为,情感表达总是伴随着一定程度的失败,这种失败的程度决定了一个人与情感机制的一致性,因此也决定了他与情感共同体的政治的一致性。但是,除了适当的感觉、是与非的感觉之外,什么是一致性的感觉呢?情感技能的规范必然带有道德价值,作为一种道德感来体验。我认为,强调这一点将赋予情感史以真正的使命感。因为除了对人类经验的意义和结构的探索之外(这已经足够引人注目),还有对人类经验价值的更深层次的探索。道德的历史已经是一个很宽阔的领域,但情感史有望开辟一个新的领域,分析道德是如何被体验的,以及道德经济是如何形成、巩固、颠覆和改变的。

　　　现在我将回到"道德经济"这一具体术语,但首先有必要说明情感是道德的基础。我不想在这里提出一个哲学议程,尽管我将不得不提及它。相

193

第八章　道　德

反，我将试图在经验层面而非抽象层面上阐述道德的共同基础。毫无疑问，道德准则可以用书面形式制定、传播、辩论和争论。道德作为伦理学的一个重要分支，显然是抽象推理的一部分，是非问题似乎可以在情感领域之外确定。出于以下原因，我想把所有这些都囊括进来。

首先，抽象的道德，比如道德准则、哲学论著，并不一定能得到个人或社会的认可。受到社会惩罚或通过更正式的刑事司法渠道受到惩罚，并不自动等同于内心认为自己做错了。事实上，有无数的例子表明，司法制度本身似乎违背了道德准则，那些受到惩罚的人被视为受害者，而不是受到公正的对待。我今天可以写一篇道德论文，劝告人们不要在星期二扔黄瓜，因为这样做是不道德的，但除非我能真正说服人们把这种行为的错误内在化，否则没有人会相信它。也许，随着时间的推移，在充分控制暴力工具、警察和司法体系的情况下，我可以严厉地惩罚人们，以至于星期二扔黄瓜在常识层面上被认为是不明智。从不明智到最终内化为错误。但是，如果这一切是可能的，我所能证明的只是，如果没有社会和文化工具的权力和影响赋予道德准则以意义——在这里是惩罚性的意义，道德准则本身就毫无价值。

其次，历史学家对任何以中立、客观或永恒为框架的辩论，都持不信任的态度。也许有些人听到中立和客观的说法会感到惊讶，但历史学戏弄或在某些情况下完全拥抱后现代主义的教训，已被广泛利用。此外，历史学家自己也撰写客观的历史，揭示为了表明客观立场而必须做的情感工作。[3] 历史学家很难宣扬所有历史行动者都受到语境和文化的束缚，然后宣称自己的立场是中立的。经验主义和证据的负担仍然可以引导我们找到真实的叙述，但建构过去的真相不能脱离建构和生产的过程，也不能脱离历史学家的处境。

因此，当历史学家越过藩篱审视哲学家时，他们会以怀疑的态度看待那些与先验主张有关的真理陈述。历史学家对待当代哲学家关于道德（或情感）精确定义的言论，与对待过去哲学家的类似言论并无不同。也就是说，

194

历史学家会将这些论述与时代背景相结合,与其他论述进行权衡,并以此理解产生这些论述的那一刻。任何一位历史学家,如果他的研究是以对永恒道德的具体理解来定义的,那么他就会对时空错置进行最荒唐的追求。

暂且不谈哲学的内容,我想谈谈哲学的基本框架。虽然我不想与伦理学家讨论伦理问题,但我确实想与他们讨论道德的起源问题。苏格兰启蒙运动是一部宏大的哲学史,它强调道德的情感基础,当代哲学传统也遵循这一原则。[4]它不仅在理论上令人信服,而且还具有实证研究的优势。因此,它为历史研究提供了一个议程,可以释放情感史的真正潜力。

道德经济、情感共同体

在这一点上,我们有必要回到情感史的理论和方法论术语,即新术语的集合,并询问它是否足以支持史学实践。我认为,与其说情感共同体、情感体制和情感实践的理论基础有所欠缺,不如说是其中隐含的学术地域主义有所欠缺。提出新的分析标签是历史学家工作的一部分,但仔细阅读就会发现,我们在情感史上似乎已经有了过多的标签,其中许多标签在概念上有明显的重叠。毫无疑问,这些术语的引入所引发的争论,使这一领域得到了拓展,对这些术语的理论阐释也很有启发性(尽管对这些阐释的接受似乎有限)。但我从这些阐释中得出的结论是,它们的内容并无特别新颖之处,我们或许可以优先考虑其他方面。

1995 年,洛琳·达斯顿撰写《科学的道德经济》一文,试图找到一种方法表达科学"在本质上依赖于极为具体的情感和价值观"。[5]为了理解这一点,达斯顿借用 E.P. 汤普森的一个术语,并对其进行彻底的修改,从而为此后十年有关科学和科学家的情感实践研究铺平了道路。达斯顿重新构建了"道德经济"一词,有效地完成了"情感共同体"的工作;它理解对情感行为的评价如何成为权力动态的一部分,并因此预测了"情感体制"。它还将情感行为与活动联系起来,从而预测了"情感实践"。

　　道德经济支撑并允许特定的认知方式,因此将情感实践与知识体系、理性与情感联系在一起,即使这些认知形式明确否认任何形式的情感内容。道德经济明确地与个体心理无关,实际上完全拒绝心理主义。此外,道德经济可以是多元的,以理解相互竞争或相互同情的集体或社群,这些集体或社群并不完全共享一套情感实践。简而言之,达斯顿的道德经济早于情感史学家创造的大多数术语,并承担了这些术语的大部分工作,赋予它们价值品质,而其他分析范畴则缺乏或容易缺乏这种品质。那么具体来说,道德经济到底是什么呢?

　　达斯顿对道德经济的定义是明确而严谨的。由于在达斯顿之前有许多人确切地使用过这一说法,因此必须明确这些术语的含义。[6] 一般来说,道 [196] 德经济是这样定义的:"一种由充满情感的价值观构成的网络,这些价值观相互联系并以明确的关系存在和运作。""道德"一词指的是"心理和规范",指的是用情感来评价对象和行为(实践)。"经济"一词与金融和劳动意义上的经济无关,而是指一种"可解释但并不总是可预测"的规范化"体系"(如体制)。[7] 随后达斯顿对此进行了阐述:

　　　　道德经济是情感力量的平衡系统,有平衡点和制约因素。虽然道德经济是一种偶然的、可塑的、非必然的存在,但它的构成和运作有一定的逻辑性。事实上,并非所有可以想象的情感和价值观的组合都是可能的。道德经济的稳定性和完整性,在很大程度上源于它与活动的联系……[8]

总之,道德经济受到规范和实践可能性的限制。在特定的关系和合作框架内,情感、价值观及其相关实践之间的关系,受到一系列被认为是可能的或(关键是)可接受的因素的限制。道德经济是"*Gefühls-*",也是"*Denkkollektiv*"。[9] 她所说的"感受方式"与"观察、操纵和理解的方式"密不可分的。[10]知识的价值与表达这种价值的情感实践,在根本上是不可分离的。虽然她没有引用斯特恩斯夫妇的观点,但这似乎是情感学说的一种表达;然而,它将价值元素添加到规定的规范中,阐明了特定系统中可能存在的利害关系。只有理解情感规范中的"道德"因素,我们才能理解人们为什么要遵守规范,或者为什么要努力抵制规范。这就引入了权力的因素,就像在一个政权中一样,但预先排除了这种权力是否必须依靠公开的政治力量的问题。

197   道德经济强调"微观的、内化的福柯式的力量",这种力量可以通过"自律"而非"强制"来表达。[11]在这一点上,达斯顿似乎先于雷迪提出了"情感表达",尽管她对个人努力的自我表达并不那么感兴趣,而是对社会互动和实践的群体层面发生的事情更感兴趣。毕竟,自律是在道德经济的框架内进行的,因此永远不会脱离道德经济。个人的表达方式与限定实践范围的集体规范,有着不可逆转的动态联系。但是,道德经济的多元性,以及特定道德经济体系内表达和实践的自由度,都为潜在的变革留下了空间。因此,对于情感史学家来说,至关重要的概念是:"道德经济是历史性地创造、修改和摧毁的,由文化而非自然执行,因此既是可变的,也是可违反的,是……认知方式的组成部分。"[12]即使特定的道德经济自称是由自然或自然法执行,这一点也是适用的。事实上,这种披着自然羊皮的文化之狼,可能会造就一些强大的道德经济体系,尤其是在社会达尔文主义盛行的时代。

在科学史网络中,达斯顿的道德经济文章影响巨大,被引用了数百次。我自己在《同情的科学》(*The Science of Sympathy*)一书中也引用过它,以便为我对第一代达尔文主义者的科学情感实践的研究提供结构和连贯性。[13]在其他试图将情感史研究扩展到科学领域的尝试中,也有明显的受其影响的痕迹,特别是保罗·怀特编辑的关于"科学的情感经济"的《伊西斯》(*Isis*)特刊,该特刊至少保留了"道德经济"这一标签,但追求的目标与达斯顿大致相同。[14]怀特在专刊中呼吁"将情感作为科学实践中不可或缺的对象和主体的研究方式：观察、实验和理论的原则，以及自我实践的原则"。[15]当然，在这些实践中，还包含着体现规范性的评价判断，或广义上的 198 "道德"范畴。

哈维尔·莫斯科索在谈到安慰剂的复杂前史，以及与医学权威、个性和文化价值相关的治疗方法的优点时，以"希望的道德经济"作为讨论的框架。[16]毫无疑问，达斯顿是这里的参照点。作为一项重大举措，柏林的马克斯·普朗克人类发展研究所成立了一所研究现代社会道德经济的新学院，并与柏林的三所大学建立了联系，承诺在未来几年内培养 20 多名博士。虽然这里的道德经济并没有明确的含义，但该学院隶属情感史研究中心这一事实，至少在概念上与达斯顿的著作有一定的联系，而达斯顿的著作一直是必读书。

道德经济在科学史之外的影响有限。人类学家克莱尔·温德兰（Claire Wendland）利用这一概念，分析了她对马拉维医科学生及其在医疗实践中面对贫困的研究。[17]迪迪埃·法桑（Didier Fassin）考虑了达斯顿重新定义这一标签的更广泛影响，试图将她的定义与汤普森的定义相调和，并指出达斯顿剥夺了道德经济的"政治维度"。[18]在我的解读中，她实际上已经触及了政治动态嵌入或融入日常实践中的核心。与阶级斗争中更为公开的政治对立相比，这是对政治关系和权力在环境中的柔性运作的一种更为复杂的想象。

鉴于该术语对情感史的潜在重要性，必须打破那些不切实际的学科壁垒。达斯顿自己决定放弃这一术语，也许是因为它比较容易与其他术语的用法相混淆，这在一定程度上阻碍了这一工作的开展。然而，该术语的影响 199 为达斯顿与彼得·加里森 2007 年出版的《客观性》做出的更重要的贡献奠定了基础，截至本书撰写之时，该书已被引用超过 1 600 次。在《客观性》一书中，达斯顿和加里森完善了道德和伦理的语义，试图理解自我概念是如何通过与认知方式相关的有具体语境的实践而形成的：

> 对科学实践的掌握,不可避免地与自我控制即对某种自我的精心
> 培养联系在一起。当自我既是雕塑家又是雕塑作品时,伦理就会不请
> 自来。对我们的研究来说,区分伦理和道德是有用的:伦理指的是与一
> 种处世方式相联系的规范性行为准则,即个人或群体的习惯性倾向意
> 义上的精神特质,而道德指的是特定的规范性规则,这些规则可能被遵
> 守或违反,并且可能被追究责任。[19]

这一理论很容易应用于科学界以外的其他集体,比如专业团体、宗教团体、
社会团体、政治团体或任何其他类型的团体。正如达斯顿和加里森所指出
的,"或许可以想象,可能存在一种没有精神特质的认识论,但我们还没有遇
到这样的认识论"。[20]一个人如果内化了特定的精神特质,理解并遵循知识
/实践体系中固有的价值观,并通过该体系有效地"获取知识",那么这个
人就被称为具有"认识论美德"。[21]这种分析是《客观性》的基础,实际上是
对"科学的道德经济"的重新表述,尽管群体的习性现在被理解为一种精神
特质,而道德感则依附于那些在伦理范围内进行个人实践的模范人物。

在最近一期的《奥西里斯》(*Osiris*)杂志中,达斯顿对科学实践的情感本
质的贡献尤为突出,其核心是《客观性》中的观点,即"所有'认识论都植根于
一种精神特质,这种精神特质既是规范性的,又是情感性的,或者说因为规
范性而具有情感性'"。[22]但在这里,《客观性》中关于"认识论美德"的说法,
并没有给试图在科学史上阐述情感史的编辑们带来很大影响。相反,编辑们
将达斯顿和加里森对"客观性"的评价,以及杰西卡·里斯金(Jessica Riskin)的
"感性经验主义"和阿米尔·亚历山大(Amir Alexander)的"悲剧性"数学,与
"情感风格"联系起来。[23]因此,他们进行了一些不必要的翻译工作,因为他
们最终将"与人类、人工制品和空间的相互作用有关的客体间性",及其更为
明显的"主体间性"要素,纳入斯特恩斯夫妇在1985年创造的一个范畴,这
个范畴至少在其早期发展过程中,未能深入触及情感体验或实践。事实上,
与这些观察结果相关的分析范畴,是达斯顿自己提出的道德经济,因为与

"情感风格"不同,道德经济实质上深入了规范性实践和科学方法中固有的权力动态,并触及了科学自我构建中表达与体验之间的复杂关系。

也许更重要的是,道德经济明确地将情感(或情绪)视为个人和集体认知的一部分。支持日常实践的思维模式,正式形成了证明多层次世界观是合理的认识论,即使被作为独立的部分来表达时,也是与情感体验密不可分的。[24]达斯顿和加里森深入探讨了客观性这一伟大的认识论构想,揭示了科学的理性概念来自"中立"的位置,这是一种来自某个地方的典型观点。无论是哲学家还是神经生物学家,都放弃了理性与情感或认知与情感的二元划分,并通过各种方法证明情感是理性的一部分,正如理性是通过情感状态来体验和表达的一样。这样做的风险,尤其在思想史方面,由于未能理解思想史或观念史而将情感史拒之门外。通过强调道德经济中思想集体和情感集体的结合,我们实际上可以深入了解某些思想之所以具有影响力、改变能力或抵制变革的能力的根源所在。

当托马斯·库恩(Thomas Kuhn)介绍他关于科学革命结构的论点时, 201
他揭示了思想需要得到权力、影响和制度的强化才能有生命力的程度。布鲁诺·拉图尔(Bruno Latour)在他关于当代科学实践的研究中进一步强调了这一点,并阐明了制度环境和人际动态如何限制可能发生的事情,从而限制了可能出现的结果。[25]但是,在理解这些"气氛"最初是如何形成的问题上,仍然缺少一个环节。审视相互关联的实践所形成的情感网络这一创新概念,为这一解释维度提供了可能性,因为它将孤立的道德经济,与它们必须存在的更广泛的社会道德经济联系了起来。

尽管在小规模的道德经济中存在着一些个性化的元素,即在人与人之间和人与物之间的实践层面存在着一种神秘主义,但在历史上,很少有制度氛围与更广义的社会文化领域完全隔绝的情况。在其他地方,我把这种现象描述为一组俄罗斯套娃,其中最大的娃娃必须包含其他所有娃娃,每个娃娃都比上一个娃娃小,在标记和比例上有细微的差异。[26]它们从根本上是相连的，但从某种角度来看，每个娃娃都可以被视为一个整体。这种文化、社会、制度化、权力、集体思想和实践的模式，以及这种模式对个人情感表达过程的影响，有可能将思想史和社会史联系起来。从这个角度来看，道德经济术语中的情感史有可能成为历史学家工作的核心。在充分认识到经验的可变性以及身体和大脑的历史性的同时，在以档案实证主义和神经科学家实验室为基础的研究之上，道德经济研究有望成为后后现代时代历史学领域的元叙事。

道德感

在感官与体验的章节中，我特意保留了对道德感的讨论，尽管它本可以
202 很容易被纳入其中。我之所以将其保留到最后这个部分，是因为它对整个情感史项目具有压倒一切的重要性。情感史与感官史结合在一起，打破了思维与感觉之间的旧有区分，并在接近过去的经验时，开始构建一个有意义的整体。与这种整体性方法密不可分的，是贯穿人类经验创造系统的社会和文化评价。正如我们所看到的，没有对痛苦意义的情感评价，就没有痛苦；没有一种中立的感官体验，可以在某种程度上置身于社会和文化衡量之外。是非对错可以用抽象的术语进行规范和阐述，但是非对错始终是作为感官、情感和智力现象来体验的。事实上，在正义与非正义的普通历史经验中，退让的往往是抽象的推理。道德就存在于我们的指尖、我们的内脏，也可能存在于大脑创造的感官/情感世界的任何地方，以及存在于它与其他创造世界的大脑的互动中。正如克拉森早在 1993 年就提出的那样，"感官关系就是……道德关系"。[27]

权力结构、社会边界内外的动态互动，以及禁忌的构建——如果你愿意的话，就是道德经济，都是通过特定时间、特定地点的感官和情感特征而形

成的。许多学者在不同的环境中发现了这方面的证据,比如尼基·哈雷特对近代早期加尔默罗(Carmelite)修道院生活的记录。她在研究"这类共同体的权力结构"时发现,与"道德生态和性别意识形态"的"相遇"是不可避免的,"对修女的态度可能会影响她们对自己的态度"。[28]就顺从和不顺从的定义而言,修道院作为感官场所既是修女道德经济的指标,也是修女道德经济形成的基础。克拉森指出,"通过将感官价值融入社会价值,文化试图确保其成员能够正确地感知世界"。[29]换句话说,道德指南针存在于感觉的领域,它最终可以被定义为一个包括情感和感觉的概念。当然,如果一种文化的成员不能正确地感知世界,他们就会觉得自己格格不入或不合时宜,而社会也会因此对他们进行评判。其结果要么被称为正义,要么被称为非正义,从而导致对道德经济现状的强势重述,或者导致一场剧变,承认那些似乎不合时宜的人的正确性。

这就把各种视觉、听觉、嗅觉和味觉,以及各种形式的身体接触的记录材料,与这些感官所隐含的实践相结合,作为道德和正义的历史的可信来源。例如,以宗教背景下的感官史为例。苏珊·阿什布鲁克·哈维(Susan Ashbrook Harvey)关于气味在早期基督教会中的重要性,发表了如下看法:"对于晚期的古代基督徒来说,气味有助于改变道德状况,使身体朝着更完美的方式发展,指导人类和神性的特质和后果,以明确的基督教术语对人与神的关系和互动进行分类和排序。"[30]需要明确的是,任何气味都不能从本质上改变一个人或一个共同体的道德状况,但赋予特定气味的意义却可以。哈维称之为"嗅觉想象",但将气味与环境联系起来的过程,与我们遇到的任何其他事情一样,都是一种实践形式。通过将气味与价值观联系起来的嗅觉实践,大脑输出的情感意义才得以实现。此外,无论我们将目光投向有组织的宗教史的哪个角落(至少在 20 世纪之前,这是道德史的卓越领域),我们都会发现类似的转化过程正在发生,将感官输入转化为有意义和有评价的输出。但是,感官输入的意义却发生了根本性的变化。

正如米尔纳发现的那样,任何"对社会规范与信仰政治的紧张关系的分析",其核心都是"感知是政治和道德"这一观点。[31]至关重要的是,在16世纪的英国,新教对天主教仪式感官实践的不信任或彻底对抗,并没有产生一种在感官上中立或完全缺乏的实践形式。相反,从字面上看,新教的仪式感被重新评价,从而使道德意义重新与特定的感官联系在一起,摆脱了旧有感官的束缚。但是,宗教仪式的体验,比如感受虔诚、感受恩典、体验神圣的正义等,仍然是一种感官体验。无论一个人觉得自己有道德,还是觉得自己是选民,道德感始终是人类存在的核心,它通常由感官驱动,结合情感和认知实践,包括理性。自然,这一观察的附加条件是,这种存在从来都不是恒定不变的。

所有这一切对于历史学科来说都具有重大意义,因为这种研究世界过去的方式,为我们提供了一把钥匙,使我们能够将正义理解为历史,从而使正义研究成为历史学的范畴。

【注释】

[1] V. Kivimäki and T. Tepora, "War of Hearts: Love and Collective Attachment as Integrating Factors in Finland during World War II", *Journal of Social History*, 43(2009): 285—305, at 297.

[2] Reddy, *Navigation*, 105.

[3] Daston and Galison, *Objectivity*.

[4] 有关当代传统参见 C. Bagnoli(ed.), *Morality and the Emotions*(Oxford: Oxford University Press, 2012) and J. Prinz, *The Emotional Construction of Morals*(Oxford: Oxford University Press, 2008)。有关历史哲学传统参见 Gross, *Secret History*; *Aristotle*, 63—64; Hobbes, 45; Hume, 130; Smith, 169—179。

[5] L. Daston, "The Moral Economy of Science", *Osiris*, 2nd series, 10(1995):2—24, at 2.

[6] 达斯顿的用法与罗伯特·E. 科勒(Robert E. Kohler)或布鲁诺·斯特拉瑟(Bruno Strasser)不同,他们都借用了汤普森的说法。这些道德经济"调节了权威关系,也调节了获得生产资料及成就奖励的机会"。参见 R.E. Kohler, *Lords of the Fly: Drosophila Genetics and the Experimental Life* (Chicago: University of Chicago Press, 1994); Strasser,

"Experimenter's Museum"。

[7] Daston，"Moral Economy"：4.

[8] Daston，"Moral Economy"：4.

[9] Daston，"Moral Economy"：5.

[10] Daston，"Moral Economy"：5.

[11] Daston，"Moral Economy"：6.

[12] Daston，"Moral Economy"：7.

[13] Boddice，*Science of Sympathy*，esp. 15—16.

[14] P. White(ed.)，"Focus：The Emotional Economy of Science"，*Isis*，100(2009).

[15] P. White，"Introduction"，in White，"Focus"：792—797，at 793.

[16] Moscoso，"Facing Cancer"，in Boddice(ed.)，*Pain and Emotion*，31.

[17] C.L. Wendland，*A Heart for the Work：Journey Through an African Medical School* (Chicago：Chicago University Press，2010)，196.

[18] D. Fassin，"Les économies morales revisitées"，*Annales. Histoire，Sciences Sociales* (2009)：1237—1266.

[19] Daston and Galison，*Objectivity*，40.

[20] Daston and Galison，*Objectivity*，40.

[21] Daston and Galison，*Objectivity*，40—41.

[22] Dror et al.，"History"：14n.

[23] Dror et al.，"History"：14.

[24] 关于这点，另参见 S. Ahmed，"Affective Economies"，*Social Text*，22(2004)：117—139。

[25] 参见第四章注释[3]。

[26] Boddice，*Science of Sympathy*，15—16.

[27] Classen，*Worlds of Sense*，137.

[28] Hallett，*Senses*，21.

[29] Classen，*Worlds of Sense*，137.

[30] S.A. Harvey，*Scenting Salvation：Ancient Christianity and the Olfactory Imagination* (Berkeley and Los Angeles：University of California Press，2006)，3.

[31] Milner，*Senses*，345.

结　语

205　　在本书的写作过程中,我试图衡量情感史从何而来、为何重要,以及我们现在的处境。我试图通过各种方式,特别是通过神经科学、遗传学和道德问题的转向,为我们的史学未来提出潜在的发展路径。最后,我想重申情感史的关键所在,并强调如果情感史方法(目前这里用复数形式更合适)被证明对历史研究具有分析性和实质性的作用,并被历史学科及其他学科广泛接受,那么在未来几年里应该如何开展工作。

　　在我看来,有三个基本步骤。首先,我们需要跨越历史时期进行阅读,同时对学科界限的模糊性持开放态度。其次,我们需要更好地跨越语言障碍进行阅读。这两点是为了使理论和方法论的辩论更具建设性和连贯性,进而避免重复的或不必要的再创造。最后,这些理论和方法需要讲授,而且要讲授得好,让学生在本科阶段就开始实践情感史。这种教学的有效性在很大程度上取决于,该领域的新进学者能否理解我曾称之为"自行其是"(a loose canon)的著作和方法,也取决于学生能否将一系列没有固定模式的辩论和讨论浓缩为最佳实践的概念,无论这些概念多么不稳定,多么受制于想象力的发展。在许多方面,我希望本书能提供一把开启这些可能性的钥匙。

结　语

时期问题

　　当然，历史学科中对历史分期的关注并不局限于情感史，但在这一特定
史学发展的形成时期，它们表现得尤为明显。这其中既有一些普通的原因，
也有一些深奥的发展，使得现代主义者和中世纪主义者产生了明显的分歧。
当然，中世纪主义者和现代主义者并不真正参与彼此的历史研究，这并不罕
见，但在情感史理论发展的形成时期，每一组学者都提出了情感史的方法，
这些方法与他们自己特有的材料和史学传统相结合。在理想的情况下，历
史方法适用于任何时期，但任何一位中世纪主义者都会告诉你，在处理中世
纪资料时会有不同的压力和限制，正如任何一位现代主义者都会说，有时很
难对资料的数量加以限制，随着数字化项目使一切资料都更容易获得，资料
的数量似乎也在不断增加。

　　给我们带来极大困扰的是芭芭拉·罗森宛恩的两点看法：她认为情感
史的研究方向是现代主义者对民族国家兴起的关注；她还认为情感史存在
着一种令人遗憾的倾向，即对前现代社会“像孩子一样”的陈词滥调深信不
疑，直到文明的现代社会才变得更加“成熟”——意味着克制。[1] 达米安·博
凯（Damien Boquet）和皮罗斯卡·纳吉（Piroska Nagy）等人也表达了同样的
疑虑，他们对（尤其是法国的）社会和政治科学的关注焦点提出了严重的担
忧，这些科学把自由民主的崛起视为理性主义的崛起，把情感视为纯粹的非
理性和反对现代文明的力量。[2] 这样做的结果是将中世纪的过去幼稚化，同
时迫使情感进入“真实性”的现代范畴。正如他们所指出的，情感感受和情
感表达之间的关系非常复杂，涉及各种社会规范、仪式、表演等，因此情感的
鉴定需要在情境实践的背景下进行。

　　把这一切归结为非理性或孩子气显然是荒谬的。[3] 心理主义的危险，比

如费弗尔在情感史的创始声明中指出的危险仍然潜伏着,即使它与现代历史学家无关,但与现代社会科学家普遍有关。现代心理学范畴,或者更强烈地说,关于情绪是什么的心理学知识的难解之题,仍然有可能以最根本的方式破坏情感史,因为它将当代认识论置于过去行动者的生活经验之上。

可以肯定的是,有明显的证据表明,某些类型的心理学家没有听取历史学家的意见,也没有认真对待他们关于情感实践和情感关系的主张。即使在上文提到的博凯和纳吉著作的结论中,心理学家伯纳德·里梅(Bernard Rimé)也认为有必要指出,博凯和纳吉关于情感没有绝对定义的说法是错误的。随后,他们简要陈述了情感史学家倾向于灌输反传统观念的一切,即"情感的原型定义",尽管在实践中存在着无限的多样性和复杂性,但它仍然可以归结为以下内容:通过生理和表达反应突然改变情况、改变意识和倾向于行动。支撑这一明确结论的是之前 300 页的学术研究,它们将情感在社会、仪式和政治背景下历史化和特殊化,但并不一定完全符合心理突变的模式。[4]

这种试图将永恒不变的范畴还原到情感中的尝试并非仅此一次。在一本关于 18 世纪的同情的精彩著作中,其目的是直接挑战情感真实性的含义,心理学家 W. 杰罗德·帕罗特(W. Gerrod Parrott)撰写的一章介绍了"最初的情感"(ur-emotions),破坏了整部著作,因为"最初的情感"只不过是对埃克曼"基本情感"的细致入微的重述,与里梅的情感"原型"有共通之处。用英语对基本情感概念进行同义反复的排列,进而决定在任何文化或时期对这些情感进行探寻,这与对基本情感的探寻一样,都存在着方法论和种族中心主义的缺陷。它还从根本上预先确定了"情感"这一范畴的确定性和普遍性。值得注意的是,该书的编辑称赞这篇文章指出了"人类在所有情感表现中共同的潜在特征",同时考虑到了"环境的影响",却忽视了所有关于情感实践和情感人种学的研究,更不用说社会神经科学了,这些研究已经使这种普遍性的基础失去了意义。如果现代历史学家自身拒绝参与生物文化研究的发展,那么这种粗糙的二元论的表现形式,将不可避免地继续存在下去。所有关于情感表达和体验的文化差异的证据,都将仅仅是一成不变的人体语境下的糟粕,对不同的情感有着固定的定义,对这些情感的作用也有着同样固定的概念。[5]

在此,我们必须对罗森宛恩等人的说法表示同情,这样一篇作品是否会被收录到关于中世纪或古代情感的书中是值得怀疑的。将其收录在现代史著作中的含义只会进一步引发人们的怀疑,即现代历史学家对其他时期情感史学家提供的证据不够重视。事实上,有人指责现代主义者乐于在没有批判性参与的情况下,从心理学中挑选他们的定义类别。显然,其他学科的问题依然存在,与其说它们是不受欢迎的闯入者,不如说它们阻碍了在共同或至少是可协商的理论基础上进行的真正的跨学科合作。必须指出的是,这些障碍看起来确实是现代主义史学中的问题。这些问题的表述值得进一步关注和审视。我将特别从罗森宛恩与埃利亚斯的问题谈起。

首先,罗森宛恩反对诺贝特·埃利亚斯的《文明的进程》的迅速流行,该书被现代主义者视为一幅真实的画面,描绘了中世纪世界无拘无束、肆无忌惮的野蛮宫廷,是如何通过巩固权力的过程,慢慢转变为控制情感和高雅宫廷礼仪的堡垒。埃利亚斯将他的历史叙事与生物学、心理学和社会学理论相结合(以证实情感克制的变化是如何从一代固定到下一代的,同时仍然允许进一步的"进步"),这进一步证明了中世纪像孩子一样的论点,这让罗森宛恩更加恼火。在埃利亚斯的论述中,情感受到约束的程度,与情感像"液压"作用一样猛烈爆发的程度成正比。因此,现代文明得以和平存在,其间国家层面爆发了非同寻常的暴力事件。

罗森宛恩可以证明,埃利亚斯和其他人对中世纪情感的看法是错误的,但她抱怨说,没有人在长期研究中对埃利亚斯的论点提出实质性的挑战。在这方面,她做了大量的纠正工作,旨在阐明中世纪的情感表达生活(她对经验不太感兴趣,或者说不太能够接触到经验),并表明在许多方面,情感关系的结构和对表达的限制，与现代并无太大区别。[6]可以肯定的是，中世纪行动者的情感表达方式大不相同，至关重要的是，在中世纪，不同世代和不同地方的情感表达方式也发生了巨大的变化。到目前为止一切都很顺利，但在我看来，现代主义者（他们主导着从数字角度研究情感史）并没有真正读懂罗森宛恩的实证研究和实质性工作。他们知道情感共同体，但他们不承认历史学的抱怨，而情感群体理论正是从这种抱怨中诞生的。

这与罗森宛恩抱怨的第二部分内容有关，因为情感共同体在一开始就明确反对威廉·雷迪的情感体制。正如我们在第三章中所看到的，在罗森宛恩看来，情感体制的问题在于，它们似乎与现代国家权力的形成有着千丝万缕的联系，因此，对情感体制的分析只能真正适用于现代历史。这实际上是在说，前现代的情感学结构与现代的情感学结构，不仅在程度上不同，而且在种类上也不同。通过建立情感共同体，罗森宛恩试图找到一种方法来谈论情感准则的社会规范，从而避免将国家暗指为一种组织原则。问题还是在于，现代主义者并没有真正理解罗森宛恩试图做出的区分，他们交替使用情感体制和情感共同体，却没有触及其中任何一个的核心含义。正如本尼迪克特·安德森（Benedict Anderson）创造的"想象的共同体"一样，这种用法已经成为一种司空见惯的便利，缺乏实质性的分析目的，但却很容易被认为是一种概念工具，在历史学的有用术语清单中名列前茅。

现在应该消除这些分歧，更加谨慎地使用术语。我们可以也应该保留罗森宛恩的观点，即现代主义者应该关注历史的长远发展，而不是一味地认为生活是从 18 世纪重新开始的。然而，我们也可以感到欣慰的是，罗森宛恩的某些抱怨也许一开始就被夸大了，也许在她提出这些抱怨后的几年里，这些抱怨得到了纠正。

首先，埃利亚斯的著作似乎并没有像罗森宛恩所担心的那样，成为现代主义者情感变革的口号。就情感史的迅速发展而言，它倾向于把注意力集中在狭隘的研究上，如果有什么不同的话，那就是反对理论。近年来，有许

210

多论坛都在讨论情感史究竟是什么，但其中许多论坛都没有进行准备性阅读，也没有寻求参与该领域已长达数十年的争论，而是倾向于认为该领域仍然需要实质性的创新。因此，内容有所增长，但理论发展甚微。

其次，也许更重要的是，罗森宛恩可能一开始就忽略了埃利亚斯著作的重点，即它确实是一部具有讽刺意味的杰作。著作出版于 1939 年的德国，当时正值日常暴行、恐惧、偏执和压制的高峰期，在埃利亚斯看来，文明的终点一点也不文明。文明化进程只是给野蛮蒙上了一层薄薄的面纱，以至于与现代性的暴力滥用相比，中世纪关于宫廷行为的辩论细节都显得古朴清新、相对文明。任何将《文明的进程》作为理论或解释模型的人，都必须认识到它产生的时间和地点，并将其视为对现代性的严厉控诉，而这正是它的设计初衷。

埃利亚斯所做的有用的事情，以及我们可能会坚持下去的原因，是罗森宛恩在她的情感共同体理论中轻描淡写的内容。埃利亚斯对权力重要性的理解，对于理解情感规范的来源、情感规定是如何被默许或隐性执行的，以及个人和共同体需要做出何种努力来遵守（或抵制）这些情感规范，都是至关重要的。情感共同体要想凝聚在一起，就必须在其中的某个地方形成一种权力动态。罗森宛恩确实承认这一点，因为在她关于情感共同体形成的叙述中，国王和贵族的地位十分突出，但考虑到雷迪随后关于"情感体制"一词广泛适用于任何存在权力结构的共同体的声明，罗森宛恩关于该词仅指民族国家的抱怨肯定会烟消云散。

问题在于，尽管如上所述，该领域的整体理论成熟度并不高，但这两个概念性标签都足以让人产生某种认同感。正是出于这个原因，同时也是为了以一种更具包容性的方法看待不同时期的历史长河，我建议我们放弃这两个概念，转而使用第八章中讨论的"道德经济"。道德经济不仅强调共同体中固有的情感实践，而且还指出评价这些实践的方式以及依据的权威。作为一个分析范畴，道德经济还有一个额外的优势，即允许我们用历史行动

211

者的语言谈论情感、激情、感受等，而不是将当代情感语言强加给不适合的时间和地点。

在我看来，如果我们要跨越古代史学家、中世纪史学家和现代史学家所界定的时代界限进行阅读，就必须进行这种语序上的转变，或其他类似的转变。情感史实际上提供了一种重新划分历史时期界限的可能性，使我们能够重新看待断裂和连续性。我们必须有不偏向于当代范畴的分析工具，而且这些工具必须足够灵活，以适应长期以来经验史上的巨大变化，并对不同地点进行比较。这样做对于情感史这样的研究而言，优势是显而易见的。因为当我们有时在追踪道德经济的戏剧性的急剧变化时，我们往往会绘制出更长期的变化图，这些变化将人体和人脑的历史置于我们研究的最前沿。

随着情感史与神经史的融合，再加上后者极具长短期侧重点的发展，我们需要能够在简洁的历史时刻和跨越历史时间的伟大时代，研究人类的生物文化。这就涉及学科开放性的第二个方面，即作为历史学家，我们愿意与其他学科合作，而这些学科并不总是倾向于成为舒适的伙伴。虽然威廉·雷迪曾说过，历史学家没有必要成为神经科学专家，但我们还是有必要对正在发生的事情有所了解，这不仅仅是为了让我们能够意识到，这些研究对我们自己的历史研究可能带来的益处。[7]

尽管存在上述心理本质主义，但我们也看到，例如历史学家一直是挑战生物学和心理科学全面假设的领导者之一，特别是当这些假设未加反思地带有性别、种族、种族中心主义或同义反复的时候。此外，大量证据表明，从表情到手势，再到体验本身，情感在各个层面上都有其历史，这促使我们与神经科学家进行更密切的对话，他们意识到大脑在多大程度上是根据文化形态被铭刻的，以及体验是根据文化形态被构建的。他们能够向我们展示大脑是如何工作的，突触发育是如何发生的，以及当我们经历情感表达过程时大脑是什么样子的。反过来，历史学家也能够向神经科学家展示情感形成在语境中的意义，以及社会评价和道德经济结构如何帮助组织、分层并使人类存在变得有意义。

这种关系的核心是一种共识，即经验作为大脑的建构输出，既是身体的　213
体现，也是身体的变革（构成）。在最伟大的实证研究传统中，我们不会先定
义情感（基本的、"ur"、原型的、普遍的语言概念或其他概念），然后再去寻找
它们。相反，我们观察大脑和身体以及文化和社会中发生的事情，然后根据
我们的发现得出结论。这一基本科学前提，同样适用于神经科学和历史学。
我们的学科边界是开放的，只要我们不再绝对化地界定进入的条件。

我能想象到的最富有成效的合作，是将研究事物如何运作的科学与研
究事物意义的科学结合起来。这也包括对基因研究的学科开放，以及对人
类 DNA 的意义的理解。尽管一些遗传学家，其中主要是理查德·道金斯
（Richard Dawkins），对表观遗传学的兴起嗤之以鼻，认为它被夸大了，而且
从长远来看，它对人类进化的故事来说根本不重要，但历史学家有能力提供
纠正。[8] 表观遗传学知识，可能有助于历史学家理解那些特殊社会中道德经
济变化的元结构，比如经历过大规模剧烈或创伤性变化的社会：大瘟疫后的
欧洲；第一次世界大战，紧接着是西班牙流感大流行；大屠杀；闪电战；在许
多国家肆虐的饥荒和内战。在如此普遍的压力下，社会、文化和政治都会受
到影响，个人的生理也会受到影响，进而影响社会互动的运作方式。新的社
会政治形态产生新的情感表达规范，新形成的身体和心灵体验这些规范，至
少在现有人口中是这样，而对于那些在灾难中或灾难后出生的孩子来说，他
们体验到的则是全新的规范。

历史学家有巨大的潜力，利用这些新工具以新的方式理解元社会的变
迁，就像遗传学家有潜力从历史学家那里了解到，文化创新的哪些方面可能
会反馈到人类的适应过程中一样。正如丹尼尔·斯梅尔和其他人所建议的　214
那样，如果历史学家真的对人类随着时间的变化感兴趣，那么他们对于时间
这一概念的理解，以及人类的哪些方面是值得研究的看法就需要进行拓展
了。情感史具有广泛的时间覆盖面和学科渗透性，在这方面有很大的前景。

语言

就在不久之前,人们还期望一位讲英语的历史学家,除了掌握文明语言(法语)和学术语言(德语)之外,还能至少掌握一种古典语言。尽管在我们所处的时代,非英语地区的大多数学科的学者,对用英语出版的重要性并不抱有幻想,主要是对他们的职业生涯很重要,但第一次世界大战之前,思想的交流远不像现在这样受到国界的困扰。英语作为事实上的国际学术语言而声名鹊起的可悲事实是,以英语为母语的人士往往忽视自己的语言技能。此外,其他语言尤其是欧洲大陆的语言,也因为英语而被忽视。其结果是,国际学术界忽视了许多用英语以外的语言发表的优秀学术成果。

松散的情感史学者群体,对这种语言上的僵局感受尤深。在 21 世纪前 15 年的学科大发展阶段,世界各地的研究团体和个人,都为整个学科的发展做出了贡献,但却很少有跨越语言障碍进行思想交流的意识。德国人通常不读法语书,反之亦然。法国人一般也不会用英语阅读(或发表)文章。英语国家的本地人一般不读英语以外的任何东西。而其他国家的人则承受着沉重的负担,除非他们用英语发表文章,否则他们的文字根本无法传播得更远。例如,西班牙人发现意大利情感史著作的唯一途径,就是这些著作是英文版的,反之亦然。

215　　在其他领域,语言上的区分也许还可以忍受。当历史学在很大程度上按国家划分时,很明显,一位讲英语的法国历史学家需要了解法国文学,就像一位研究意大利文艺复兴时期的法国历史学家需要通晓意大利语一样。写作作品所用的语言是为了方便,而不是阻碍集体理解。情感史之所以与众不同,恰恰是因为,至少到目前为止,它一直拒绝按照国家划分。虽然在实践中,这种情况实际上可能正在发生(德国人研究德国的情感史,法国人研究法国的情感史），但至少每个人的意图，都是为各自民族国家的历史做出贡献，而不仅仅是微不足道的补充。情感史可以说是主题性的，但我认为，即使是这样的描述也低估了它在探究人类历史经验的核心方面的根本重要性。这是一项非常重要的任务，因此我们有必要汇集我们的理论和方法论见解，更不用说相互学习对方的实证研究，并就正在出现的情感变化叙事展开辩论。

实际上，这很困难，也不是短期内可以解决的问题。主要问题在于英语学者无法超越英语，但指出这一点并不能让他们突然掌握其他语言。让非英语学者承担将其作品翻译成英语的责任似乎有失公允，也不能解决根本问题。首先，我们可能希望得到的最好结果是意识到并承认这个问题。不能阅读我们自己语言以外的其他语言，不应该成为了解其他语言相关工作的障碍。目前，大多数人似乎连看都不看。本书的精选书目特意收录了五种语言的作品，但没有翻译，这正是因为我认为，该领域很少有学者在看到这些作品的上下文时无法理解其内容。作为一个参考点，这至少是一个开始。在此基础上，一旦人们承认有非英语语言的作品存在，那么在历史分析中忽略它们就更难自圆其说了。

教学

英语国家的语言沙文主义，最终只能在课堂上消除，而这必须是解决学 216
术不孕症的长期方案。历史学家可以为此做出贡献，即使没有其他手段，也可以通过鼓励来实现。但关于教学还有一个更具体的问题，我希望以此结束本书。

迄今为止，全世界范围内只有少数几个国家为本科生和研究生开设情感史课程。情感史研究领域最大的高级研究中心，也没有为在课堂上传播其理论、方法和研究成果做出巨大贡献。柏林的马克斯·普朗克人类发展研究所有一个针对博士生的小型教学计划,其成员偶尔在柏林的各所大学授课。澳大利亚研究院情感史高级研究中心,专注于研究 1100 年至 1800 年间欧洲人的情感,但在澳大利亚的大学里几乎没有教授这一学科的空间。在美国和英国,教学与研究之间的联系更加紧密,但情感史课程在很大程度上取决于教师个人的经验程度,既有对该领域的深入回顾,也有对新事物的实验性尝试。所有这些努力都值得称赞,但它们的共同点是缺乏介绍这一主题的共同基础。

虽然我希望本书能在某些方面满足这一需求,尤其是在回顾目前的成果、辩论和可能性的前景方面,但如果要有效地教授这门学科,还有更多的要求。跨学科团队教学需要协调,但首先要有可能实现。希望获得神经生物学学分的人文学科学生,或者希望获得人文学科学分的神经生物学学生,面临着什么样的管理困境? 这些问题并非不可克服,但这种教学合作很可能需要行政机构的努力,而且需要多次重复,才能真正地建立情感史,从而有效地代表该领域的学术方向。

这种团队教学可能无法在任何地方实现,但即使在无法实现的地方,也217 可以为学生打好情感史的基础。这种基础的关键在于实践。阅读理论和方法只能让学生止步于此。我们应该推动学生进行情感史的实践,而不是担心他们的论文会被大量专业术语所束缚。如果说该领域目前存在不足,那就是缺乏实证著作去证实该领域古人的既定目标。正如大多数历史学领域的前沿研究一样,只有学生着手去实践去探索,才能有信心做到这一点。应该放开束缚,让他们自己去寻找情感史。我们的经典著作太少,无法依赖修订本和批判性评论。我们应该争分夺秒,与时间赛跑,与历史并进。下一代学生应该能够抓住它。这其中最重要的一点是,在教学过程中,不要让他们觉得理论和方法的正统性已经存在。就本书中提出的所有争论、讨论和选择而言,这一领域仍然是开放的,仍然蕴含着理论和实践创新的可能性,仍然在等待着历史学家大师的到来。

【注释】

〔1〕Rosenwein，"Worrying"：823—825.

〔2〕D. Boquet and P. Nagy，"L'historien et les émotions en politique：entre science et citoyenneté"，in D. Boquet and P. Nagy（eds），*Politiques des émotions au Moyen Âge*（Florence：Sismel，2010），5—30.

〔3〕Boquet and Nagy，"L'historien"，in Boquet and Nagy（eds），*Politiques*，20—25.

〔4〕B. Rimé，"Les émotions médiévales. Réflexions psychologiques"，in Boquet and Nagy（eds），Politiques，309—332，at 311—312.

〔5〕W. G. Parrott，"Psychological perspectives on emotion in groups"，in D. Lemmings，H. Kerr and R. Phiddian（eds），*Passions*，*Sympathy and Print Culture*：*Public Opinion and Emotional Authenticity in Eighteenth-century Britain*（Houndmills：Palgrave，2016），20—46；同卷的编者导言，第 8 页。

〔6〕这是罗森宛恩在《（有必要）过虑历史上的情感》（Worrying about Emotions in History）中的议题，在她的（*Generations of Feeling*：*A History of Emotions*，600—1700）《世代相传的情感》中得到了实现。

〔7〕Plamper，"Interview"：248.

〔8〕J. Webb，"The Gene's Still Selfish：Dawkins' Famous Idea Turns 40"，BBC News，24 May 2016，www. bbc. co. uk/news/science-environment-36358104，访问日期：2016 年 12 月 15 日。

精选书目

　　这里汇编列出的是直接涉及或影响情感史的作品。它不是广泛意义上的情感研究指南,但是在其他学科直接作用于历史学家的研究时,它也会与这些学科有必要的重叠。总的来说,该参考书目是截至 2017 年 4 月的最新书目,并在可能的情况下进一步扩展。书目根据作者字母顺序排列。

　　虽然按主题和历史进行划分很有吸引力,但这可能只会增加使用参考书目的难度。因此,读者会发现一些关于情感的历史著作与关于情感史的史学著作交织在一起。这在某种程度上表明了最新研究与其历史渊源之间的联系,同时也含蓄地表明,最新研究迟早也会成为对于情感及其作用理解的不断变化的长篇叙事的一部分。考虑到情感史著作的激增,这可能是我最后一次提供一份全面的清单。即使是现在,也有无数不是明确关于情感史的作品被纳入进来,这表明该领域已开始在主流历史学实践中确立了地位。

　　为了使列表更加简洁,我只收录那些对于理解历史上的情感有直接贡献的作品,或者可以用来理解历史上的情感的作品。如果某卷书或某期期刊的全部内容都是关于这个主题的,我就只列出这卷书或这本期刊的总体名称。该参考书目并非本书引用的所有参考文献的完整列表;事实上,它远非如此。

　　另外还有两点说明：该参考书目虽然主要是英文作品，但也试图代表其他语言（主要是法文、德文和西班牙文）的情感史作品。如果这些作品已被翻译成英文，则仅列出英文译本。我们假定即使对于那些没有这些语言阅读能力的人而言，这些作品也会有很大的帮助。最后，该参考书目试图对不同时期的作品给予同等的关注。情感史（以及整个历史学科）的核心动态之一是现代和前现代学者之间缺乏交流，或者说缺乏一种和谐的氛围。通过不加区分地列出这些作品，我们希望情感史专业的学生能够在刚开始时就从整体上研究这一领域，而不是在决定从事现代、中世纪或古代研究之后才做出的次要选择。

Adams，T. (ed.)(2012)，"Devotion and Emotions in the Middle Ages"，special issue of *Digital Philology*，1.

Ahmed，S. (2004)，*The Cultural Politics of Emotion*，Edinburgh：Edinburgh University Press.

Ahmed，S. (2004)，"Affective Economies"，*Social Text*，22：117—139.

Ahmed，S. (2010)，*The Promise of Happiness*，Durham and London：Duke University Press.

AHR Conversation(2012)，"The Historical Study of Emotions：Nicole Eustace，Eugenia Lean，Julie Livingston，Jan Plamper，William M. Reddy，and Barbara H. Rosenwein"，*American Historical Review*，117：1487—1531.

Ambroise-Rendu，A. C.，Demartini，A. E.，Eck，H.，and Edelman，N. (eds)(2014)，*Émotions contemporaines：XIXe—XXIe siècles*，Paris：Armand Colin.

Arellano，J. (2015)，*Magical Realism and the History of the Emotions in Latin America*，Lanham，MD：Bucknell University Press.

Arnaud，S. (2015)，*On Hysteria：The Invention of a Medical Category be-*

tween 1670 and 1820, Chicago: University of Chicago Press.

Arnold, J. H. (2008), "Inside and Outside the Medieval Laity: Some Reflections on the History of Emotions", in M. Rubin(ed.), *European Religious Cultures: Essays Offered to Christopher Brookes on the Occasion of his Eightieth Birthday*, London: Insitute of Historical Research.

Assmann, A., and Detmers, I. (eds)(2016), *Empathy and its Limits*, Houndmills: Palgrave.

Badinter, E. (1980), *L'amour en plus: Histoire de l'amour maternel, 17—20 siècles*, Paris: Flammarion.

Bailey, J. (2012), *Parenting in England, 1760—1830: Emotion, Identity, and Generation*, Oxford: Oxford University Press.

Bailey, M., and Barclay, K. (eds)(2017), *Emotion, Ritual and Power in Europe, 1200—1920*, Houndmills: Palgrave.

Bain, A. (1859), *Emotions and the Will*, London: John W. Parker and Son. Bain, A. (1894), *The Senses and the Intellect*, 4th edn, London: Longmans, Green, and Co.

Barclay, K. (2011), *Love, Intimacy and Power: Marriage and Patriarchy in Scotland, 1650—1850*, Manchester: Manchester University Press.

Barclay, K. (2013), "Love and Courtship in Eighteenth-century Scotland", in K. Barclay and D. Simonton(eds), *Women in Eighteenth-century Scotland: Intimate, Intellectual and Public Lives*, Farnham: Ashgate.

Barclay, K. (2014), "Sounds of Sedition: Music and Emotion in Ireland, 1780—1845", *Cultural History*, 3:54—80.

Barclay, K. (2016), "Emotions, the Law and the Press in Britain: Seduction and Breach of Promise Suits, 1780—1830", *Journal of Eighteenth-century Studies*, 39:267—284.

Barclay, K., Reynolds, K., and Rawnsley, C. (eds)(2017), *Death, Emotion and Childhood in Premodern Europe*, London: Palgrave Macmillan.

Bantock, G. H. (1986), "Educating the Emotions: An Historical Perspec
tive", *British Journal of Educational Studies*, 34:122—141.

Barton, R. (2005), "Gendering Anger: *Ira*, *Furor* and Discourses of Power
and Masculinity in the Eleventh and Twelfth Centuries", in R. Ne-
whauser(ed.), *In the Garden of Evil: The Vices and Culture in the
Middle Ages*, Toronto: Pontifical Institute of Mediaeval Studies.

Batic, G.C. (ed.)(2011), *Encoding Emotions in African Languages*, Mu-
nich: Lincom Europa.

Beard, G.M. (1881), *American Nervousness: Its Causes and Consequences*,
New York: G.P. Putnam's Sons.

Beljan, M. (2015), "Aids-Geschichter als Gefühlsgeschichte", *Aus Politik
und Zeitgeschichte*, 65:25—31.

Bell, C. (1806), *Essays on the Anatomy of Expression in Painting*, Lon-
don: Longman, Hurst, Rees, and Orme.

Biess, F. (2009), "'Everybody Has a Chance': Nuclear Angst, Civil De-
fence, and the History of Emotions in Postwar West Germany",
German History, 27:215—243.

Biess, F., and Gross, D. M. (eds)(2014), *Science and Emotions after 1945:
A Transatlantic Perspective*, Chicago: Chicago University Press.

Blauvelt, M.T. (2007), *The Work of the Heart: Young Women and Emo-
tion, 1780—1830*, Charlottesville: University of Virginia Press.

Boddice, R. (2011), "The Manly Mind? Re-visiting the Victorian 'Sex in
Brain' Debate", *Gender and History*, 23:321—340.

Boddice, R. (2012), "Species of Compassion: Aesthetics, Anaesthetics, and
Pain in the Physiological Laboratory", *19: Interdisciplinary Studies in
the Long Nineteenth Century*, 15.

Boddice, R. (2014), "German Methods, English Morals: Physiological Net-
works and the Question of Callousness, c.1870—81", in H. Ellis and
U. Kirchberger(eds), *Anglo-German Scholarly Networks in the Long*

Nineteenth Century, Leiden: Brill.

Boddice, R. (2014), "The Affective Turn: Historicizing the Emotions", in C. Tileagǎ and J. Byford(eds), *Psychology and History: Interdisciplinary Explorations*, Cambridge: Cambridge University Press.

Boddice, R. (ed.)(2014), *Pain and Emotion in Modern History*, Houndmills: Palgrave.

Boddice, R. (2016), "Vaccination, Fear and Historical Relevance", *History Compass*, 14:71—78.

Boddice, R. (2016), *The Science of Sympathy: Morality, Evolution and Victorian Civilization*, Urbana-Champaign: University of Illinois Press.

Boddice, R. (2017), "The History of Emotions", in L. Noakes, R. McWilliam and S. Handley(eds), *New Directions in Social and Cultural History*, London: Bloomsbury.

Boddice, R. (2017), *Pain: A Very Short Introduction*, Oxford: Oxford University Press.

Boddice, R. (2018), "Experiences", in J. Reinarz(ed.), *A Cultural History of Medicine*, vol.5, London: Bloomsbury.

Boddice, R., with Smail, D. L. (2018), "Neurohistory", in P. Burke and M. Tamm (eds), *Debating New Approaches in History*, London: Bloomsbury.

Bonneuil, N. (2016), "Arrival of Courtly Love: Moving in the Emotional Space", *History and Theory*, 55:253—269.

Boquet, D. (2005), *L'ordre de l'affect au moyen âge: autour de l'anthropologie affective d'Aelred de Rievaulx*, Caen: CRAHM.

Boquet, D. (ed.)(2008), "Histoire de la vergogne", special issue of *Rives Méditerranéennes*, 31.

Boquet, D., and Nagy, P. (2009), *Le sujet des émotions au moyen âge*, Paris: Beauchesne.

Boquet, D., and Nagy, P. (eds)(2010), *Politiques des émotions au Moyen Âge*, Florence: Sismel.

Boquet, D., and Nagy, P. (2015), *Sensible Moyen Âge: Une histoire des émotions dans l'Occident medieval*, Paris: Seuil.

Boquet, D., and Nagy, P. (eds) (2016), "Histoire intellectuelle des émotions de l'antiquité à nos jours", special issue of *L'atelier du centre de recherches historiques*, 16.

Boquet, D., Nagy, P., and Moulinier-Brogi, L. (eds)(2011), *La chair des émotions: Pratiques et représentations corporelles de l'affectivité au Moyen Âge*, special issue of *Médiévales*, 61.

Borutta, M., and Verheyen, N. (eds)(2010), *Die Präsenz der Gefühle: Männlichkeit und Emotion in der Moderne*, Bielefeld: transcript-Verlag.

Bound Alberti, F. (ed.)(2006), *Medicine, Emotion and Disease, 1700—1950*, Houndmills: Palgrave.

Bound Alberti, F. (2008), "Angina Pectoris and the Arnolds: Emotions and Heart Disease in the Nineteenth Century", *Medical History*, 52: 221—236.

Bound Alberti, F. (2010), *Matters of the Heart: History, Medicine, and Emotion*, Oxford: Oxford University Press.

Boureau, A. (1989), "Propositions pour une histoire restreinte des mentalités", *Annales*, 44:1491—1509.

Bourke, J. (2003), "Fear and Anxiety: Writing about Emotion in Modern History", *History Workshop Journal*, 55:124.

Bourke, J. (2005), *Fear: A Cultural History*, London: Virago.

Bourke, J. (2014), *The Story of Pain: From Prayer to Painkillers*, Oxford: Oxford University Press.

Bracke, M.A. (2012), "Building a 'Counter-community of Emotions': Feminist Encounters and Socio-cultural Difference in 1970s Turin", *Modern*

Italy, 17:223—236.

Brauer, J. (2012), "Clashes of Emotions: Punk Music, Youth Subculture and Authority in the GDR(1978—1983)", *Social Justice*, 38:53—70.

Brauer, J. (2015), "'Mit neuem Fühlen und neuem Geist': Heimatliebe und Patriotismus in Kinder- und Jugendlieder frühen DDR", in D. Eugster and S. Marti (eds), *Das Imaginäre des kalten Krieges in Europa: Beiträge zu einer Kulturgeschichte des Ost-West-Konfliktes in Europa*, Essen: KlartextVerlag.

Brauer, J. (2016), "(K)eine Frage der Gefühle? Die Erinnerung an die DDR aus emotionshistorisher Perspektive", in C. Führer (ed.), *Die andere deutscher Erinnerung: Tendenzen literarischen und kulturellen Lernens*, Göttingen: V&R unipress.

Brauer, J., and Lücke, M. (eds)(2013), *Emotionen, Geschichte und historisches Lernen: Geschichtsdidaktische und geschichtskulturelle Perspektiven*, Göttingen: V&R unipress.

Brooke, S. (2017), "Space, Emotions and the Everyday: The Affective Ecology of 1980s London", *20th Century British History*, 28:110—142.

Brooks, A., and Simpson, R. (2012), *Emotions in Transmigration: Transformation, Movement and Identity*, Houndmills: Palgrave.

Broomhall, S. (ed.) (2008), *Emotions in the Household, 1200—1900*, Houndmills: Palgrave.

Broomhall, S. (2014), "Emotional Encounters: Indigenous Peoples in the Dutch East India Company's Interactions with the South Lands", *Australian Historical Studies*, 45:350—367.

Broomhall, S. (ed.)(2015), *Authority, Gender and Emotions in Late Medieval and Early Modern England*, Houndmills: Palgrave.

Broomhall, S. (ed.)(2015), *Spaces for Feeling: Emotions and Sociabilities in Britain, 1650—1850*, London: Routledge.

Broomhall, S. (ed.)(2015), *Ordering Emotions in Europe, 1100—1800*,

Leiden: Brill.

Broomhall, S. (ed.) (2015), *Gender and Emotions in Medieval and Early Modern Europe: Destroying Order, Structuring Disorder*, Farnham: Ashgate.

Broomhall, S. (ed.) (2016), *Early Modern Emotions: An Introduction*, New York: Routledge.

Broomhall, S., and Van Gent, J. (2009), "Corresponding Affections: Emotional Exchange among Siblings in the Nassau Family", *Journal of Family History*, 34:143—165.

Broomhall, S., and Finn, S. (eds) (2015), *Violence and Emotions in Early Modern Europe*, London: Routledge.

Buchner, M. (2016). "Dosierte Gefühle: Überlegungen zur Trauerkultur im bürgerlichen Italien (1860—1910)", in M. Buchner and A.-M. Götz (eds), *Transmortale: Sterben, Tod und Trauer in der neueren Forschung*, Cologne: Böhlau Verlag.

Bullard, A. (2008), "Sympathy and Denial: A Postcolonial Re-reading of Emotions, Race, and Hierarchy", *Historical Reflections*, 34:122—142.

Burdett, C. (2011), "Is Empathy the End of Sentimentality?", *Journal of Victorian Culture*, 16:259—274.

Burman, J.T. (2012), "History from Within? Contextualizing the New Neurohistory and Seeking Its Methods", *History of Psychology*, 15:84—99.

Cabanas, E. (2016), "Rekindling Individualism, Consuming Emotions: Constructing 'psytizens' in the Age of Happiness", *Culture and Psychology*, 22:467—480.

Camporesi, P. (1994), *The Anatomy of the Senses: Natural Symbols in Medieval and Early Modern Italy*, trans. Allan Cameron, Cambridge: Polity.

Cannon, W.B. (1915), *Bodily Changes in Pain, Hunger, Fear and Rage:*

An Account of Recent Researches into the Function of Emotional Excitement, New York and London: D. Appleton and Co.

Carrera, E. (ed.)(2013), *Emotions and Health, 1200—1700*, Leiden: Brill.

Carter Wood, J. (2011), "A Change of Perspective: Integrating Evolutionary Psychology into the Historiography of Violence", *British Journal of Criminology*, 51:479—498.

Caruso M., and Frevert, U. (eds)(2012), *Emotionen in der Bildungsgeschichte*, Bad Heilbrunn: Klinkhardt.

Champion, M., and Lynch, A. (eds)(2015), *Understanding Emotions in Early Europe*, Turnhout: Brepols.

Chaniotis, A. (ed.)(2012), *Unveiling Emotion: Sources and Methods for the Studies of Emotions in the Greek World*, Stuttgart: Franz Steiner Verlag.

Chaniotis, A., and Ducrey, P. (eds)(2014), *Unveiling Emotions II: Emotions in Greece and Rome: Texts, Images, Material Culture*, Stuttgart: Franz Steiner Verlag.

Charcot, J.-M. (1877), *Leçons sur les maladies du système nerveux faites a la Salpêtrière*, Paris: Adrien Delahaye.

Classen, C. (1993), *Worlds of Sense: Exploring the Senses in History and Across Cultures*, London: Routledge.

Classen, C. (2012), *The Deepest Sense: A Cultural History of Touch*, Urbana Champaign: University of Illinois Press.

Classen, C. (ed.)(2014), *A Cultural History of the Senses*, 6 vols, London: Bloomsbury.

Clifford, R. (2012), "Emotions and Gender in Oral History: Narrating Italy's 1968", *Modern Italy*, 17:209—221.

Coakley, S. (ed.)(2012), *Faith, Rationality and the Passions*, Oxford: Wiley Blackwell.

Cockcroft, R. (2003), *Rhetorical Affect in Early Modern Writing: Renaissance Passions Reconsidered*, Houndmills: Palgrave.

Cole, J., and Thomas, L.M. (eds)(2009), *Love in Africa*, Chicago: University of Chicago Press.

Conklin, A.L. (2013), *In the Museum of Man: Race, Anthropology, and Empire in France, 1850—1950*, Ithaca: Cornell University Press.

Conway, J. (1972), "Stereotypes of Femininity in a Theory of Sexual Evolution", in M. Vicinus(ed.), *Suffer and Be Still: Women in the Victorian Age*, Bloomington: Indiana University Press.

Cook, H. (2012), "Emotions, Bodies, Sexuality and Sex Education in Edwardian England", *Historical Journal*, 55:475—495.

Cook, H. (2014), "From Controlling Emotion to Expressing Feelings in Mid-twentieth-century England", *Journal of Social History*, 47:627—646.

Corbin, A. (1995), *Time, Desire and Horror: Towards a History of the Senses*, Cambridge: Polity.

Corbin, A., Courtine, J.-J., and Vigarello, G. (eds)(2016—17), *Histoire des émotions*, 3 vols, Paris: Seuil.

Corrigan, J. (2001), *Business of the Heart: Religion and Emotion in the Nineteenth Century*, Berkeley and Los Angeles: University of California Press.

Crozier-De Rosa, S. (2010), "Popular Fiction and the 'Emotional Turn': The Case of Women in Late Victorian Britain", *History Compass*, 8: 1340—1351.

Csengei, I. (2012), *Sympathy, Sensibility and the Literature of Feeling in the Eighteenth Century*, Houndmills: Palgrave.

Cubitt, C. (ed.)(2001), "The History of the Emotions: A Debate", special issue of *Early Medieval Europe*, 10.

Damasio, A. (1999), *The Feeling of What Happens: Body and Emotion in the Making of Consciousness*, San Diego: Harcourt.

Darwin, C. (1872), *The Expression of Emotions in Man and Animals*, London: John Murray.

Darwin, C. (1871; 2004), *The Descent of Man, and Selection in Relation to Sex*, London: Penguin.

Daston, L. (1995), "The Moral Economy of Science", *Osiris*, 2nd series, 10:2—24.

Daston, L., and Galison, P. (2007), *Objectivity*, New York: Zone Books.

Davidson, J., and Broomhall, S. (eds)(2017), *A Cultural History of the Emotions*, 6 vols, London: Bloomsbury.

Delgado, E., Fernández, P., and Labanyi, J. (eds)(2016), *Engaging the Emotions in Spanish Culture and History*, Nashville: Vanderbilt University Press.

Delumeau, J. (1978), *Le peur en Occident, XIVe—XVIIIe siècles*, Paris: Fayard.

Delumeau, J. (1990), *Sin and Fear: The Emergence of a Western Guilt Culture, 13th—18th Centuries*, New York: St Martin's Press.

De Boer, W., and Göttler, C. (2013), *Religion and the Senses in Early Modern Europe*, Leiden: Brill.

De Luna, K.M. (2013), "Affect and Society in Precolonial Africa", *International Journal of African Historical Studies*, 46:123—125.

Dixon, T. (2006), *From Passions to Emotions: The Creation of a Secular Psychological Category*, Cambridge: Cambridge University Press.

Dixon, T. (2008), *The Invention of Altruism: Making Moral Meanings in Victorian Britain*, Oxford: Oxford University Press.

Dixon, T. (2012), "Educating the emotions from Gradgrind to Goleman", *Research Papers in Education*, 27:481—495.

Dixon, T. (2012), "'Emotion': The History of a Keyword in Crisis", *Emotion Review*, 4:338—344.

Dixon, T. (2015), *Weeping Britannia: Portrait of a Nation in Tears*, Oxford: Oxford University Press.

Donauer, S. (2015), *Faktor Freude: Wie die Wirtschaft Arbeitsgefühle erzeugt*, Hamburg: edition Körber-Stiftung.

Downes, S., Lynch, A., and O'Loughlin, K. (eds)(2015), *Emotions and War: Medieval to Romantic Literature*, Houndmills: Palgrave.

Dror, O. (1999), "The Scientific Image of Emotion: Experience and Technologies of Inscription", *Configurations*, 7:355—401.

Dror, O. (1999), "The Affect of Experiment: The Turn to Emotions in Anglo-American Physiology, 1900—1940", *Isis*, 90:205—237.

Dror, O. (2001), "Techniques of the Brain and the Paradox of Emotions, 1880—1930", *Science in Context*, 14:643—660.

Dror, O., Hitzer, B., Laukötter, A., and León-Sanz, P. (eds)(2016), "History of Science and the Emotions", special issue of *Osiris*, 31.

Duchenne(de Boulogne), G.-B. (1862), *Mécanisme de la physionomie humaine de analyse électro-physiologique de l'expression des passions*, Paris: Jules Renouard.

Eckstein, N.A. (2016), "Mapping Fear: Plague and Perception in Florence and Tuscany", in N. Terpstra (ed.), *Mapping Space, Sense, and Movement in Florence: Historical GIS and the Early Modern City*, London: Routledge.

Ekman, P., and Friesen, W.V. (1971), "Constants across Cultures in the Face and Emotion", *Journal of Personality and Social Psychology*, 17:124—129.

Eitler, P. (2011), "'Weil sie fühlen, was wir fühlen': Menschen, Tiere und die Genealogie der Emotionen im 19. Jahrhundert", *Historische Anthropologie*, 19:211—228.

Eitler, P., and Elberfeld, J. (eds)(2015), *Zeitgeschichte des Selbst: Therapeutisierung, Politisierung, Emotionalisierung*, Bielefeld: transcript Verlag.

Eitler, P., Hitzer, B., and Scheer, M. (eds)(2014), "Feeling and Faith: Religious Emotions in German History", special issue of *German History*, 32.

Elias, N. (1939; 1994), *The Civilizing Process: Sociogenetic and Psychogenetic Investigations*, Oxford: Blackwell.

Ellerbrock, D., and Kesper-Biermann, S. (eds)(2015), "Between Passion and Senses? Perspectives on Emotions and Law", special issue of *Inter Disciplines*, 6.

Ellison, J. (1999), *Cato's Tears and the Making of Anglo-American Emotion*, Chicago: University of Chicago Press.

Erichsen, J.E. (1867), *On Railway and Other Injuries of the Nervous System*, Philadelphia: Henry C. Lea.

Essary, K. (2016), "Fiery Heart and Fiery Tongue: Emotion in Erasmus' *Ecclesiastes*", *Erasmus Studies*, 36:5—35.

Eustace, N. (2008), *Passion is the Gale: Emotion, Power, and the Coming of the American Revolution*, Chapel Hill: University of North Carolina Press.

Eustace, N. (2012), *1812: War and the Passions of Patriotism*, Philadelphia: University of Pennsylvania Press.

Fantini, B., Martín Moruno, D., and Moscoso, J. (eds)(2013), *On Resentment: Past and Present*, Newcastle: Cambridge Scholars Publishing.

Febvre, L. (1938; 1992), "Une vue d'ensemble: Histoire et psychologie", *Combats pour l'Histoire*, Paris: Armand Colin.

Febvre, L. (1941), "La sensibilité et l'histoire: Comment reconstituer la vie affective d'autrefois?", *Annales d'histoire sociale*, 3:5—20.

Feldman Barrett, L. (2006), "Are Emotions Natural Kinds?", *Perspectives on Psychological Science*, 1:28—58.

Feldman Barrett, L. (2006), "Solving the emotion paradox: Categorization and the experience of emotion", *Personality and Social Psychology Review*, 10:20—46.

Feldman Barrett, L., Russell, J. A., and LeDoux, J. E. (eds)(2015), *The Psychological Construction of Emotion*, New York: Guilford Press.

Festa, L. (2006), *Sentimental Figures of Empire in Eighteenth-century Britain and France*, Baltimore: Johns Hopkins University Press.

Flam, H., and Kleres, J. (eds)(2015), *Methods of Exploring Emotions*, London: Routledge.

Flynn, M. (1996), "The Spiritual Uses of Pain in Spanish Mysticism", *Journal of the American Academy of Religion*, 64:257—278.

Forsa, C. Q. (2015), "A Model Heart: Public Displays of Emotion in Sedgwick's *A New-England Tale*", *Journal of the American Renaissance*, 61:411—439.

Forum: History of Emotions(2010), *German History*, 28:67—80.

Francis, M. (2002), "Tears, Tantrums, and Bared Teeth: The Emotional Economy of Three Conservative Prime Ministers, 1951—1963", *Journal of British Studies*, 41:354—387.

Frazer, M. (2012), *The Enlightenment of Sympathy: Justice and the Moral Sentiments in the Eighteenth Century and Today*, Oxford: Oxford University Press.

Freier, M. (2012), "Cultivating Emotions: The Gita Press and Its Agenda of Social and Spiritual Reform", *South Asian History and Culture*, 3: 397—413.

Freud, S., and Breuer, J. (1893—1895; 1974), *Studies on Hysteria*, London: Penguin.

Frevert, U. (ed.)(2009), "Geschichte der Gefühle", special issue of *Geschichte und Gesellschaft*, 35.

Frevert, U. (2011), *Emotions in History: Lost and Found*, Budapest: Central European University Press.

Frevert, U. (2012), *Gefühlspolitik: Friedrich II. als Herr über die Herzen?*, Göttingen: Wallstein.

Frevert, U. (2013), "La politique des sentiments au XIXe siè", *Revue d'histoire du XIXe siècle*, 46:51—72.

Frevert, U. (2013), *Vergängliche Gefühle*, Göttingen: Wallstein.

Frevert, U. (2014), "Honour and/or/as Passion: Historical Trajectories of Legal Defenses", *Rechtsgeschichte—Legal History*, 22:245—255.

Frevert, U. (2016), "Vom Schutz religiöser Gefühle: Rechtspraxis und theorie in der Moderne", in H. Landweer and D. Koppelberg(eds), *Recht und Emotion I: Verkannte Zusammenhänge*, Freiburg: Karl Alber.

Frevert, U., and Schmidt, A. (eds)(2011), "Geschichte, Emotionen und visuelle Medien", special issue of *Geschichte und Gesellschaft*, 37.

Frevert, U., and Singer, T. (2011), "Empathie und ihre Blockaden: Über soziale Emotionen", in T. Bonhoeffer and P. Gruss(eds), *Zukunft Gehirn: Neue Erkenntnisse, neue Herausforderungen*, Munich: Beck.

Frevert, U., and Wulf, C. (eds)(2012), *Die Bildung der Gefühle*, Wiesbaden: Springer VS.

Frevert, U., Eitler, P., Olsen, S., et al. (2014), *Learning How to Feel: Children's Literature and the History of Emotional Socialization, 1870—1970*, Oxford: Oxford University Press.

Frevert, U., Scheer, M., Schmidt, A., et al. (2014), *Emotional Lexicons: Continuity and Change in the Vocabulary of Feeling, 1700—2000*, Oxford: Oxford University Press.

Furst, L.R. (2008), *Before Freud: Hysteria and Hypnosis in Later Nineteenthcentury Psychiatric Cases*, Lewisburg: Bucknell University Press.

Galton, F. (1878), "Composite Portraits", *Journal of the Anthropological Institute of Great Britain and Ireland*, 8:132—142.

Gammerl, B. (ed.)(2012), *Emotional Styles—Concepts and Challenges*, special issue of *Rethinking History*, 16.

Gammerl, B., and Herrn, R. (eds)(2015), "Gefühlsräume—Raumgefühle", special issue of *Sub\urban*, 3.

Garrido, S., and Davidson, J.W. (2016), "Emotional Regimes Reflected in Popular Ballad: Perspectives on Gender, Love and Protest in 'Scarborough Fair'", *Musicology Australia*, 38:65—78.

Gay, P. (1984—98), *The Bourgeois Experience: Victoria to Freud*, 5 vols, Oxford: Oxford University Press.

Gay, P. (1985), *Freud for Historians*, Oxford: Oxford University Press.

Gendron, M., and Feldman Barrett, L. (2009), "Reconstructing the Past: A Century of Ideas about Emotion in Psychology", *Emotion Review*, 1: 316—339.

Gertsman, E. (ed.)(2011), *Crying in the Middle Ages: Tears of History*, London: Routledge.

Gienow-Hecht, J.C.E. (ed.)(2010), *Emotions in American History: An International Assessment*, New York: Berghahn.

Gil, D.J. (2002), "Before Intimacy: Modernity and Emotion in the Early Modern Discourse of Sexuality", *English Literary History*, 69: 861—887.

Gilman, S. L., King, H., Porter, R., Rousseau, G. S., and Showalter, E. (eds), *Hysteria Beyond Freud*, Berkeley and Los Angeles: University of California Press.

Giorgi, K. (2014), *Emotions, Language and Identity on the Margins of Europe*, Houndmills: Palgrave.

Goetschel, P., Granger, C., Richard, N., and Venayre, S. (eds)(2012), *L'ennui: Histoire d'un état d'âme (xixe—xxe siècle)*, Paris: Publications de la Sorbonne.

Goring, P. (2004), *The Rhetoric of Sensibility in Eighteenth-century Culture*, Cambridge: Cambridge University Press.

Gouk, P., and Hills, H. (eds)(2005), *Representing Emotions: New Connections in the Histories of Art, Music and Medicine*, Aldershot:

Ashgate.

Gould，S.J. (2008)，*The Mismeasure of Man*，New York：W. W. Norton.

Gross，D. M. (2001)，"Early Modern Emotion and the Economy of Scarcity"，*Philosophy and Rhetoric*，34：308—321.

Gross，D. M. (2006)，*The Secret History of Emotion：From Aristotle's Rhetoric to Modern Brain Science*，Chicago：University of Chicago Press.

Gross，D.M. (2010)，"Defending the Humanities with Charles Darwin's *The Expression of the Emotions in Man and Animals*(1872)"，*Critical Inquiry*，37：34—59.

Gross，D.M. (2013)，"How Can the Theory of Cognitive and Emotional Extension Alter What We Find in 18th-century Literature?"，in S. Koroliov (ed.)，*Emotion und Kognition. Transformationen in der europäischen Literatur des 18. Jahrhunderts*，Berlin：Walter de Gruyter.

Gross，D. M. (2017)，*Uncomfortable Situations：Emotion between Science and the Humanities*，Chicago：University of Chicago Press.

Häberlen，J.C.，and Spinney，R. A. (eds)(2014)，"Emotions in Protest Movements"，special issue of *Contemporary European History*，23.

Hallett，N. (2013)，*The Senses in Religious Communities，1600—1800：Early Modern "Convents of Pleasure"*，New York：Routledge.

Harris，W.V. (2001)，*Restraining Rage：The Ideology of Anger Control in Classical Antinquity*，Cambridge，MA：Harvard University Press.

Harvey，K. (2014)，"Episcopal Emotions：Tears in the Life of the Medieval Bishop"，*Historical Research*，87：591—610.

Harvey，K. (2015)，"What Mary Toft Felt：Women's Voices，Pain，Power and the Body"，*History Workshop Journal*，80：31—51.

Harvey，S. A. (2006)，*Scenting Salvation：Ancient Christianity and the Olfactory Imagination*，Berkeley and Los Angeles：University of California Press.

Haskell, Y. (2011), "Lieven de Meyere and Early Modern Anger Management: Seneca, Ovid, and Lieven de Meyere's *De ira libri tres* (Antwerp, 1694)", *International Journal of the Classical Tradition*, 18:36—65.

Haskell, Y. (2016), "Suppressed Emotions: The Heroic *Tristia* of Portuguese(ex-) Jesuit, Emanuel de Azevedo", *Journal of Jesuit Studies*, 3:42—60.

Hayward, R. (2007), "Desperate Housewives and Model Amoebae: The Invention of Suburban Neurosis in Inter-war Britain", in M. Jackson(ed.), *Health and the Modern Home*, London: Routledge.

Hayward, R. (2014), "Sadness in Camberwell: Imagining Stress and Constructing History in Post-war Britain", in D. Canot and E. Ramsden (eds), *Stress, Shock, and Adaptation in the Twentieth Century*, Rochester: Boydell and Brewer.

Heyd, M. (1995), *Be Sober and Reasonable: The Critique of Enthusiasm in the Seventeenth and Early Eighteenth Centuries*, Leiden: Brill.

Hitzer, B. (2014). "Angst, Panik?! Eine vergleichende Gefühlsgeschichte von Grippe und Krebs in der Bundesrepublik", in M. Thießen(ed.), *Infiziertes Europa: Seuchen im langen 20. Jahrhundert*, Munich: De Gruyter Oldenbourg.

Hitzer, B., and Scheer, M. (2014), "Unholy Feelings: Questioning Evangelical Emotions in Wilhelmine Germany", *German History*, 32:371—392.

Hochschild, A.R. (1979), "Emotion Work, Feeling Rules, and Social Structure", *American Journal of Sociology*, 85:551—575.

Hochschild, A.R. (1983), *The Managed Heart: Commercialization of Human Feeling*, Berkeley and Los Angeles: University of California Press.

Hood, B.M. (2012), *The Self Illusion: How the Social Brain Creates*

Identity，Oxford：Oxford University Press.

Howes，D.，and Classen，C. (2013)，*Ways of Sensing：Understanding the Senses in Society*，New York：Routledge.

Huizinga，J. (1919；1997)，*The Autumn of the Middle Ages*，Chicago：University of Chicago Press.

Hunt，L. (2009)，"The Experience of Revolution"，*French Historical Studies*，32：671—678.

Hunt，L.，and Jacob，M. (2001)，"The Affective Revolution in 1790s Britain"，*Eighteenth-century Studies*，23：491—521.

Hutchison，E. (2014)，"A Global Politics of Pity? Disaster Imagery and the Emotional Construction of Solidarity after the 2004 Asian Tsunami"，*International Political Sociology*，8：1—19.

Illouz，E. (2007)，*Cold Intimacies：The Making of Emotional Capitalism*，Cambridge：Cambridge University Press.

Illouz，E. (2008)，*Saving the Modern Soul：Therapy，Emotions，and the Culture of Self-Help*，Berkeley：University of California Press.

Jaeger，C.S. (1991)，"L'amour des rois：structure sociale d'une forme de sensibilité aristocratiques"，*Annales ESC*，3：547—571.

Jaeger，C.S. (1999)，*Ennobling Love：In Search of a Lost Sensibility*，Philadelphia：University of Pennsylvania Press.

James，W. (1890；1910)，*The Principles of Psychology*，vol.2，London：MacMillan.

Jarzebowski，C.，and Kwaschik，A. (eds)(2013)，*Performing Emotions：Interdisziplinäre Perspektiven auf das Verhältnis von Politik und Emotion in der Frühen Neuzeit und in der Moderne*，Göttingen：V&R unipress.

Jarzebowski，C.，and Safley，T.M. (eds)(2014)，*Childhood and Emotion across Cultures，1450—1800*，London：Routledge.

Jensen，U.，and Schüler-Springorum，S. (eds)(2013)，"Gefühle gegen

Juden: Die Emotionsgeschichte des modernen Antisemitismus", special issue of *Geschichte und Gesellschaft*, 39.

Johnston, A. J., Kempf, E., and West-Pavlov, R. (eds) (2016), *Love, History and Emotion in Chaucer and Shakespeare: Troilus and Criseyde and Troilus and Cressida*, Manchester: Manchester University Press.

Jones, C. (2014), *The Smile Revolution in Eighteenth-century Paris*, Oxford: Oxford University Press.

Jorgensen, A., McCormack, F., and Wilcox, J. (eds) (2015), *Anglo-Saxon Emotions: Reading the Heart in Old English Language, Literature and Culture*, Farnham: Ashgate.

Jütte, R. (2005), *A History of the Senses: From Antiquity to Cyberspace*, Cambridge: Polity.

Kagan, J. (2007), *What is Emotion? History, Measures, and Meaning*, New Haven: Yale University Press.

Kambaskovic, D. (ed.) (2014), *Conjunctions of Mind, Soul and Body from Plato to the Enlightenment*, Dordrecht: Springer.

Karant-Nunn, S.C. (2010), *The Reformation of Feeling: Shaping the Religious Emotions in Early Modern Germany*, Oxford: Oxford University Press.

Kay, A. (2016), "'A Reformation so Much Wanted': Clarissa's Glorious Shame", *Eighteenth-century Fiction*, 28:645—666.

Kenny, N. (2015), "City Glow: Streetlights, Emotions, and Nocturnal Life, 1880s—1910s", *Journal of Urban History*, 43.

Kerr, H., Lemmings, D., Phiddian, R. (eds) (2015), *Passions, Sympathy and Print Culture: Public Opinion and Emotional Authenticity in Eighteenth-century Britain*, Houndmills: Palgrave.

Khan, R. (2015), "The Social Production of Space and Emotions in South Asia", *Jounral of the Economic and Social History of the Orient*, 58:

611—633.

Kietäväinen-Sirén, H. (2011), "'The Warm Water in My Heart': The Meanings of Love among the Finnish Country Population in the Second Half of the 17th Century", *History of the Family*, 16:47—61.

Killen, A. (2006), *Berlin Electropolis: Shock, Nerves, and German Modernity*, Berkeley: University of California Press.

Kivimäki, V. (2014), "Traumatisés par la guerre: Les troubles psychologiques des soldats finlandais en tant que phénomène historique lors de la Guerre d'Hiver de 1939—1940", *Revue d'histoire Nordique*, 17: 123—150.

Kivimäki, V., and Tepora, T. (2009), "War of Hearts: Love and Collective Attachment as Integrating Factors in Finland during World War II", *Journal of Social History*, 43:285—305.

Klothmann, N. (2015), *Gefühlswelten im Zoo: Eine Emotionsgeschichte 1900—1945*, Bielefeld: Transcript.

Konstan, D. (2001), *Pity Transformed*, London: Duckworth.

Konstan, D. (2006), *The Emotions of the Ancient Greeks: Studies in Aristotle and Classical Literature*, Toronto: University of Toronto Press.

Kounine, L., and Ostling, M. (eds)(2016), *Emotions in the History of Witchcraft*, London: Palgrave Macmillan.

Kuijpers, E., and van der Haven, C. (eds)(2016), *Battlefield Emotions, 1500—1800*, Houndmills: Palgrave.

Laffan, M., and Weiss, M. (eds)(2012), *Facing Fear: The History of an Emotion in Global Perspective*, Princeton: Princeton University Press.

Lambert, S., and Nicholson, H. (eds)(2012), *Languages of Love and Hate: Conflict, Communication, and Identity in the Medieval Mediterranean*, Turnhout: Brepols.

Lange, C. G. (1887), *Ueber Gemüthsbewgungen. Eine Psycho-Physiologische Studie*, Leipzig: Theodor Thomas.

Langlotz, A., and Monnet, A.S. (eds)(2014), "Emotion, Affect, Senti-
ment: The Language and Aesthetics of Feeling", special issue of *Swiss
Papers in English Language and Literature*, 30.

Langue, F., and Capdeville, L. (eds)(2014), *Le passé des émotions. D'une
histoire à vif en Espagne et Amérique Latine*, Rennes: Presses Univer-
sitaitres de Rennes.

Lanzoni, S., Brain, R., and Young, A. (eds)(2012), *The Varieties of Em-
pathy in Science, Art, and History*, special issue of *Science in
Context*, 25.

Larlham, D. (2012), "The Felt Truth of Mimetic Experience: Motions of
the Soul and the Kinetics of Passion in the Eighteenth-century Theatre",
The Eighteenth Century, 53:432—454.

Larrington, C. (2001), "The Psychology of Emotion and Study of the Medi-
eval Period", *Early Medieval Europe*, 10:251—256.

Lateiner, D., and Spatharas, D. (eds)(2016), *The Ancient Emotion of Dis-
gust*, Oxford: Oxford University Press.

Laukötter, A. (2015), "Vom Ekel zur Empathie: Strategien der Wissens-
vermittlung im Sexualaufklärungsfilm des 20. Jahrhunderts", *Erkenne
Dich selbst! Strategien der Sichtbarmachung des Körpers im 20. Jahr-
hundert*, Cologne: Böhlau.

Lean, E. (2007), *Public Passions: The Trial of Shi Jianqiao and the Rise
of Popular Sympathy in Republican China*, Berkeley and Los Angeles:
University of California Press.

Le Bon, G. (1895), *Psychologie des foules*, Paris: Germer Baillière.

Lecuppre-Desjardin, É., and Van Bruaene, A.-L. (eds)(2005), *Emotions in
the Heart of the City*, Turnhout: Brepols.

Lemmings, D., and Brooks, A. (eds)(2014), *Emotions and Social Change:
Historical and Sociological Perspectives*, London: Routledge.

Leys, R. (2000), *Trauma: A Genealogy*, Chicago: University of Chicago

Press.

Leys, R. (2010), "How Did Fear Become a Scientific Object and What Kind of Object is it?", *Representations*, 110:66—104.

Leys, R. (2011), "The Turn to Affect: A Critique", *Critical Inquiry*, 37: 434—472.

Liliequist, J. (ed.)(2013), *A History of Emotions, 1200—1800*, London: Routledge.

Lombroso, C. (1897; 2013), "Affetti e passioni dei delinquenti", *L'uomo delinquent*, 5th edn, Milan: Bompiani.

Lutz, T. (1991), *American Nervousness, 1903: An Anecdotal History*, Ithaca: Cornell University Press.

MacDonald, G., and Jensen-Campbell, L. A. (eds)(2011), *Social Pain: Neuropsychological and Health Implications of Loss and Exclusion*, Washington DC: American Psychological Association.

MacDonald, M. (1992), "The Fearefull Estate of Francis Spira: Narrative, Identity, and Emotion in Early Modern England", *Journal of British Studies*, 31:32—61.

Mack, P. (2008), *Heart Religion in the British Enlightenment: Gender and Emotion in Early Methodism*, Cambridge: Cambridge University Press.

MacMullen, R. (2003), *Feelings in History, Ancient and Modern*, Claremont: Regina Books.

Martín Moruno, D., and Pichel, B. (eds)(2018), *Emotional Bodies: Studies on the Historical Performativity of Emotions*, Urbana-Champaign: University of Illinois Press.

Maehle, A.-H. (2009), *Doctors, Honour and the Law: Medical Ethics in Imperial Germany*, Houndmills: Palgrave.

Magnússon, S.G. (2016), "The Love Game as Expressed in Ego-documents: The Culture of Emotions in Late Nineteenth Century Iceland", *Journal of Social History*, 50:102—119.

Matt, S. (2011), *Homesickness: An American History*, Oxford: Oxford University Press.

Matt, S. (2011), "Current Emotion Research in History: Or Doing History from the Inside Out", *Emotion Review*, 3:117—124.

McGillivray, G. (2014), "Motions of the Mind: Transacting Emotions on the Eighteenth-century Stage", *Restoration and Eighteenth Century Theatre Research*, 28:5—24.

McGrath, L.S. (2017), "Historiography, Affect, and the Neurosciences", *History of Psychology*, 20:129—147.

McNamara, R.F., and McIlvenna, U. (eds)(2014), "Medieval and Early Modern Emotional Responses to Death and Dying", special issue of *Parergon*, 31.

Medick, H., and Sabean, D. (eds)(1984), *Interest and Emotion: Essays on the Study of Family and Kinship*, Cambridge: Cambridge University Press.

Medina-Doménech, R. M. (2013), *Ciencia y sabiduría del amor. Una historia cultural del franquismo* (1940—1960), Madrid: Iberoamerica Vervuert.

Meek, R., and Sullivan, E. (2015), *Renaissance of Emotion: Understanding Affect in Shakespeare and his Contemporaries*, Manchester: Manchester University Press.

Mellas, A. (2014), "'The Passions of His Flesh': St Cyril of Alexandria and the emotions of the Logos", *Phronema*, 29:81—100.

Menin, M. (2014), "'Who Will Write the History of Tears?' History of Ideas and History of Emotions from Eighteenth-century France to the Present", *History of European Ideas*, 40:516—532.

Mercer, P. (1972), *Sympathy and Ethics: A Study of the Relationship between Sympathy and Morality with Special Reference to Hume's Trea-*

tise，Oxford：Clarendon Press.

Micale，M.S. (1995)，*Approaching Hysteria：Disease and Its Interpretations*，New Jersey：Princeton University Press.

Micale，M.S. (2008)，*Hysterical Men：The Hidden History of Male Nervous Illness*，Cambridge，MA：Harvard University Press.

Millar, C. (2016)，"Rebecca West's Demonic Marriage：Exploring Emotions，Ritual and Women's Agency in Seventeenth-century England"，*Women's History*，2：4—11.

Milner，M. (2011)，*The Senses and the English Reformation*，Farnham：Ashgate.

Mitchell，T. (1990)，*Passional Culture：Emotion，Religion，and Society in Southern Spain*，Philadelphia：University of Pennsylvania Press.

More，H. (1834)，"On the Danger of Sentimental or Romantic Connexions" [1778]，*Works*，vol.6，London：Fisher，Fisher and Jackson.

Morgan，C.L. (1894)，*An Introduction to Comparative Psychology*，London：W. Scott.

Moscoso，J. (2012)，*Pain：A Cultural History*，Houndmills：Palgrave.

Moscoso，J. (2014)，"Celos románticos. Celos mórbidos. Un capítulo en la historia de la patologización de las pasiones"，*IBERICAL. Revue d'études ibériques et ibéro-américaines*，6：13—22.

Moscoso，J. (2015)，"Politics of Pain and the History of Passions：A Good Subject for Eminent Amateurs"，*Rúbrica de Historia Contemporánea*，4：67—77.

Moscoso，J. (2015)，"La historia de las emociones，¿de qué es historia?"，*Vinculos de Historia Contemporánea*，4：15—27.

Moscoso，J.，and Zaragoza，J.M. (2014)，"Historias del Bienestar. Desde la historia de las emociones a las políticas de la experiencia"，*Cuadernos de Historia Contemporánea*，36：73—89.

Moshenska，J. (2014)，*Feeling Pleasures：The Sense of Touch in Renais-*

sance England, Oxford: Oxford University Press.

Mosso, A. (1896), *Fear*, London and New York: Longmans, Green, and Co.

Muchembled, R. (2007), "Pour une histoire des émotions au XVIe siècle", in J.-F. Chauvard and I. La Boulais (eds), *Les Fruits de la récolte. Etudes offertes à Jean-Michel Boehler*, Strasbourg: Presses Universitaires de Strasbourg.

Mullaney, S. (ed.) (2015), *The Reformation of Emotions in the Age of Shakespeare*, Chicago: University of Chicago Press.

Musumeci, E. (2015), *Emozioni, crimine, giustizia. Un'indagine storico-giurdica tra Otto e Novecento*, Milan: FrancoAngeli.

Myllykangas, M., and Parhi, K. (2016), "The Unjustified Emotions: Child Suicide in Finnish Psychiatry from the 1930s until the 1970s", *Journal of the History of Childhood and Youth*, 9:489—508.

Nagy, P. (2000), *Le Don des larmes au Moyen Âge. Un instrument en quête d'institution*, Paris: Albin Michel.

Nagy, P. (ed.) (2007), "Émotions médiévales", special issue of *Critique*, 716—717.

Naphy, W. G., and Roberts, P. (eds) (1997), *Fear in Early Modern Society*, Manchester: Manchester University Press.

Nielsen, P. (2015), "Disgust, Compassion or Tolerance: Law and Emotions in the Debate on § 175 in West Germany", *InterDisciplines*, 6: 159—186.

Nielsen, P. (2015), "Politik und Emotionen aus der Perspektive der Geschichtswissenschaft", in T. B. Müller and A. Tooze (eds), *Normalität und Fragilität: Demokratie nach dem Ersten Weltkrieg*, Hamburg: Hamburger Edition HIS.

Oatley, K. (2004), *Emotions: A Brief History*, Oxford: Wiley-Blackwell.

Olsen, S. (2014), *Juvenile Nation: Youth, Emotions and the Making of* the *Modern British Citizen*, 1880—1914, London: Bloomsbury.

Olsen, S. (ed.)(2015), *Childhood, Youth and Emotions in Modern History: National, Colonial and Global Perspectives*, Houndmills: Palgrave.

Olsen, S., "'Happy Home' and 'Happy Land': Informal Emotional Education in British Bands of Hope, 1880—1914", *Historia y Memoria de la Educación*, 2:195—218.

Parisot, E. (2014), "Suicide Notes and Popular Sensibility in the Eighteenth-century British Press", *Eighteenth-century Studies*, 47:277—291.

Paster, G.K., Rowe, K., and Floyd-Wilson, M. (eds)(2004), *Reading the Early Modern Passions: Essays in the Cultural History of Emotion*, Philadelphia: University of Pennsylvania Press.

Pernau, M. (2011), "Male Anger and Female Malice: Emotions in Indo Muslim Advice Literature", *History Compass*, 10:119—128.

Pernau, M. (2014), "Space and Emotion: Building to Feel", *History Compass*, 12:541—549.

Pernau, M. (2016), "From Morality to Psychology: Emotion Concepts in Urdu, 1870—1920", *Contributions to the History of Concepts*, 11:38—57.

Pernau, M., and Rajamani, I. (2016), "Emotional Translations: Conceptual History beyond Language", *History and Theory*, 55:46—65.

Pernau, M., Jordheim, H., et al. (2015), *Civilizing Emotions: Concepts in Nineteenth-century Asia and Europe*, Oxford: Oxford University Press.

Pfister, J., and Schnog, N. (eds)(1997), *Inventing the Psychological: Toward a Cultural History of Emotional Life in America*, New Haven: Yale University Press.

Pichel, B. (2016), "From Facial Expressions to Bodily Gestures: Passions, Photography and Movement in French 19th-century Sciences", *History of the Human Sciences*, 29:27—48.

Pick, D. (1993), *Faces of Degeneration: A European Disorder, c.1848—c.1918*, Cambridge: Cambridge University Press.

Plamper, J. (ed.)(2009), "Emotional Turn? Feelings in Russian History and Culture", special issue of *Slavic Review*, 68.

Plamper, J. (2010), "The History of Emotions: An Interview with William Reddy, Barbara Rosenwein, and Peter Stearns", *History and Theory*, 49:237—265.

Plamper, J. (2013), "Vergangene Gefühle: Emotionen als historische Quellen", *Aus Politik und Zeitgeschichte*, 63:12—19.

Plamper, J. (2015), *The History of Emotions: An Introduction*, Oxford: Oxford University Press.

Plamper, J., and Lazier, B. (eds)(2012), *Fear: Across the Disciplines*, Pittsburgh: Pittsburgh University Press.

Prestel, J.B. (2015), "Hierarchies of Happiness: Railway Infrastructure and Suburban Subject Formation in Berlin and Cairo around 1900", *City: Analysis of Urban Trends, Culture, Theory, Policy, Action*, 19: 322—331.

Prinz, J. (2007), *The Emotional Construction of Morals*, Oxford: Oxford University Press.

Reddy, W. (1997), "Against Constructionism: The Historical Ethnography of Emotions", *Current Anthropology*, 38:327—351.

Reddy, W. (1997), *The Invisible Code: Honor and Sentiment in Postrevolutionary France, 1814—1848*, Berkeley and Los Angeles: University of California Press.

Reddy, W. (2000), "Sentimentalism and Its Erasure: The Role of Emotions in the Era of the French Revolution", *Journal of Modern History*, 72: 109—152.

Reddy, W. (2001), *The Navigation of Feeling: A Framework for the*

History of Emotions, Cambridge: Cambridge University Press.

Reddy, W. (2008), "Emotional Styles and Modern Forms of Life", in N. Karafyllis and G. Ulshöfer (eds), *Sexualized Brains: Scientific Modelling of Emotional Intelligence from a Cultural Perspective*, Cambridge, MA: MIT Press.

Reddy, W. (2009), "Historical Research on the Self and Emotions", *Emotion Review*, 1:302—315.

Reddy, W. (2009), "Saying Something New: Practice Theory and Cognitive Neuroscience", *Arcadia*, 44:8—23.

Reddy, W. (2010), "Neuroscience and the Fallacies of Functionalism", *History and Theory*, 49:412—425.

Reddy, W. (2012), *The Making of Romantic Love: Longing and Sexuality in Europe, South Asia, and Japan, 900—1200 ce*, Chicago: University of Chicago Press.

Redlin, J., and Neuland-Kitzerow, D. (2014), *Der gefühlte Krieg: Emotionen im Ersten Weltkrieg*, Husum: Verlag der Kunst.

Ribot, T.A. (1896), *La psychologie des sentiments*, Paris: Germer Baillière.

Richards, R. J. (1989), *Darwin and the Emergence of Evolutionary Theories of Mind and Behaviour*, Chicago: University of Chicago Press.

Richardson, A. (2003), *Love and Eugenics in the Late Nineteenth Century: Rational Reproduction and the New Woman*, Oxford: Oxford University Press.

Richardson, A. (ed.)(2013), *After Darwin: Animals, Emotions, and the Mind*, Amsterdam: Rodopi.

Rieber, R.W., and Robinson, D.K. (eds)(2001), *Wilhelm Wundt in History: The Making of a Scientific Psychology*, New York: Kluwer Academic.

Risse, G. B. (2016), *Driven by Fear: Epidemics and Isolation in San Francisco's House of Pestilence*, Urbana-Champaign: University of

Illinois Press.

Rizzolatti, G., and Sinigaglia, C. (2006), *Mirrors in the Brain: How Our Minds Share Actions and Emotions*, Oxford: Oxford University Press.

Robinson, E. (2010), "Touching the Void: Affective History and the Impossible", *Rethinking History*, 14:503—520.

Rodman, M.C. (2003), "The Heart in the Archives: Colonial Contestation of Desire and Fear in the New Hebrides", *Journal of Pacific History*, 38:291—312.

Romanes, G. J. (1882; 1883), *Animal Intelligence*, 3rd edn, London: Kegan Paul, Trench & Co.

Romanes, G. J. (1883), *Mental Evolution in Animals*, London: Kegan Paul, Trench & Co.

Romanes, G.J. (1888), *Mental Evolution in Man: Origin of Human Faculty*, London: Kegan Paul, Trench & Co.

Romano, T.M. (2002), *Making Medicine Scientific: John Burdon Sanderson and the Culture of Victorian Science*, Baltimore: Johns Hopkins University Press.

Roper, M. (2005), "Between Manliness and Masculinity: The 'War Generation' and the Psychology of Fear in Britain, 1914—1950", *Journal of British Studies*, 44:343—362.

Roper, M. (2009), *The Secret Battle: Emotional Survival in the Great War*, Manchester: Manchester University Press.

Rosenfeld, S. (2009), "Thinking about Feeling, 1789—1799", *French Historical Studies*, 32:697—706.

Rosenwein, B. (ed.)(1998), *Anger's Past: The Social Use of an Emotion in the Middle Ages*, Ithaca: Cornell University Press.

Rosenwein, B. (2002), "Worrying about Emotions in History", *American Historical Review*, 107:821—845.

Rosenwein, B. (2006), *Emotional Communities in the Early Middle Ages*,

Ithaca：Cornell University Press.

Rosenwein, B. (2007), "The Uses of Biology：A Response to J. Carter Wood's 'The Limits of Culture'", *Cultural and Social History*, 4：553—558.

Rosenwein, B. (2010), "Problems and Methods in the History of Emotions", *Passions in Context*, 1：1—32.

Rosenwein, B. (2010), "Thinking Historically about Medieval Emotions" *History Compass*, 8：828—842.

Rosenwein, B. (2016), *Generations of Feeling：A History of Emotions, 600—1700*, Cambridge：Cambridge University Press.

Rubin, M. (2009), *Emotion and Devotion：The Meaning of Mary in Medieval Religious Cultures*, Budapest：Central European University Press.

Ruys, J.F. (2012), "Love in the Time of Demons：Thirteenth-century Approaches to the Capacity for Love in Fallen Angels", *Mirabilia*, 15：28—46.

Rylance, R. (2000), *Victorian Psychology and British Culture, 1850—1880*, Oxford：Oxford University Press.

Sánchez, G. J. (2004), *Pity in Fin-de-siècle French Culture：liberté, égalité, pitié*, Westport, CT：Praeger.

Sanders, E., and Johncock, M. (eds)(2016), *Emotion and Persuasion in Classical Antiquity*, Stuttgart：Franz Steiner Verlag.

Santangelo, P. (1994), "Emotions in Late Imperial China：Evolution and Continuity in Ming-Qing Perception of Passions", in V. Alleton and A. Volkov(eds), *Notions et perceptions du changement en Chine*, Paris：IHEC.

Santangelo, P. (1999), "Emotions and the Origin of Evil in Neo-Confucian Thought", in H. Eifring(ed.), *Minds and Mentalities in Traditional Chinese Literature*, Beijing：Culture and Art Publishing House.

Santangelo, P. (1999), "The Myths of Love-passion in Late Imperial

China", *Ming Qing Yanjiu*, 8:131—195.

Santangelo, P. (2005), "Evaluation of Emotions in European and Chinese Traditions: Differences and Analogies", *Monumenta Serica*, 53:401—427.

Santangelo, P. (ed.) (2007), "Passioni d'Oriente. Eros ed emozioni nelle civiltà asiatiche", supplement no.2, *Rivista di Studi Orientali*, 78.

Santangelo, P. (2011), *Pubblico e privato, visibile e invisibile Ideologia, religione, morale e passioni. L'impero cinese agli inizi della storia globale*, Rome: Aracne.

Santangelo, P. (2011), *Laughing in Chinese. Emotions behind Smiles and Laughter: from Facial Expression to Literary Descriptions*, Rome: Aracne.

Santangelo, P. (2014), *La rappresentazione delle emozioni nella Cina tradizionale*, Carpi: Festival Filosofia.

Santangelo, P., and Guida, D. (eds) (2006), *Love, Hatred, and Other Passions: Questions and Themes on Emotions in Chinese Civilization*, Leiden: Brill.

Santangelo, P., and Middendorf, U. (eds) (2006), *From Skin to Heart: Perceptions of Emotions and Bodily Sensations in Traditional Chinese Culture*, Wiesbaden: Harrassowtiz.

Santangelo, P., and Tan, T.Y. (2015), *Passion, Romance, and Qing*, 3 vols, Leiden: Brill.

Scheer, M. (2011), "Welchen Nutzen hat die Feldforschung für eine Geschichte religiöser Gefühle?", *VOKUS—Volkskundlich Kulturwissenschaftliche Schriften*, 21:65—77.

Scheer, M. (2012), "Are Emotions a Kind of Practice (and Is That What Makes Them Have a History)? A Bourdieuian Approach to Understanding Emotion", *History and Theory*, 51:193—220.

Scorpo, A.L. (2016), "Emotional Memory and Medieval Autobiography: King James I of Aragon (r.1213—76)'s *Libre dels fets*", *Journal of Me-*

dieval Iberian Studies.

Scull, A. (2009), *Hysteria: The Biography*, Oxford: Oxford University Press.

Seymour, M. (2012), "Emotional Arenas: From Provincial Circus to National Courtroom in Late Nineteenth-century Italy", *Rethinking History*, 16:177—197.

Sherrington, C. S. (1899—1900), "Experiments on the Value of Vascular and Visceral Factors for the Genesis of Emotion", *Proceedings of the Royal Society of London*, 66:390—403.

Showalter, E. (1985), *The Female Malady: Women, Madness and English Culture, 1830—1980*, London: Virago.

Shryock, A., and Smail, D. L. (eds) (2011), *Deep History: The Architecture of Past and Present*, Berkeley and Los Angeles: University of California Press.

Smail, D. L. (2003), *The Consumption of Justice: Emotions, Publicity, and Legal Culture in Marseille, 1264—1423*, Ithaca: Cornell University Press.

Smail, D. L. (2005), "Emotions and Somatic Gestures in Medieval Narratives: The Case of Raoul de Cambrai", *Zeitschrift für Literaturwissenschaft und Linguistik*, 138:34—47.

Smail, D. L. (2008), *On Deep History and the Brain*, Berkeley and Los Angeles: University of California Press.

Smith, A. (1759; 2009), *The Theory of Moral Sentiments*, London: Penguin.

Smith, M. M. (2008), *Sensing the Past: Seeing, Hearing, Smelling, Tasting, and Touching in History*, Los Angeles and Berkeley: University of California Press.

Soyer, F. (2013), "Faith, Culture and Fear: Comparing Islamophobia in Early Modern Spain and Twenty-first-century Europe", *Ethnic and*

Racial Studies, 36:399—416.

Spinks, J., and Zika, C. (eds)(2016), *Disaster, Death and the Emotions in the Shadow of the Apocalypse, 1400—1700*, Houndmills: Palgrave.

Stalfort, J. (2014), *Die Erfindung der Gefühle: Eine Studie über den historischen Wandel menschlicher Emotionalität*, Bielefeld: Transcript.

Starling, E.H. (1905), "The Croonian Lectures. I. On the Chemical Correlation of the Functions of the Body", *Lancet*, 166:339—341.

Stearns, C.Z., and Stearns, P.N. (1986), *Anger: The Struggle for Emotional Control in America's History*, Chicago: University of Chicago Press.

Stearns, C.Z., and Stearns, P.N. (eds)(1988), *Emotion and Social Change: Toward a New Psychohistory*, New York: Holmes & Meier.

Stearns, P.N. (1989), *Jealousy: The Evolution of an Emotion in American History*, New York: New York University Press.

Stearns, P.N. (1994), *American Cool: Constructing a Twentieth-century Emotional Style*, New York and London: New York University Press.

Stearns, P.N. (1999), *Battleground of Desire: The Struggle for Self-Control in Modern America*, New York: New York University Press.

Stearns, P.N. (2006), *American Fear: The Causes and Consequences of High Anxiety*, New York: Routledge.

Stearns, P.N., and Lewis, J. (eds)(1998), *An Emotional History of the United States*, New York: New York University Press.

Stearns, P.N., and Matt, S. (eds)(2014), *Doing Emotions History*, Urbana-Champaign: University of Illinois Press.

Stearns, P.N., and Stearns, C.Z. (1985), "Emotionology: Clarifying the History of Emotions and Emotional Standards", *American Historical Review*, 90:813—836.

Stedman, G. (2002), *Stemming the Torrent: Expression and Control in the Victorian Discourses on Emotion, 1830—1872*, Aldershot: Ashgate.

Stirling, J. (2010), "Hystericity and Hauntings: The Female and the Feminised", *Representing Epilepsy: Myth and Matter*, Liverpool: Liverpool University Press.

Strange, C., Cripp, R., and Forth, C.E. (eds)(2014), *Honour, Violence and Emotions in History*, London: Bloomsbury.

Styles, J. (2014), "Objects of Emotion: The London Foundling Hospital Tokens, 1741—60", in A. Gerritsen and G. Riello(eds), *Writing Material Culture History*, London: Bloomsbury.

Sullivan, E. (2016), *Beyond Melancholy: Sadness and Selfhood in Renaissance England*, Oxford: Oxford University Press.

Sykes, I. (2015), *Society, Culture and the Auditory Imagination in Modern France: The Humanity of Hearing*, Houndmills: Palgrave.

Thomson, M. (1998), *The Problem of Mental Deficiency: Eugenics, Democracy, and Social Policy in Britain, c. 1870—1959*, Oxford: Oxford University Press.

Toivo, M.R., and Van Gent, J. (eds)(2016), "Gender, Material Culture and Emotions in Scandinavian History", special issue of *Scandinavian Journal of History*, 41.

Trigg, S. (2012), *Shame and Honor: A Vulgar History of the Order of the Garter*, Philadelphia: University of Pennsylvania Press.

Trigg, S. (ed.)(2014), "Pre-modern Emotions", special issue of *Exemplaria*, 26.

Turner R., and Whitehead, C. (2008), "How Collective Representations Can Change the Structure of the Brain", *Journal of Consciousness Studies*, 15:43—57.

Tyson, A.M. (2013), *The Wages of History: Emotional Labor on Public History's Front Lines*, Amherst: University of Massachusetts Press.

Vallgårda, K., and Bjerre, C. (2016), "Childhood, Divorce, and Emotions: Danish Custody and Visitation Rights Battles in the 1920s", *Journal of the History of Childhood and Youth*, 9:470—488.

Vallgårda, K., McLisky, C., and Medena, D. (eds)(2015), *Emotions and Christian Missions*, Houndmills: Palgrave.

Van Gent, J. (2014), "Sarah and Her Sisters: Identity, Letters and Emotions in the Early Modern Atlantic World", *Journal of Religious History*, 38:71—90.

Van Gent, J., and Young, S. (eds)(2015), "Emotions and Conversion", special issue of *Journal of Religious History*, 39.

Vidor, G.M. (2014), "Satisfying the Mind and Inflaming the Heart: Emotions and Funerary Epigraphy in Nineteenth-century Italy", *Mortality*, 19:342—360.

Vidor, G.M. (2015), "Emotions and Writing the History of Death: An Interview with Michel Vovelle, Régis Bertrand and Anne Carol", *Morality*, 20: 36—47.

Vincent-Buffault, A. (1991), *The History of Tears: Sensibility and Sentimentality in France*, Houndmills: MacMillan.

Waldow, A. (ed.)(2016), *Sensibility in the Early Modern Era: From Living Machines to Affective Morality*, London: Routledge.

Wassmann, C. (2009), "Physiological Optics, Cognition and Emotion: A Novel Look at the Early Work of Wilhelm Wundt", *Journal of the History of Medicine and Allied Sciences*, 64:213—249.

Wassmann, C. (2014), "'Picturesque Incisiveness': Explaining the Eelebrity of James' Theory of Emotion", *Journal of the History of the Behavioral Sciences*, 50:166—188.

Wassmann, C. (2017), "Forgotten Origins, Occluded Meanings: Translation of Emotion Terms", *Emotion Review*, 9:163—171.

White, P. (ed.)(2009), "Focus: The Emotional Economy of Science", *Isis*, 100.

White, R. S. (2013), "Emotional Landscapes: Romantic Travels in Scotland", *Keats-Shelley Review*, 27:76—90.

Wierzbicka, A. (1986), "Human Emotions: Universal or Culture-specific?", *American Anthropologist*, 88:584—594.

Wierzbicka, A. (1999), *Emotions across Languages and Cultures: Diversity and Universals*, Cambridge: Cambridge University Press.

Wolfgang, M. E. (1961), "Pioneers in Criminology: Cesare Lombroso (1825—1909)", *Journal of Law and Criminology*, 52:361—391.

Woodward, W.R., and Ash, M.G. (eds)(1982), *The Problematic Science: Psychology in Nineteenth-century Thought*, New York: Praeger.

Wundt, W. (1864), *Vorlesungen über die Menschen und Tierseele*, Leipzig: Voss.

Wundt, W. (1874), *Grundzüge der physiologischen Psychologie*, Leipzig: Engelmann.

Young, A. (2009), "Mirror Neurons and the Rationality Problem", in S. Watanabe, L. Huber, A. Young and A. Blaidsel(eds), *Rational Animals, Irrational Humans*, Tokyo: Science University Press.

Young, A. (2011), "Empathy, Evolution, and Human Nature", in J. Decety, D. Zahavi and S. Overgaard(eds), *Empathy: From Bench to Bedside*, Cambridge, MA: MIT Press.

Young, A. (2012), "Empathic Cruelty and the Origins of the Social Brain", in S. Choudhury and J. Slaby(eds), *Critical Neuroscience: A Handbook of the Social and Cultural Contexts of Neuroscience*, Oxford: Blackwell.

Zeldin, T. (1982), "Personal History and the History of Emotions", *Journal of Social History*, 15:339—347.

索　引

（索引中的页码为原书页码，即本书边码；页码后的 *n* 表示脚注编号。）

索 引

译后记

"认识你自己！"

这条镌刻在希腊德尔斐神庙的著名箴言，无时无刻不在提醒我们要加深对自我的认识。认识自己，才能更好地认识世界。这也是布克哈特《意大利文艺复兴时期的文化》的点睛之笔——"人的发现和世界的发现"。柯林武德更是在《历史的观念》开篇即指出："历史学是为了人类的自我认识。"但是，我们真的认识了我们自己吗？或者说，我们对于由外在身体和内在心灵构成的统一体的我们自己，果真是了然于胸吗？我想回答未必尽如人意。

仅从内在心灵体验即情感而言，情感与人类如影相随，细致微妙且富于变化，呈现出"自然属性"的特征。喜、怒、哀、乐是最广为熟知的四种情感，与生俱来，人类共有，如今演变成为六种基本情感：愤怒、厌恶、恐惧、快乐、悲伤和惊讶，美国心理学家保罗·埃克曼在此基础之上，甚至把人类情感扩展至21种，诸如嫉妒与贪婪、骄傲与耻辱、忠诚与仇恨等等。不仅如此，情感在历史语境中还呈现出"文化属性"的一面，是社会和文化的建构物。关于这点，我们从历史上那些著名的极具激情的宣言和演说中（比如1863年11月19日亚伯拉罕·林肯在葛底斯堡的演说等），便能略知一二，它们通过或煽动性或鼓动性的情感语言的渲染，以达到具有一定目的的情感驱使、情感驯化、情感控制,进而促动另有所图的情感生成、情感表达和情感实践。

在研究重大历史事件的动力结构时,我们特别需要对其中的情感因素保持高度的警觉。人之情感的"自然"和"文化"的双重性,抑或因果关系,使得历史学研究无法忽视情感在人类历史进程中的重要性,尤其在当下这个多元化、包容性极强的时代,我们更应该重视情感在人类文明传承中的深远意义。因此,在这部《情感的历史》中,罗布·博迪斯直言:"情感是人类历史的中心……情感史就是将情感置于历史学实践的中心。情感不能作为历史分析的另一个(边缘)类别而被忽视,不能被视为次于身份、种族、阶级、性别、全球主义和政治等重要主题。情感史加深了我们对所有这些问题的理解。"是的,情感具有通世的感召力,在情感领域,无形的比有形的更具魅力,富有诗意,且更真诚。

21世纪的历史学更加多元化,也更加强调在跨学科基础上进行研究。情感史的蓬勃发展便是一个有力的证明,它为具有跨学科倾向的历史学家提供了一种全新的尝试。近些年来,情感史学家与其他学科,尤其与生理学、心理学、人类学和神经科学等进行互动与交流,不仅促成了情感经济学、情感社会学、情感地缘政治学等的兴起,而且还向传统的研究内容发起了挑战,比如理智与情感、自然与文化、先天与后天、公共与私人之间的二元对立。伴随着这些传统观念中二元对立的逐渐消解,历史学的研究对象从政治、经济、思想、外交、知识等层面进一步向人的内心世界拓展,情感和感官等因素成为观察和探究历史的又一重要维度,从此人类在"自我认识"的道路上大大地前进了一步。毕竟,情感史通常不会把情感本身作为目的,而是把情感在社会中的作用作为目的。通过强调情感的可塑性和特殊性,为现有的历史叙事提供新的解释和补充,并最终在经验层面揭示历史学一直在探寻的东西:人类存在的意义是什么? 我想这也应该是《情感的历史》的核心价值之所在吧。

本书的翻译工作历尽艰辛,现在想来仍心有余悸,特别是书中涉及的不同情感术语的字斟句酌。由于不同的语言文字系统,我们会发现情感语言及其相关体验在含义上的细微差别,有时甚至是巨大差异,对那些在历史语境中语义和概念发生变化的情感语言更要保持高度的敏感。虽然译者竭尽全力,但限于能力和学识,舛误难免,敬请读者斧正。在这里,我不由想起译界前辈草婴先生的一段话:"在翻译的时候,我和书中的主人公是紧紧跟随的,他们的喜怒哀乐,生活遭遇,尽量去感同身受,几张稿子,一支笔,在这样的环境里,不是过一两天,一两个星期,而是终生。"他在翻译《安娜·卡列尼娜》中安娜之死的内容时,情感深陷其中,对学生动容地说:"安娜死了……我刚才在翻译'安娜之死',心里难过。"先贤这则轶事,感人肺腑,令人难以忘却。

本书得以翻译出版,要感谢"格致人文"丛书主编陈恒教授的厚爱,感谢格致出版社的信任与支持,委托我翻译《情感的历史》;在此,特别感谢编辑顾悦老师的细致与辛劳的工作。最后,要感谢吾师赐序,序尾师言,虽不能至,但却心向往之也!

张井梅

2024 年 7 月

图书在版编目(CIP)数据

情感的历史 ／（加）罗布·博迪斯著；张井梅译.
上海：格致出版社：上海人民出版社，2024. --（格
致人文）. -- ISBN 978-7-5432-3606-6

Ⅰ. B842.6

中国国家版本馆 CIP 数据核字第 20244SN410 号

责任编辑　顾　悦
装帧设计　路　静

格致人文

情感的历史

[加拿大]罗布·博迪斯　著

张井梅　译

出　　版　格致出版社
　　　　　上海人&出版社
　　　　　（201101　上海市闵行区号景路 159 弄 C 座）
发　　行　上海人民出版社发行中心
印　　刷　上海颛辉印刷厂有限公司
开　　本　720×1000　1/16
印　　张　17.25
插　　页　2
字　　数　224,000
版　　次　2024 年 11 月第 1 版
印　　次　2024 年 11 月第 1 次印刷
ISBN 978 - 7 - 5432 - 3606 - 6/K·238
定　　价　79.00 元

· 格致人文 ·

《情感的历史》
[加拿大]罗布·博迪斯/著　张井梅/译

《实验之火:锻造英格兰炼金术(1300—1700 年)》
[英]兰博臻/著　吴莉苇/译

《奥斯曼帝国统治下的东南欧(1354—1804 年)》
[匈]彼得·F.休格/著　张萍/译

《酒:一部文化史》
[加拿大]罗德·菲利普斯/著　马百亮/译

《史学导论:历史研究的目标、方法与新方向(第七版)》
[英]约翰·托什/著　吴英/译

《中世纪文明(400—1500 年)》
[法]雅克·勒高夫/著　徐家玲/译

《中世纪的儿童》
[英]尼古拉斯·奥姆/著　陶万勇/译

《史学理论手册》
[加拿大]南希·帕特纳　[英]萨拉·富特/主编　余伟　何立民/译

《人文科学宏大理论的回归》
[英]昆廷·斯金纳/主编　张小勇　李贯峰/译

《从记忆到书面记录:1066—1307 年的英格兰(第三版)》
[英]迈克尔·托马斯·克兰奇/著　吴莉苇/译

《历史主义》
[意]卡洛·安东尼/著　黄艳红/译

《苏格拉底前后》
[英]弗朗西斯·麦克唐纳·康福德/著　孙艳萍/译

《奢侈品史》
[澳]彼得·麦克尼尔　[意]乔治·列洛/著　李思齐/译

《历史学的使命(第二版)》
[英]约翰·托什/著　刘江/译

《历史上的身体:从旧石器时代到未来的欧洲》
[英]约翰·罗布　奥利弗·J.T.哈里斯/主编　吴莉苇/译